引力之吻

Gravity's Kiss

The Detection of Gravitational Waves

Harry Collins

［英］哈里·科林斯——著
青年天文教师连线——译

后浪

北京联合出版公司
Beijing United Publishing Co.,Ltd.

图片：

Spiral Dance of Black Holes
Credit: LIGO/T. Pyle

后浪

引力之吻

Harry Collins

Gravity's Kiss

The Detection of Gravitational Waves

[英] 哈里 · 科林斯 ——— 著
青年天文教师连线 ——— 译

北京联合出版公司
Beijing United Publishing Co.,Ltd.

序　言

当我得知这本凝缩了自己 45 年工作成果的书将要面向中国读者出版时，我十分欣喜。本书以科学为主题，而科学是现代社会至关重要的组成部分。这不仅仅是因为科学催生了商品，还因为它展示了运用学科训练来传达真相的过程。

本书中，科学家们花费了足足 5 个月的时间分析 2015 年 9 月 14 日抵达庞大干涉仪的信号，判断它究竟是引力波，还是误警。这两台用以探测引力波的激光干涉仪拥有相当高的灵敏度，这也意味着，仪器对可能伪装成信号的噪声极为敏感。在此期间，科学家们成功将信号与噪声分开，他们甚至怀疑提取出的信号源于盲注，即黑客的恶意行为。最终，社群得出了结论：在本次事件中，盲注几乎是不可能发生的，因为这需要大量内部人士的参与。科学家们很难想象自己的同事们参与一场阴谋的情景，因为大家拥有一个共同的目标，那就是揭示真相。

本次事件是有关物质世界的本质最非凡且最令人振奋的科学发现之一。几十年来，大多数科学家都认为，引力波探测无法实现。引力波社群所做的杰出工作是和平年代中最持久的科研事业之一，科学家们展现了令人钦佩的毅力与坚持不懈的品质。不过，引力波探测之所以能成功，是因为它建立在科学界的诚信之上。

哈里·科林斯

2020年2月

目 录

第1章

第1周：发现相干信号

我喜欢在家办公。近期，我清醒时的状态大都如此——窝在书房的沙发上，将笔记本电脑放在膝头。2015年9月14日的傍晚，我百无聊赖地浏览着邮件的标题（每天我都会收到数十封邮件），其中大部分邮件与引力波领域相关。在通常情况下，我会懒得阅读内容，直接将此类邮件删除。我已与引力波打了40多年交道，几乎比所有活跃的引力波科学家都要久。每隔半年，我会挑选几封邮件，将它们保存到一个文件夹中，以便未来某时可以研究。我要研究的是，真正的科学工作是如何开展的。

其中一封邮件引起了我的注意，其标题为“ER8中非常有趣的事件”。邮件于英国夏令时[①]正午时分发送。内容大意为——cWB数据在分析“自动化数据处理程序”（pipeline）

① 英国夏令时（British Summer Time，BST）是指英国每年3月最后一个周日的1点（格林尼治标准时间）至10月最后一个周日的1点（格林尼治标准时间）期间，民用时间拨快1小时后所显示的新时间。——编注

时发现了值得玩味的现象。cWB 这个缩写的全称是“coherent WaveBurst”，即“相干波暴”。编写自动化数据处理程序的“暴组”（Burst Group）任务，就是在不借助任何预知波形的情况下发现“引力波暴”。cWB 自动化数据处理程序探测到的，就是一个看起来像引力波暴的信号。自动化数据处理程序是一套以数学 / 统计学原理为基础的流程，处理从干涉仪探测器上获取的数据流。不同的研究小组基于不同的原则运行着多种自动化数据处理程序（同一个小组可以有多条自动化数据处理程序），并以此监视数据流，从而自动搜寻类似引力波的信号。在仪器正常运行的情况下，每周都会出现几次警报。

这封邮件主要是发送给“CBC 组”的，但同时也抄送给了其他组。CBC 的全称是“compact binary coalescence”，译为“致密双星并合”。当一对天体“旋近”时，如同花样滑冰运动员收拢双臂越转越快，这对天体旋近的速度会越来越大，直至两者完全融合。CBC 组的主要任务，便是分析一对旋近的天体在最后的“癫狂时刻”所释放的信号。理论上可以预言，在双星旋近直至合二为一的最后阶段中，双星系统会激起一段引力波暴。当引力波的强度足够大时，我们放置在地球上的精密仪器就有可能探测到相应的信号。这种旋近、并合的过程可以通过数学手段建模，其中，波形的准确性依赖于双星各自的质量及旋近的具体形式。虽然满足要求的建模组合数近乎无穷，但 CBC 的自动化数据处理程序在寻找引力波时的操作与 cWB 截然相反。CBC 的自动化数据处理程序会对来自“模板库”的 250 000 多个波形一一进行对比，找出最相近的一个波形。模板库的运用使不可胜数的潜在组合简单化，将探测的不可能化为可能。以下就是这封邮件（邮件时间均为英国夏令时，直到10月25日英国转为格林尼治标准时间为止），它来自马尔科·德拉戈（Marco Drago）：

> 2015年9月14日，星期一，11: 56
>
> 大家好：
>
> 一小时前，cWB向GraceDB上传了一个非常有趣的报告。
>
> https://gracedb.ligo.org/events/view/G184098
>
> 以下是相关事件的CED（展示页面）：
>
> https://ldas-jobs.ligo.caltech.edu/~waveburst/online/ER8_LH_ONLINE/JOBS/112625/1126259540-1126259600/OUTPUT_CED/ced_1126259420_180_1126259540-1126259600_slag0_lag0_1_job1/L1H1_1126259461.750_1126259461.750/
>
> 安迪制作的Qscan（传感器频道扫描）：
>
> https://ldas-jobs.ligo.caltech.edu/~lundgren/wdq/L1_1126259462.3910/
>
> https://ldas-jobs.ligo.caltech.edu/~lundgren/wdq/H1_1126259462.3910/
>
> 我们已简单调查过，此处没有被标记为硬件注入。有没有人能证明这确实不是硬件注入？

顺便一提，GraceDB的全称是“gravitational wave candidate event database”，即“引力波事件候选体数据库”。这个网页上罗列着可能具有价值的事件。在大多数情况下，当自动化数据处理程序识别出高于一定阈值的数据时，系统会被触发并自动记录。虽然GraceDB记录的事件不计其数，但社群从未发现真正的引力波现象。

只有特定小组的成员才能阅读这些邮件，而进入上述链接则须通过密码。据我所知，除了这组相关的科学家以外，只有我知道这个密码。该组织就是“LIGO-Virgo Collaboration”，即“LIGO-Virgo 合作组织”，简称为“LVC”，其基于激光干涉引力波天文台（Laser Interferometer Gravitational-Wave Observatory，简称 LIGO）和室女座引力波探测器（Virgo）建立。LIGO 拥有 2 台位于美国的臂长达 4 000 米的引力波干涉仪，而 Virgo 为法国–意大利的合作项目，该项目在比萨（Pisa）附近建造了臂长为 3 000 米的干涉仪（探测到上述有趣的信号时，Virgo 并未运行）。全球约有 1 000 位科学家加入了 LIGO-Virgo 合作组织[①]。我查看了对应的网址，看到了明确的信号踪迹。2 台距离 3 000 多千米的探测器 L1 与 H1（分别位于路易斯安那州与华盛顿州）同时发现了信号。我并未太过激动，因为此类现象屡见不鲜，探测器实在是太灵敏了，时常因微小的抖动而发出误警。虽然我们已经等候引力波信号 50 年之久，但这怎么看都不像是第一个信号。

---

① 事实上，LIGO-Virgo 合作组织约有 1 250 人，但在本书中我会使用 1 000 这个约数。LIGO-Virgo 合作组织内部存在竞争关系。Virgo 最初是一个完全独立于美国，甚至与 LIGO 竞争的合作组织，不过其获得的资助不像 LIGO 那么多，而且其作为多边合作平台（一开始是意大利和法国）存在诸多管理难题。大概由于以上因素，Virgo 的引力波干涉仪在灵敏度上一直落后于 LIGO。若是不能为探测第一个引力波信号做出贡献，Virgo 科学家会非常失望。英国与德国合作的 GEO600 项目一开始也是作为竞争对手存在的，不过经费紧缺使得大家渐渐将之视为 LIGO 的新技术试验田，而 GEO600 在该角色上表现出色。话虽如此，但来自不同组织的科学家们在分析 LIGO 探测到的数据并将成果整理成文时，合作无间。因此，整个“引力波研究组”在处理和展示数据方面相当团结（LIGO 和 Virgo 之间会残存一些竞争，例如第 2 章中提到的“大犬事件”。但在本次事件中，竞争未出现）。当然，在制造实验设备的时候，各组织相对独立，也更具有竞争意识。——原注

20 分钟后，新的邮件出现了。虽然它同样未能让我雀跃，却让我思考着为这一系列邮件建立专属的文件夹。邮件中写道："这是一个漂亮的旋近信号，$M_{chirp}=27M_{\odot}$[①]。"这意味着，较低的频率和"铃宕"（ringdown）的波形表明，该信号对应的双星系统成员的质量和为 27 倍太阳质量。换句话说，系统里至少有一个天体是黑洞，抑或两者都是，因为除了黑洞以外，致密天体可能达到的最大质量仅为 2.5 倍太阳质量（处于燃烧阶段的恒星可以抵抗重力，因此其质量可以大很多）。如果两个天体均是规模相当大的黑洞，那么从理论上说，当它们并合时，大量的引力波能量会被释放出来。以上分析使信号的探测结果更为可信。

2 分钟以后，我收到了这封邮件：

> 根据利文斯顿站（LLO）的注入日志，上一次成功的注入尝试发生在 1125400499（2015 年 9 月 4 日 11: 14: 42 UTC[②]）。我检查了 LLO 的人工注入，它发生在安迪的传感器频道扫描里列出的时间——1126259462——前后。以下为最接近该时间的计划中的（波暴）注入：
>
> 1126240499 2 1.0 hwinj_1126240499_2_
>
> 1126270499 2 1.0 hwinj_1126270499_2_
>
> 2 次注入均距此次事件 3 小时以上。

① "chirp"音译为"啁啾"，本意为鸟叫声，在信号学中表示频率随时间升高或降低的信号。物理学家将致密双星在并合过程中发射的引力波（尤其是末期所发射的频率快速升高的引力波）类比为尖锐的鸟叫，故使用"chirp"一词，并将描述这一过程时常用的折合质量称为"chirp mass"。⊙为表示太阳的符号。——译注

② 在国际无线电通信场合中，使用"协调世界时"（UTC，Coordinated Universal Time），若需将其换算为当地时间，要根据时区进行加减。该邮件中的协调世界时对应北京时间（UTC + 08: 00）19: 14: 42。——编注

这封邮件表示，在事件发生的前后 3 小时里，没有人故意注入假信号，最起码，没有人光明正大地这么做。科学家们偶尔会注入假信号，以此检查测量情况或校准仪器。

7 分钟后：“的确十分有趣！这看起来像是一个大质量旋近事件？”不过发件人也质疑，为何除了 cWB 以外的自动化数据处理程序（所谓的低延迟信道，设计目的是对此类事件进行快速响应）没有看到这个信号？针对该质疑，不久就有人回复：“当前，这些信道对大质量事件采取了截断措施，因此它们无法探测到如此大质量的黑洞。”从邮件中，我可以感受到——整个引力波社群的人都松了一口气。

此外，虽然 2 台探测器位于美国的路易斯安那州和华盛顿州，但我刚刚提及的 4 封邮件分别来自德国的汉诺威、美国的佛罗里达州、澳大利亚的墨尔本和法国的巴黎。如今，仪器的地理位置几乎无关紧要，同样，分析数据的人的实际位置也无足轻重。本次事件刚好发生在美国的午夜时分，大部分相关人士已入睡，这也解释了为何发现它的首位科学家位于欧洲的汉诺威。

虽然数据分析者们来自世界各地，但创建如此互信的社群并实现远程协作的壮举离不开一次次的面对面沟通。由于会议的历史基础较好，如今只需每年举办 2 次会议就足以维系远程协作。只要有因特网，无论何时何地，大部分的工作就可以完成。

我本人与引力波社群有着深厚的面对面互动的历史渊源：从 20 世纪 90 年代早期到 21 世纪 00 年代中期，我几乎参与了所有的群组会议，并且频繁地参观探测器台址；我穿梭于全球各地，每年至少参加 6 场会议。虽然近几年，我每年仅参加

1次会议以维持存在感，但几个星期前，我还在布达佩斯和这群人聚在一起。随着引力波领域不断扩张，我相识之人的比例正在不断下降，但这个社群仍待我如一分子。总而言之，纵然我坐在自己家的沙发上，我依然身处第一线。

数十年的人际交往不仅让我备受信任，而且使我积累了充足的知识以理解这些邮件（稍后，我会更详细地讨论自身的专业知识）。要知道，我能够足不出户地洞悉引力波的发展动向，并不意味着大众也可以明白这一切，哪怕他们也有自己的沙发，以及打开链接的密码——那还远远不够[①]。此外，虽然我能够读懂这些邮件的兴奋点与讨论的大致方向，但因为我从未深入研究过数据处理，所以我并不懂邮件中涉及的诸多技术细节，我选择相信专业人士的结论。当然，我还是能够大致理解社群讨论的内容。幸运的是，我的朋友彼得·索尔森［Peter Saulson，美国纽约州雪城大学（Syracuse University）的物理学教授，引力波领域的资深成员］不厌其烦地解答我用邮件发去的许多问题。人类学家大概会将他视作我的“可信任的线人”（参见“本书是如何完成的及帮助过我的人”）。我尽量把问题限定在我可以理解的事情上，这样一来，我们的互动就更像是对话，而非采访了。

收到与引力波信号相关邮件的第二天，如果我能够看懂其中的门道，我就会明白，初步的研究表明，信号源的总质量大概是50倍太阳质量，其中没有一个天体的质量小于11倍太阳

---

① 我之所以强调这一点，是因为部分社会学家和公众会认为科学信息自由开放、容易获取，然而事实远非如此（详见“社会学与哲学注释”，393页注释Ⅰ）。由此延伸的社会学及心理学问题详见“社会学与哲学注释”一节，该部分内容相对独立，对相关内容感兴趣的读者可以单独阅读该节，仅对引力波科学故事感兴趣的读者则可跳过。——原注

质量。然而，我只是看了一两天的热闹（最后的结论是，2个黑洞的质量分别约为36倍太阳质量和29倍太阳质量）。我并未记录准确的时间，但我决定将以上邮件存入专属文件夹时是星期二。当时，很多因素让人怀疑这并非引力波信号，不过此事件展现了显著且不同以往的趋势。随着越来越多的邮件涌入收件箱，怀疑的态度渐渐消散，这是史无前例的。

我已等待了43年的答案可能要画上句点，既然我渐渐接受了这一惊人的可能性，那么我要记录下这一切。此时，距离事件发生已整整两天，我终于决定撰写本书。此刻是2015年9月17日，星期四，英国夏令时上午10:00。

信念的曙光

事件发生后的前两天里，我阅读并保存了大约140封邮件，我能感受到持高度怀疑态度的社群开始慢慢地接受信号的真实性——地基引力波探测的世界已发生巨变。以下是第一封流露出相信态度的邮件：

2015年9月16日，20:00

我想我们有必要专门研究一下硬件注入了，注入在时间上距离本次事件越近越好，只有这样才能保证我们在DQ/否决时不出纰漏（当然，大体来说，事件附近的数据很干净，但是研究硬件注入可以帮助我们更好地理解背景事件/FAR估计）。同时，最好通过HW系统对本次事件的波形进行注入测试，可以稍微修改一下波形的振幅，也可以多次注入。除此之外，我觉得我们应该花上一两个小时来进行我之前在组里提议的ER8中的引力波暴注入：

https://wiki.ligo.org/viewauth/Bursts/ER7O1HWInjections#A_42Alternative_proposal_for_ER8_HW_injection_run_and_periodic_injections_over_ER8_47O1_42.

这样的注入也可以让我们的在线搜索完整地进行一遍彩排（尽管，显然，神奇的大自然直接将我们推至幕前），其中包括后续的EM验证流程。

这封邮件谈论了社群为验证此事件的真实性需要做的工作。不必纠结于文中的术语，请看最后一段中括号内的语句，这句看似轻描淡写的话实则显示了发件人对事件的态度的转变："尽管，显然，神奇的大自然直接将我们推至幕前（although, apparently, Nature brought us straight to stage for the performance）。"这句话大书特书"大自然"（即Nature），这可从未发生过！

更多有关态度转变的迹象接踵而至。第一个迹象来自引力波暴组，他们决定宣布——有足够充分的理由要求动用处理真实引力波候选体的机制。这套机制由来已久，但除了逼真的盲注以外，之前仅动用过2次（"盲注"是指科学家们将假的信号"注入"到数据中，研究信号能否被探测器捕捉的技术手段。详情参见第2章）。

2015年9月16日，21:30

引力波暴组的几位主席希望正式对编号为G184098的事件发起首次探测（M1500042），执行步骤1（Step 1）。

这个事件对应的误警率低于每200年1次，并且该事件在3个引力波暴自动化数据处理程序中均清晰可见。与探测器特性表征组的初步沟通显示，当事件发生时，L1和H1均处于正常工作状态。我们建议使用波暴探测检查表等研究方法深入理解该探测候选体。

我们期待与整个合作组织共同协作，进一步研究此次令人关注的事件！

祝好

王毅雄（Ik Siong Heng）、埃里克·沙桑德-莫坦（Eric Chassande-Mottin）与乔纳·坎纳（Jonah Kanner）
谨代表引力波暴组

其中，L1和H1是指两台巨大的引力波干涉仪，它们分别位于路易斯安那州的利文斯顿（Livingston）和华盛顿州的汉福德（Hanford），每台干涉仪配备一对长达4 000米的干涉臂。

半小时后，LIGO-Virgo合作组织的资深成员与发言人回复：

亲爱的乔纳、雄与埃里克：

感谢你们带来好消息。这的确是激动人心的时刻——欢迎步入"高新探测器时代"（Advanced Detector Era）！

加比

第二日，社群中的一位成员发来邮件：

恭喜每位引力波暴人！！！

这一戏剧性的转变发生得如此迅速——长达50年的质疑

仅在 2 天内就转变为接纳。从人类学的角度来看，这其实令人畏惧：人类自以为做出重大的政治或经济决策需要经历漫长的过程，但是引力波探测实例从某种角度暗示我们，我们所居住的脆弱世界可在一夕之间变得天翻地覆。通常而言，骤变的本质是可怕的，但此刻发生的改变是美妙的。

信号是如何被发现的

我是社群中早期持怀疑态度的典型成员之一。

一个半月之后，在另一个场合里，一位物理学家回忆起这个时刻……

> 10 月 29 日，通过电话会议：我猜，你们之中的大部分人的心路历程与我相似。9 月 14 日一大早起床，听说人们从数据中发现了有趣的蛛丝马迹。你可能立即会认为这是一个注入信号，如盲注、失误、软件故障等。而此后，我想我们都问过自己，为什么这个完美又响亮的信号能够发生在设备运行的初期阶段中？这一切是如此不可思议。

在收到此次事件首封邮件的两个多月之后，我同该邮件的发件人马尔科·德拉戈进行了一次电话会议，咨询他事件的发现过程。他解释道，他设定了邮件提醒，每当 GraceDB 发现新现象时，他都会自动收到邮件提示。自动化数据处理程序从探测到信号至在 GraceDB 中留下记录大约需要三分钟，之后德拉戈会立即收到消息。这样一来，他可以在事件发生后的几分钟内核实 GraceDB 的结果。要注意，在引力波社群里，并非每个人都会这么做。一部分人以为，即使2015年9月14日GraceDB探测到了某种信号，那也不是引力波。因此，一般来说，大家都不会兴奋地坐在显示器前监视着数据流。大家不会错过任何一条通知，但通常也不会急着去看。除此以外，原来的激光干涉引力波天文台（LIGO）无法探测到此类数据，而高新LIGO（见后文）“上线”时间不长，正处于正式观测开始前的最后运行阶段。9月14日，我们依然处于第8次工程运行（ER8）阶段，距离首次正式观测运行（O1）阶段还有一周左右。因此，不管仪器探测到何种信号，它都更可能是测试注入、噪声，或者因数据被噪声严重污染而无法分辨的信号。德拉戈表示，他已在ER8中看到了两个GraceDB信号，结果它们被证实是假的。此外，他预计在O1开始前还会见到两个假信号。然而，这个信号异乎寻常地干净。因此，德拉戈找来了同事安德鲁·隆格伦（Andrew Lundgren），请其检查在事件发生时是否存在测试注入。隆格伦的答案是“没有”。于是，他们马上通过畅通的电话会议渠道联系了位于美国的激光干涉引力波天文台的控制室，询问当时值夜班的操作人员在事件发生时刻附近是否有测试注入，答案同样是“没有”。他们进一步获悉，当时仪器运行良好。因此，在收到邮件提示的一小时后（英国夏令时11: 55），德拉戈给整个社群发送了邮件，即几个小时后我查看的那封①。

① 详见“社会学与哲学注释”注释Ⅱ中对1981年哈罗德·加芬克尔（Harold Garfinkel）、迈克尔·林奇（Michael Lynch）与埃里克·利文斯顿（Eric Livingstone）第一次发现光学脉冲星的讨论。——原注

为何确信

我们身处“高新探测器时代”

正如上述邮件所述，让人相信这是第一个在地面上探测到的引力波信号的原因之一，是人类正步入“高新探测器时代”。2010 年末，位于美国的两台庞大的干涉仪探测器被关闭，以便就地升级，从而提升仪器的灵敏度和探测范围。升级计划包含许多措施：更换成可以消减低至每秒 10 次的地震波影响的减震系统，这将让整个设备焕然一新；更好、更大、更重的镜子将搭配更优质的镀膜；在多级悬吊系统中使用更好的纤维；采用功率增强至 20 倍的激光（仍要马力全开）；通过热补偿抵消镜子的热形变；如有必要，使用全新的“信号回收”机制调节仪器最灵敏的频率（可惜事件发生时该系统还未上线）；此外，神奇的“压缩光”技术能够利用量子理论消减特定方向上的测量误差，当然，相应的代价就是在相对不重要的另一个方向上增加测量误差（该项技术在事件发生时尚未被使用）。上述的一部分技术已在分布于全球的小型“研发专用”干涉仪上实现，其中最成功的设备就是坐落于汉诺威农田边由德国与英国合作研制的 GEO600。经历 5 年升级，位于汉福德与利文斯顿的 2 台探测器（激光干涉引力波天文台）于 2015 年正式启用。2010 年，探测器被取名为“初代 LIGO”（Initial LIGO 或 iLIGO），如今它们变身为“高新 LIGO”（Advanced LIGO 或 aLIGO）。

探测器的探测能力由其对“标准烛光”（可作对比物的已知光度）可靠观测的最远范围决定。2010 年，LIGO 的“双中子星范围”（BNS range），或者简称为“范围”，约为 17～18

百万秒差距。1 百万秒差距大概为 326 万光年。经历了 1 年多的观测以后，LIGO 并未探测到引力波信号。这意味着，虽然仪器可能会被许多引力波影响（前提是物理学家的理论是对的），但是这些信号从未强到能突破仪器的噪声。因此，我们通常会说，LIGO 在其探测范围内未能与强有力的引力波相遇，或者曾有引力波进入了该范围，但是 LIGO 离线了。LIGO 十分精密，其占空比仅有 50%，换句话说，在一半的时间里，仪器处于离线维护状态，抑或被环境干扰，甚至宕机。升级后的探测器预期可以覆盖 200 百万秒差距的范围，不过这需要通过两三年的更新换代与调试逐步实现。与此同时，升级的第一步大获成功，该步不仅在预算内提前完成，并且使探测器获得了 60～70 百万秒差距的范围。

如果我们认为仪器灵敏度越高，探测到信号的可能性越大，那么扩大探测范围会相应地提高灵敏度。若将 2015 年探测器的探测范围换算成一个大球，则它的半径是 2010 年对应大球的 3 倍多。假设在临近宇宙之外，星辰在太空中均匀分布，若将探测的长度扩大至 3 倍，即 2015 年仪器能探测到的球体范围的半径为 2010 年的 3 倍，那么根据球体的体积公式，2015 年探测的球体范围约为 2010 年的 27 倍（3×3×3）。这意味着，在相应的频段内，仪器探测到双星旋近或接收引力波信号的灵敏度提升到了 27 倍。要注意的是，新设备在低频段中的灵敏度远高于以往。因此，在其他条件相等的情况下，就探测到信号的可能性而言，aLIGO 在 2015 年末的 1 天的观测相当于 LIGO 在 2010 年中 1 个月的观测，而 aLIGO 前 10 天的观测抵得上以往所有的观测。这就是为什么科学家们认为长达半个世纪的奋斗可能得偿所愿——当然，措手不及的幸福也会让人起疑。

波形与相干性

图 1-1 以一种便于理解的方式展示了本次事件。图中的两条线分别代表来自利文斯顿站（L1）和汉福德站（H1）的探测器的数据。横坐标中，从左至右，时间增加。H1 线条的颜色相对 L1 更浅一些。注意，从 10.38 秒开始出现的能量波动就对应着“引力波信号”。

其中一条线被平移了 7.8 毫秒，因此两条线叠置在了一起。时间平移（time slide）主要用来修正以光速行进的信号抵达两台探测器的时间差。2 台探测器相距 3 000 多千米，引力波先抵达 L1，而后再抵达 H1。（后来得出，真正的时间差应该是 6.9 毫秒，而非 7.8 毫秒。）从数据的两端来看，L1 与 H1 差别较大，有时一条线的某个波峰对应着另一条线的某个波谷，而 L1 与 H1 的数据也看着像随机噪声。然而，在 10.38～10.45 秒的区间内，两条数据线波动显著，且波峰与波谷匹配较好。图 1-2 为图 1-1 中心区域的放大图，能够更

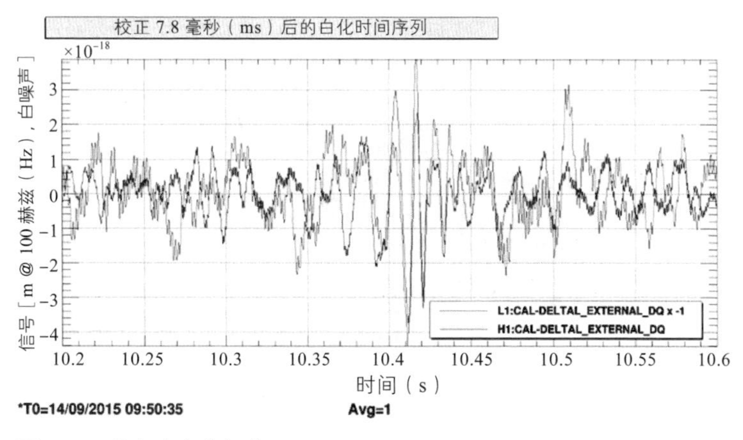

图 1-1　引力波事件初览。

清晰地显示中心区域里两条数据线的对应关系。（在社群邮件中流传的原图更为清晰，其中 L1 为蓝色，而 H1 为红色。）

在两台探测器输出的数据中，四个周期看上去完美交叠。交叠处，两条数据线不仅起伏较大，而且存在相干性（coherence）。因为两台探测器的噪声很难相干，所以两条数据线中的噪声凑巧同时发生的概率大减（参阅《引力之魅》，75 页）。在 2010 年 9 月的“大犬事件”（见后文）中，正是数据的相干性使得科学家们相信该信号并非噪声，在官方声明里，论证信号真实性的出发点是——噪声随机产生相干性如此之高的数据的可能性极小。在图 1-2 里我们可以看到，两台距离非常远的探测器同时探测到了异常信号，且两者的吻合度相当高，若这纯粹是出于偶然（两件同时发生却毫不相干的事），那概率实在是太低了。此外，两台探测器记录的数据起伏的方式、周期、频率，都与一种模板相匹配，而这种模板对应着双星均为黑洞的旋近与并合情况。综上，我认为，这张图足以让人信服。

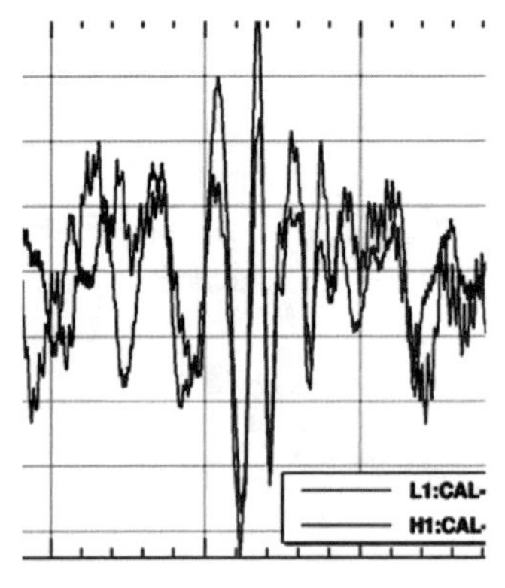

图 1-2 图 1-1 中心区域放大图，展示了引力波事件的相干性。

我写邮件给彼得·索尔森：

9 月 18 日，星期五，08: 59

我不理解，为什么我觉得白化时间序列看着如此具有说服力，其他人却未提及此事。

那个周末，彼得是与朋友一起度过的，那两位朋友都是引力波圈内的资深人士。他回复我：

9 月 21 日，星期一，12: 25

关于时间序列，别担心，你不是一个人。[一位地位显赫的引力波科学家][①]告诉我，这张图是说服他相信这是真实信号的决定性证据。我与你们属于同一阵营。至于为何无人提起，唉，这就是一个社会学问题了。;-) 不过要我猜的话，可能是这样的：目前，我们用来分析时间序列的技术手段还不够完善，因此无法仅依赖数据本身来回答诸如数据在多大程度上和理论一致，或者数据在多大程度上被噪声污染等问题。

当我们通过图表来判断时，我们使用的是直觉。出于种种原因，我们已使用其他方法发展了以上时间序列分析技术。例如，说服我的第二个重要证据是探测器显示的数据与 BBH（binary black hole，双黑洞）搜寻的模板匹配得非常好……在同一时刻，两台探测器对同一段数据报警，对应的还是一群在模板空间里扎堆的触发点。（两台探测器对应的模板并非完全一致，毕竟存在噪声的影响。）

① 本书中，作者偶尔会用“[ ]”来强调或解释文字。我们保留了这两种用法的“[ ]”。——编注

该事件中信号的新信噪比［NewSNR］相当大，两台探测器的新信噪比都超过了 10.5，这意味着数据看起来与我们的模板一致。这太振奋人心了！相比之下，仪器异常对应的结果在模板库中更像是“孤岛”，而且信噪比也不高。

不过话说回来，我同意你的观点，这个信号的信噪比太高了，我们甚至能够在白化后的时间序列里看到它的一部分，我们的确应该将“最佳模板”叠加到时间序列中。这无疑有着巨大的说服力，不论是对我们，还是对论文的读者而言。

第2章

疑惑与复杂性：恶意注入

反平行

天下无易事，起码这点在科学研究中成立。若是这些痕迹是由一双巨手乖乖放到探测器上的引力波信号的直接结果，那就好办了。然而，事实并非如此。光看未经过处理的数据会让人一头雾水。这点显而易见，因为一台探测器的数据只有经过数毫秒的时间平移，才能与另一台探测器的结果相对应。然而，要想揭示更多具有价值的信息，还须在时间平移之前进行许多操作。

每台干涉仪都有相互垂直的两条干涉臂，它们在“中央站”（center-station）汇聚，再分别延伸至“终端站”（end-station）。设想自己站在中央站的位置上，两条干涉臂可看作一个点的两个坐标轴——x 轴向右延伸，而 y 轴向前方延伸。因此，两条臂的名字分别为“X 臂”（X-arm）与“Y 臂”（Y-arm）。当引力波作用于干涉仪时，假设 X 臂先收缩，那么

Y 臂会相应地拉伸。而在之后的半个引力波周期内，两臂的变形状态会逆转，即 X 臂拉伸，Y 臂收缩。

两台干涉仪的地理布局如图 2-1 所示，汉福德站位于左侧，利文斯顿站则位于右侧，图片上方指向北。可以看出，两台干涉仪的指向几乎相反。想象一下，如果汉福德站的 X 臂收缩、Y 臂拉伸，那么利文斯顿站干涉臂的变形状态则相反——X 臂拉伸，而 Y 臂收缩。因此，两台干涉仪输出的波形几乎是完全相反的，若要让两者的波形吻合，须将其中一台的结果乘以-1。

然而，这只是数据处理的第一步，因为两台干涉仪得出的结果并非完美的反平行。除此之外，还须考虑现实因素的影响，数据处理不能仅限于纸上谈兵。比如，地球的表面呈球面，而非平面，因此两台干涉仪的水平面指向也稍有不同。再如，两台干涉仪之间也存在许多微小的差别，这是因为仪器中安装了大量的镜子、促动器、真空管、电子元器件等配件，所有配件的差别都需要事先计算，而后通过将不同强度的信号注

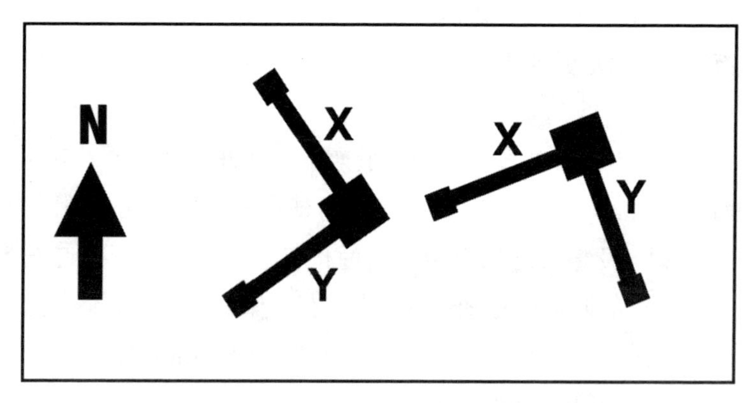

图 2-1 汉福德站干涉仪与利文斯顿站干涉仪的指向。

入不同频段内，并测量仪器真实的反应来进行校准。几个星期后，我在某次电话会议里听到了如下对话：

> 因此，H1 和 L1的 ESD 的促动函数不同。这其实是因为有一次［XXXX］更换了［利文斯顿站的］一个电阻，然后他将这件事记录在 a-log 里面了。电阻没有换错，但是汉福德站忘记换了。

只有一一测量所有不同之处之后，设计出来的“过滤器”才能够调整信号，使两台干涉仪输出的数据看起来（大致）像是由同一台仪器测量出来的。我们看到的结果均已经过“过滤”，是大量严谨工作的产物。其实，并没有所谓的“原始数据”，要知道，探测器直接输出的数据如同一堆杂乱的噪声（参阅《引力之魅》，74 页）。

是盲注吗

面对处理过的数据，怀疑与谨慎的态度是必要的。首先，要警惕盲注（blind injection）。盲注是指秘密将假信号注入探测器的过程，通常由一两位研究人员组成的小团队会制作一个假信号，并将其偷偷注入到系统中。从表面上来看，假信号与真信号无异。盲注的主要动机是让整个引力波团队保持警惕，强制科学家们彩排完整的探测流程，为真信号的到来做好准备。大家除了将假信号当成真信号一步步处理以外，别无选择，因为只有注入信号的小团队才知道该信号的真实性。我之前所著的《引力之魅与大犬事件》描述了两次盲注过程，一次发生在2007年9月中旬，另一次发生于2010年9月中旬。[1]而这次事件出现于2015年，又是9月中旬！

对于盲注，大家的情绪是复杂的，但我对盲注充满了兴趣。为此，我写了两本书，谨慎地分析了探测的整个过程。通过探测与解析过程，科学家们会得出结论，确认这个信号是否已准备好面向世界发表。由于无人知晓真实信号和盲注信号之间的差别，从理论上来讲，我所表述的过程应与真实探测过程完全一致。同科学家们一样，为迎接“那一天”，我也彩排过一遍。对于记录在《引力之魅》一书中的“秋分事件”（Equinox Event），科学家们耗费了18个月分析，最终得出结论——该事件可被报告给科学界；“大犬事件”（Big Dog Event）的分析时间则缩短为6个月；按原计划，下一个事件（也就是这次探测）只需要3个月。因此，从效果来看，彩排是有用的。因为大犬事件的彩排经历帮我熟悉了探测过程所涉及的技术细节，所以我在本书中不予赘述。如果读者觉得本书中关于技术细节的叙述过于单薄，那么可阅读《引力之魅与大犬事件》。

由于前车之鉴，所有人的第一反应都是：“拜托，又来了一个盲注！”自从力排众议、排定计划、决定继续进行盲注流程以来，社群里弥漫着一股糟糕的气氛。虽然科学家们会在分析盲注数据后得出**一些结论**，但分析盲注就是在做大量的无用功，至少就科学成就而言，一无所获。有人告诉我，部分科学

① 《引力之魅与大犬事件：21世纪的科学发现与社会学分析》（*Gravity's Ghost and Big Dog: Scientific Discovery and Social Analysis in the Twenty-First Century*，2013）为平装版，而《引力之魅：21世纪的科学发现》（*Gravity's Ghost: Scientific Discovery in the Twenty-First Century*，2011）初版为精装版。——原注

家对于过去的“无用功”愤愤不平，甚至偷偷查看了他们本不该看的数据通道，以免浪费时间。大家渐渐形成了一个共识——盲注的时代应该结束了。这样一来，在接收到新的信号时，大家都会认为其值得分析。我也拥有同样的感受，盲注已**无法为我带来新的知识**，即使发生新的盲注事件，我也不能将其著成书。

然而，本次事件存在一个显而易见的理由，其足以让人相信这并非盲注——9 月 14 日，LIGO 没有正式开机！正式开机的日子是今天（2015 年 9 月 18 日，星期五）。那么“没有正式开机”的具体意思是？实际上，从 8 月 17 日起，LIGO 就一直处于 ER8 的工程运行阶段。该阶段是仪器检查程序的一部分，科学家们可以在该阶段中对仪器做出调整或进行其他尝试，而到了“科学运行”（现已改名为“观测运行”）阶段就不行了。在观测运行阶段中，仪器须尽可能维持稳定的状态，这样一来，一旦出现风吹草动，信号的真实性就会更高。信号的真实性是通过统计显著性（也就是与背景噪声对比）得出的，平稳的仪器状态可以让背景噪声的评估更为完整与准确。[①] 第一次观测运行（O1）预期于今天（9 月 18 日）正式开始。换句话说，盲注流程不可能在 LIGO 未开机时提前进行。

从参与者的角度看，本次事件发生得如此之早实属天大的幸事。若晚几天发生，在 O1 开始以后，那么事件便处于盲注机制正常运行的阶段了。对我来说，那将是悲剧，因为在写了两本关于盲注的书后，我不可能再将生命中的几个月耗在一次

① 在《引力之魅与大犬事件》一书中，我对如何计算背景噪声的问题展开了讨论。——原注

盲注事件上。科学家们也面临类似的问题——严格处理盲注事件意味着对日常生活的严重干扰。

当然，本次事件发生于ER8阶段而非O1阶段这个事实，并不是决定性的证据，仅凭这点，大家还不能排除盲注的可能性。因此，一系列邮件如洪水般涌来，试图向科学家们保证，分析这个信号不会浪费他们的时间。

9月14日，星期一，13: 55

当然了，如果这是一次计划中的发生在ER8阶段内的盲注事件，而我们又把原本用来准备O1阶段的时间白白浪费掉，那么戴维对于盲注的担忧不无道理。

9月14日，星期一，16: 31

我们的感觉是，盲注操作*还未*准备妥当，因此我们倾向于相信本次事件并非盲注。

9月14日，星期一，16: 38

同意。在进一步为这个信号投入精力之前，咱们得先弄明白，我们到底是否处于盲注测试阶段。我们的快速响应团队成员可以负责后续的跟踪工作，但是他们现在还在为预计于星期五启动的O1阶段奔忙。除了真正需要优先的事宜外，我们不想将他们从当前的任务中调离。

9月14日，星期一，18: 10

候选体事件G184098附近**没有**瞬变源注入。除了L1中持续进行的连续源注入以外，G184098周围**不存在**任何硬件注入，不管是盲注，还是其他注入。

9月15日，星期二，11:10

是的：当时没有任何注入，无论盲注与否。

9月16日，星期三，17:54

［来自 LIGO 管理层的一位资深人士］

有必要强调一下，没有注入；我们当时不处于盲注测试模式，所有的注入通道都是干净的。

9月17日，星期四

［来自一封发送给我的私人邮件］

我们中的大部分人都怕本次事件只是“秘密盲注”，比如，这是来自 LIGO 高层的小阴谋，以此说明 LIGO 科学合作组织还未准备就绪，等等。我失眠了一夜，思考着各种可能性。而［XXXX］也提到了这种感觉，他还表示有人曾（半开玩笑地？）问他，是不是他干的。问题是，若果真如此，那么人与人之间的基本信任将荡然无存。因此，我认为所有人都在努力遗忘多疑的情绪。

一个科学群体中存在这种疑虑的现象，有趣却让人担忧。就像那封邮件的作者所说，除了忘掉多疑的情绪，别无他法。若盲注的一个好处是面对媒体时可以坦然否认——学界的任何举动都可以转移到关于盲注的话题上去（下文会详细解释）——那么资深人士发邮件否认则是不合常理的，因为这样就没人可以在不撒谎的情况下耍出“可能是盲注”这一招了。而且，这些科学家真的不喜欢说谎，他们能接受的，最多是“误导”（我们会在第 13 章中仔细分析两者的差别）。

在众多保证（其中一部分还是来自组织的高层）背后，如果这**真的**只是一次别有用心的盲注，那么我会体会到深深的背叛感，或许我会放弃引力波项目（部分原因是我其实并不赞同他们的一些所作所为，我觉得他们对于保密的执着近乎病态了）。他们决定，在完成分析、撰写的文章被顶级期刊接收之前，对引力波事件保密。我认为这种做法是错误的，在本书第13章里，我提出了一种替代方案。

以我为例（我知道自己肯定不是唯一一人），我就不认为这个秘密可以简单地保守下去。在战争时期，军队的将军通过观察地面上的蛛丝马迹，如车辆形成的小径等，就可以预测敌方的下一次进攻时间或机密设施所处的位置。类似地，信号事件在太多层面上改变了人们的习惯：更多的电话会议、更多的闭门讨论、更多的远程探讨，以及肢体语言的改变——知情者看对方的眼神都不一样了。我很快发现，我无法向妻子保密超过一天。事件过后，我询问了其他人，发现他们的伴侣也很早就知情了。当你面对职业生涯的重大转变时，你有义务向最亲近的人开诚布公，而你的另一半通常也是第一个发现你举止异常的人。（妻子表示，我在沙发上待的时间更长了！）我听说，某次周末聚会邀请了一位美国国家科学基金会引力物理学部的前主任。这位主任在LIGO接受资助一事上劳苦功高，在LIGO风雨飘摇的早期阶段里，是他的智慧让这个机构存活了下来。[①] 本次事件中，LIGO内部特别申请让这位前主任获知关于信号的消息！当然，所有知情人均须保密，不能将事件告知父母或子女。

---

① 若想深入了解引力波探测的早期阶段中LIGO面临的困境，请参阅《引力之影：搜寻引力波》（*Gravity's Shadow: The Search for Gravitational Waves*）。——原注

重申一下资深科学家们喜欢“盲注”的一个原因：哪怕外界听到了风声，科学家们也可以用如下借口敷衍：“我们正在搜寻信号，不过这可能只是盲注，没必要太过激动。”然而，哪怕保守秘密是盲注的动机，这对我来说也是一种巨大的时间与人力的浪费。更糟的是，“盲注”也许会耽误工作效率。如果已预感到最后的结果可能会令人扫兴，那么科学家们兴许会失去研究的激情，无法将工作做到极致。

我能够理解科学家们试图保密的态度，他们不想因为一件可能是虚假信号的事件而惊动媒体。相比其他学科，引力波物理学领域避免犯“狼来了”错误的意识尤其强烈，因为之前出现过多次所谓的探测“喜讯”，但它们均不被后续验证支持。[①]不过我的观点是，这并不意味着科学家们应费尽心机地保密，以至于影响个人的生活，甚至破坏科学本身。我们迟早要向大众传递一个理念——科学发现的第一个线索总是临时性的。在引力波领域里，“BICEP2”[②]就是一个先例。2014年3月，美国的BICEP2团队宣称在宇宙背景辐射中探测到了原初引力波的踪迹。然而，他们最终发现，信号可能来自宇宙尘埃。鉴于此，LIGO科学家们只愿意在研究成果被顶级刊物发表后，才正式对外宣布消息。在那之前，探测器里的任何风吹草动都应该被视作可能的“仪器噪声”，而非真实信号。

是否为恶意注入

现在，我更担心另一种可能性——恶意注入。一个黑客，

① 详情请参阅《引力之魅与大犬事件》。——原注

② BICEP的全称为“Background Imaging of Cosmic Extragalactic Polarization”，即“宇宙银河系外极化背景成像”。——原注

或者一个恶作剧者，故意将信号注入探测器中，只为扰乱事态。在上一个探测器运行期内，引力波社群严肃对待这种可能性，甚至成立了专属委员会来讨论此事。[①] 如今，如同2010年，“恶意注入”又被拿出来研究。那么故意将信号注入探测器里有多难呢？邮件里给出了一些答案。第一封邮件内容较多，但是值得好好研读，不必过分在意技术细节，感受即可。我在以下两份邮件里都做了重点标注，可以看出，负面答案（即便可操作，也十分困难）是从社会学角度获得的结果。

9月18日，星期五，19: 12

不少人问过我，是否认为G184098候选体是一个恶意注入。

我的结论是，这几乎是不可能的。原因如下：

1）所有常用注入渠道都已被仔细检查，唯一的注入渠道只有校准线。

2）事后注入这样的事件几乎是不可能的——外部渠道都能显示这个信号（PD A&B，控制频道等）。**我不认为任何一个知道如何修改所有数据渠道的人，能同时搞明白应在哪些渠道里以何种传递函数加入信号。**

3）那么只剩下实时注入，这可以用软件或硬件实现。要把这种恶意的C语言程序放到前端，须绕过［XXXX］和［YYYY］追踪的程序版本。我们有完整的修改时间列表，以及任意时刻的程序运行记录，同时我们还可以深入程序中进行研究。**当然，［XXXX］和［YYYY］有可能偷偷注入信号，但是他们的专业知识并不能告诉他们该在**

① 请参阅《引力之魅与大犬事件》，206～207页。——原注

哪里、以何种形状和强度注入信号。

4）**同样，在促动器链条里设计一个恶意部件是个大工程，更难以掩人耳目。再次强调，我不认为任何人能够隐蔽地完成这一任务。**

5）……也许最重要的是，我们依然在苦苦挣扎，试图在尝试数次之后得到正常的硬件注入，而且这一切是公开的。现在**一个家伙跑过来，秘密地完成了一切，一次成功，而且完美无缺？我不相信……**

总而言之，想要完美、秘密地实现这一切，你必须要组建团队，这个团队得精通波形、干涉仪控制、CDS 计算和数据保存。如此一来，全程保密的可能性极低。

9 月 18 日，星期五，20: 25

我将［一些用来示意的数字］当作“高度相干性”［如图 1-2］。这点很重要，因为**知道如何偷偷注入信号的专家往往不懂得如何注入相干信号。**

在与科学家们讨论登月计划是否为在亚利桑那沙漠里伪造的事件这件事情时，我常常会耍个花招。他们总是用技术细节来回答，比如：在飞船经过月亮背后期间，射电信号会出现空白；由于月球表面没有大气，旗子不会飘荡；月球表面缓缓飘落的灰尘让人起疑；等等。而接下来我就会指出，如果一个人要伪造登月，那么包括上述几点在内的技术细节是很容易伪造的，不妨看看如今的好莱坞特效。然而，我们确信登月并非伪造的原因其实遵循社会学原理。如果事件造假，那么这很可能是阴谋，牵扯到一个巨大的团体，而涉及那么多人的阴谋是很容易败露的。难以想象，一直密切关注着一切的苏联人会放过揭发阴谋的机会，但是苏联人默默接受了他们在登月计划上被打败的事实。要知道，在社会学现象上造假可比在技术细节上造假难得多。从上述邮件中我们看到，引力波领域也不例外。加粗的语句表明了多人共谋的难处，且考虑到了社群中技能分配的情形——又一个社会学现象。是的，9 月 18 日，虽然从技术的角度来说，恶意注入的可能性还未完全消除，但是社会学分析已经几乎将这种可能性排除了。

难道此类信号不应该在之前就被看到吗

在本次事件发生的头两天里，又一个流言出现了——如果 9 月 14 日的事件真实可信，按理说，这么强的信号早应在 2009 年或 2010 年就被看到了。流言绘声绘色地解释，引力波事件出现而未被人发现的概率只有 1/50。这个计算似乎考虑到了由探测距离增加导致的阈值提高，以及诸多同类事件发生的可能性（部分信号可能比这个信号更近、更强）。

如上文所述，接收到的信号指示一个双黑洞系统的终结，该系统辐射出的能量远远大于旋近的双中子星系统所释放的能量，而探测器计算的距离是基于双中子星系统得出的。此外，宇宙中的星星比地球上所有海滩的沙子加起来还要多，既然我们看到了一个双黑洞信号，那么理应存在更多的双黑洞系统（假设分布大致均匀）。为何早期的 LIGO 未接收到此类信号呢？

后续计算结果以邮件形式进行了汇报：LIGO 若要探测到引力波信号需要多高的灵敏度？答案是，如果要将信号从噪声中分辨出来，那么 iLIGO 的灵敏度远远不够。相比之下，

aLIGO 在低频部分的灵敏度提升了很多，这一改进大大超过了双中子星并合探测范围的增长，而低频部分恰恰是引力波信号的主要辐射波段。因此，又一个疑点得到了解答。

一封邮件针对这一关键性问题提供了更为详尽的解释。在探测双中子星旋近信号方面，aLIGO 的灵敏度提升了 3 倍，但新隔震系统与镜子悬挂系统实现的低频灵敏度的提高，远远超出高频部分双中子星并合所对应的提升。如邮件所述，就探测真实信号的能力而言，低频部分的提升极大——iLIGO 在低频段中几乎看不到信号，而 aLIGO 可以。本次双黑洞事件的信号频率远低于双中子星旋近，这便解释了为何之前未能探测到任何信号。图 2-2 中，新旧两代探测器在灵敏度方面的差别显而易见：iLIGO 在上（S6），aLIGO 在下（ER8）。低频部分灵敏度的改进即使与中频相比，也是相当大的（曲线越低，

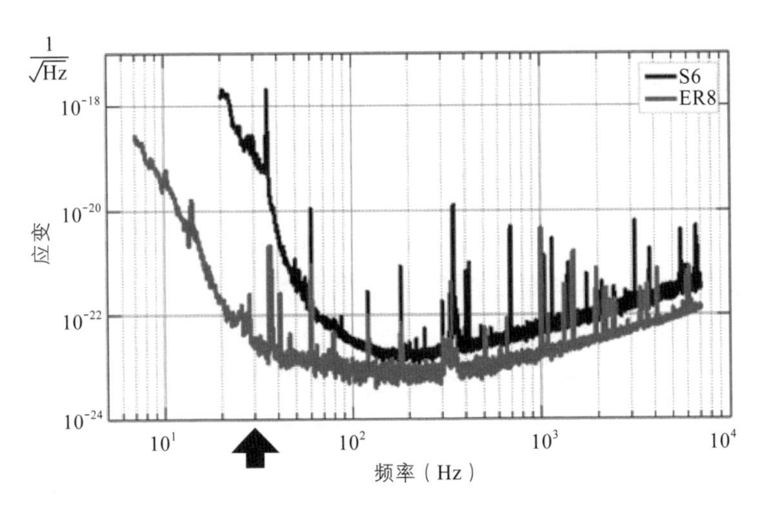

图 2-2　S6 与 ER8 运行期间探测器灵敏度的比较。相较 iLIGO，aLIGO 的灵敏度在低频部分得到了极大提升。

表示探测器越灵敏)。箭头指示本次事件中至关重要的频率段——30 赫兹(每秒 30 圈)附近。如图所示，在 30 赫兹处，aLIGO 比 2010 年的 iLIGO 要灵敏 10 000 倍(纵坐标的值代表干涉臂长度变化对应的灵敏度，每向下一格，灵敏度提高 100 倍)。此外，本次事件的辐射能量巨大，虽然 aLIGO 针对标准烛光计算出的极限距离只不过是 60～70 百万秒差距，但是科学家们表示本次事件的距离可达 300～600 百万秒差距，这便是看到低频事件的能力带来的好处。

另一方面，宇宙中的恒星浩如烟海，若本次事件为真，我们理应能探测到更多的信号。事实上，有人认为，当 aLIGO 的灵敏度趋近设计灵敏度时，探测器会接收到大量的引力波信号，以至于科学家们无法分辨与分析单独的真实信号——信号将会形成一个“随机背景”。如果将信号转化成声波，那么其发出的声音就像“爆米花在平底锅中舞动”。值得注意的是，要是在刚启动的原计划为期三个月的 O1 观测阶段中未探测到更多的类似事件，那会更令人担心。

本次事件的研究工作预计会开展三个月(实际花费了五个月)，只有分析结果足够充分，科学家们才能自信地宣布，这的确是一个新发现。对许多科学家而言，如果在这三个月内未发生此类事件，那将会**削弱**信号的可信度。事实上，那些企图等到 O1 正式开始后再进行数据分析的人，已经将这种可能性用作理由：若信号为真，那很快会出现其他同类事件(细节请见下文)。由于了解社群分外谨慎的态度，我可以预言，只有分析完所有事件，他们才会宣布探测结果。我希望这一幕不要发生。令我深感愧疚的是，我竟暗中期望不要再发生新的类似事件了，否则探测会显得过于容易，事件背后的**社会学**意义将会大打折扣。在面对巨大压力与艰难抉择的社群里，社会学特性最容易显现。从另一个角度来讲，如果类似事件接二连三地出现，那我会为同事们感到无比高兴——他们长达半世纪的努力终于让丑小鸭蜕变为美丽的引力波天文学。

诚然，正如一些科学家指出的那样，仅凭单一事件就计算概率是不明智的。也有可能，aLIGO 非常幸运。若是本次事件实属机缘巧合，那我们无法预测接下来的三个月内是否还会遇到多个此类事件。如果本次事件十分独特，那么从两个社会学层面来说，事态将变得尤为有趣。首先，另一台主要的探测器——意大利-法国合作的室女座引力波探测器——处于关机状态，其仍在升级调试（力图提高灵敏度）阶段中。而灵敏度小得多的 GEO600 在事件发生时同样处于关机状态，就算其开机，也帮不上什么忙。越来越多的证据显示，事件对应的两个致密天体是黑洞，进而也就不存在电磁辐射，即传统的天文学观测对象。因此，如果在 O1 阶段中未出现更多事件，那么位于美国的两台干涉仪须独自面对质疑——本次探测，真相究竟如何。

工程运行阶段，而非观测运行阶段

虽然信号发生在 aLIGO 工程运行阶段中的事实有助于消除盲注的嫌疑，但该事实也存在诸多缺陷。首先，仪器本身尚未准备完善，干涉仪依然处于最后的测试和调校阶段，这带来了三方面的问题。其一，本次事件完全出乎预料，不止一位科学家对此反应强烈，其中一位写道：

9月15日，星期二，01: 27

［须严肃看待本次事件］的一个前提，难道不是事件应发生在观测运行阶段中吗？除非我们计划将昨天确定为仪器的正式运行日，否则上述前提并未满足。

面对回绝，这位科学家进一步评论：

9月15日，星期二，02: 11

我可能会争辩，这与我们是否处于观测运行阶段无关。但事实是，我们确实未进入观测运行阶段。反而言之，如果我们宣布在非观测运行阶段中探测到了引力波信号，那么“观测运行阶段”这几个字就毫无意义，我们就不应该使用该词。

然而，这个反对意见并未坚持太久。正如另一封邮件指出的，当主要仪器停机检修时，灵敏度相对较低的仪器就会转换为“天文看更”（astrowatch）模式，它们时刻待命，以便异乎寻常的强烈信号（如邻近宇宙中发生的某次超新星事件）能够第一时间被探测到。在天文看更模式里，可以忽视常用的观测标准。如果一个不处于工程运行阶段的信号足够清晰却未作为探测被接受，那就太不像话了。

不过，在工程运行阶段中，信号的清晰度会相对低些，毕竟设备仍处于调校阶段。问题是，信号的可靠性依赖于其信噪比，即与背景噪声相比，信号本身是否够强。如前文所述，仪器偶尔会触发误警——噪声可能会凑巧同时爆发。必须说明的一点是，本次事件中的信号如此之强，相干度如此之高，这表明事件不可能为误警。换句话说，信号碰巧为噪声的概率比5

个标准差（sigma）[①] 还要低 [②]。做出这一声明需要对“背景”进行估计，这是通过时间平移操作实现的 [③]。

为了实现时间平移，想象一下，我们将 L1 的连续输出结果和 H1 的连续输出结果并排放置，然后将其中一台的输出结果平移 2 秒钟（假设）。接着，我们寻找两台探测器输出结果中重合的部分，它们不可能是被外部的某个事件（如引力波）触发的，因为两台探测器中的噪声并非同时发生。因此，我们得到的是伪同时事件，它只可能来自噪声。若两台探测器都有 1 周时长的输出，则通过时间平移输出结果清点 1 周内发生过多少伪同时事件，就可获知 1 周里有多少纯粹噪声起源的同时事件。如果我们再做一个为时 2 秒的时间平移，重复计算一遍，那么我们就得到了等效于 2 周时长的噪声同时事件。也就是说，将时间间隔设为 2 秒并无特别之处——也许设置成 3 秒更好。事实上，在前述的社群讨论里，大家形成了一个共识：时间间隔不能过短，2 秒大概是保险起见的最小间隔。若时间间隔更短，同一台仪器的异常可能会匹配到前后两个不同的“信号”，即使实现了时间平移，对应的依然是同一对噪声。不过，部分科学家对此存疑（详见第 3 章）。

如果我们以 2 秒钟为间隔，在进行几次时间平移以后就停下来，那么我们很可能看不到如这 2 周数据中的信号候选体般响亮又相干的同时发生的噪声事件。因此，我们认为这种事件（识别引力波信号）的误警率低于每 2 周 1 次。问题是，这远

① 标准差通常用希腊字母西格玛“σ”表示。在这类重大科学发现的量化分析中，常会采用显著度来量化发现的可靠程度，其单位即为标准差。信号来自噪声的可能性越低，显著度越高。——译注

② 请参阅《引力之魅与大犬事件》。——原注

③ 若想了解更多时间平移技术的细节，请阅读我之前的几部作品。——原注

远不够。一般来说，数十万年一遇的误警率才足以让人信服，而这就需要海量的背景数据，或者说需要进行数次时间平移。因为探测器在 ER8 期间并未长时间保持稳定，所以基本上不可能造出这么多的背景数据。不过——当然，我现在对此并不确定——这个问题也许可以通过刚刚启动的观测运行（O1）的数据来解决。只要能说明仪器在 ER8 期间的状态与在 O1 期间的状态类似（值得注意的是，该事件候选体刚好发生在 O1 开始前，因此仪器的状态很可能和 O1 期间的状态非常相似），那么 O1 的背景数据就可用。[①]

［来自彼得·索尔森，9 月 22 日］

我们当然会使用 O1 的数据来获取足够多的背景，从而估算 GW150914（没什么创意，不过这个名字还过得去）的显著性。这应该是可行的，只要我们有充分的理由相信仪器的表现与之前一致。当前，通过干涉仪，我们尚未看到任何显著的能使我们相信背景会发生明显变化的现象。（其中，我们规避了一个问题：不同的锁定状态之间，仪器的行为通常会存在一些差异，不过我们将这些差异平滑掉了，希望这不会引起太大问题。）

第三个关于 ER8 的担忧，更加（怎么说呢）“哲学性”，并且由来已久。每种定量科学都会被“实验者期望效应”（observer-expectancy effect）困扰。该效应是指，科学家们很难不带着主观期望去解读结果。这也正是为什么新药的有效性必须通过“双盲”测试之后才能被接受。在实验过程中，病

① 若想了解更多关于误警率、误警概率，以及时间平移的技术与理论方面的讨论，请参阅《引力之魅与大犬事件》。——原注

人、医生与科学家都不知道哪位病人使用的是安慰剂，而哪位病人使用的是真正的新药。只有在这种条件下，药物的效果才未被病人的心理作用干扰，或者被病人与医生之间的互动所影响，而医生与科学家也未因主观影响给分析结果带来偏差。

引力波探测面对的问题是，统计分析的算法只能通过分析真实数据来优化。通常，解决这一问题的做法是，先将数据中的一小部分——比方说 10%——单独提取出来，然后使用仪器和算法调试剩下的数据。直到大家达成一致且仪器进入“冻结”状态时，科学家才会“打开箱子”，分析所有数据。在这之后，算法调整与分析过程必须严格保持不变，以此保证对结果的预期不会对分析的最终结果造成偏差，以至于提高事件的统计显著性。在引力波物理学的早期历史里，一些分析结果受到了这种偏差的影响，如今我们已经知道，那些本以为是“新发现”的事件，并不是真实的。①

若是“打开箱子”以后才在分析数据的过程中发现有趣的结果，问题就会产生。以臭名昭著的“飞机事件”为例，探测器的确探测到了信号，但在“打开箱子”后，基本可以确定信号只是来自一架低空飞过的飞机。官方说辞表示，因为在“打开箱子”前的“冻结”状态里并未将飞机这一因素列入考虑范围，所以按理说也不应该在最后的分析中考虑飞机这个因素。这就引发了奇怪的讨论，对此，我在之前所著的书里进行了详细的叙述。② 当然，除了实验者期望效应这一问题，在“飞机事件”中，让分析能够继续进行的唯一方法就是将飞机

---

① 更多关于引力波物理学中实验者期望效应的讨论，请参阅《引力之魅》104～107 页及本书 399 页“社会学与哲学注释”的注释Ⅲ。——原注

② 请参阅《引力之魅》，27～32 页。——原注

列入考虑范围。由于一个方法学上的准则而假装它不存在是愚蠢的。[①] 而本次事件存在误判的风险，毕竟事件发生于 ER8，且调试分析最终并未“冻结”。这导致一系列邮件探讨本次事件应该在多大程度上透明进行，而非全盲。此外，一系列邮件讨论事件参数（旋近双星的可能构成），邮件开头大都会写：“如果你想保持全盲状态，就不要继续读下去了！”对于事件透明度这个问题，有的人担忧，有的人则全然不关心，并指出邮件里已探讨得太多，想以全盲状态继续分析信号是不可能的。正如其中一封邮件总结的：“船已起航（木已成舟）。”

在我看来，只有当信号与噪声十分接近时，上述讨论才必要。如果信号本身“鹤立鸡群”，具有如图 1-2 中那样高的相干性，那么迂腐地遵从全盲法则是没有必要的，将“非全盲”存在的隐患铭记于心就可以了。“飞机事件”已经证明了这一点。我曾经讨论过，双盲测试这一法则在断肢医疗过程中毫无意义。《英国医学杂志》（*The BMJ*）中一篇非常有趣的文章也指出：如果我们真的想严肃对待全盲性，那应该警惕降落伞，因为从来没有人用安慰剂与它做过比较。[②]

9 月 19 日，星期六，21: 46

看起来这已经不是针对一次事件的盲搜了，我们也不应该自欺欺人。然而，是否有必要对 PE 继续全盲？似乎，越来越多的人在可行的参数（比如说，质量或者质量比）范围上达成了共识（还是我搞错了？）。我们是否该

---

① 仅代表**个人意见**。有些科学家坚持认为，正确的做法就应该是假装飞机不存在，然后继续分析数据。其中一人甚至从项目中辞职以示抗议。我相信这个故事展示了“固执的职业精神”与判断力之间的矛盾，本书后文会详细讨论该点。——原注

② 请参阅本书 400 页“社会学与哲学注释”的注释Ⅲ。——原注

担心，合作组织中的大多数成员太过轻易地相信，信号来自某个特定类型的源，拥有窄参数范围？也许，那艘船已经起航，抑或还泊在港口？

不管怎样，如今引力波探测领域里多了一条不能再迂腐地执着于全盲性的理由，不论是在工程运行阶段中，还是在观测运行阶段中。由此，社群接受了“低延迟”搜寻是必要的这一观点。低延迟搜寻能够尽快发现信号并加以分析——本次事件就是如此。这么做的理由是，社群希望将事件候选体的信息尽可能多地传达给传统天文学家（也就是电磁天文学家）或中微子探测器。这样一来，科学家们就能将仪器上的望远镜转向天空中潜在的源，搜寻本次事件的电磁迹象——某个可见光波段或 X 射线的爆发；如果仪器是固定的，那么科学家们会重点关注事件发生的时刻和方位。这种“多信使”天文学手段比仅依赖引力波信号的方法要好得多，尤其是在搜寻第一个引力波信号的早期，人们往往倾向于怀疑结果。实际上，2009 年于布达佩斯，阿达尔贝托·贾佐托（Adalberto Giazotto，Virgo 探测器的倡导者与曾经的负责人）说道，第一个引力波事件必须得到电磁观测证据的支持才能对外宣布。因此，低延迟搜寻势在必行，不论愿意与否，全盲性必须让位。这或许可以让担忧分析过程缺乏全盲性的人略微宽心。随着探测事件出现得越来越多，我们会看到越来越多的深入分析与低延迟搜寻之间的分歧。这里，暂且跳到第 3 周，窥探一下争议的端倪：

10 月 2 日，15: 43

……针对一个观点，我们已讨论了有段日子：在离线搜索尚未调校完成时，马上打开低延迟箱子会对离线搜

> 索造成影响。我们之所以在大犬事件里妥协，是因为当低延迟的 cWB 触发警报时，离线搜索已经处于一个稳定状态。
>
> 当然了，任何发现于低延迟搜寻中的 CBC 信号都可能很强。因而，即便不采用最佳的调试结果，信号也能在 CBC 搜索里被看到。如果 GW150914 是如我们所宣称的那样的真实信号，那么即使调试冻结，它也应该在那里，且异常显著。对于我们进行的任何一种合理调试，它都应该具备足够强的适应性。

关于这个故事还有一个争论。如果本次事件由双黑洞引起，则不会存在电磁波或者中微子辐射——这是黑洞的特性，任何可能释放辐射的物质都会被吸入黑洞之中。本次事件若被证实为真（可能性很高），将无电磁证据支持。我会在后文中叙述，当我询问贾佐托关于这点的看法时，他是如何评价的。从更积极的角度来看，可以不通过电磁证认就直接确认探测结果是一件大好事，因为这将会是**只能由干涉仪做出的观测结果**。根据观测估算的双黑洞旋近的事件率表明，上百万个事件可能正悄无声息地发生，而只有引力波社群有能力看到！

天体物理学家长久以来相信，宇宙中存在互相绕转的双黑洞。他们同样相信，这样的一对黑洞双星系统如果旋近、并合，就会辐射出比其他典型系统更强的引力波。我记得，2004年，在我参加的某次由一位著名的天体物理学家主讲的公众演讲中，他谈道，aLIGO 的探测能力相比 iLIGO 会大大提升，aLIGO 甚至有能力探测到来自宇宙边缘的引力波辐射。我当时知道 aLIGO 的预期探测距离是 200 百万秒差距，远未到宇宙边缘，但是接下来我意识到，那位天体物理学家很狡猾地偷换了概念，他将标准的双中子星并合事件替换成了双黑洞旋近事件。更糟糕的是，我从与会的另一位理论学家口中得知，当时尚未确定是否存在双黑洞旋近。黑洞双星的角动量太大，需要很长的时间才能消散。我被告知，可能宇宙太年轻了，还未形成一对因损失了足够多的能量而靠得足够近的黑洞双星。因此，这位天体物理学家的发言不仅偏离了讨论仪器时的常规对象，未明确说明这一点，他甚至在讨论或许并不存在的引力波源。

整整 43 年，我着迷于科学家们利用地基探测器搜寻引力波的过程。我着迷于不同世代技术应用的改进，着迷于各类引力波探测的“重大新闻”诞生又消散如烟的过程，着迷于物理学家在引力波领域里的工作方法……然而，我从未着迷于天体物理学本身——我个人对太空中存在何物并不关心，我只是关心人类是通过何种方式发现新事物的。如今我却发现，关于太空，我了解了一些全球只有 1 000 多人知道的内部资讯，而尚未获知消息的人包括数以千计的来自顶尖大学的天文学家和天体物理学家，原因仅仅是他们并非引力波物理学家。我知道，如果本次事件是真的，那么宇宙中起码有一些双黑洞形成、旋近且最终并合了。[①] 关于天体物理学和宇宙的本质，我竟然知道了只有极少数人才掌握的秘密！这段时间内，我与妻子苏珊（Susan）了解到的关于天体物理学中的这一小块领域的信息甚至比斯蒂芬·霍金（Stephen Hawking）还多，这让我如何不

① 文稿原包含以下这一段（参阅附文 2）：GW150914 不仅提供了最清晰的恒星级黑洞存在的证据，同时也表明自然中可形成**双黑洞**。除此以外，双黑洞的物理特性也允许它们在一个哈勃时标内并合。——原注

激动呢！

更多使人信心大增的迹象

事情发展到现在，科学家们的信心不降反升，于是我决定创建一个新的文件夹“引力波邮件回收站”（GWdel），收纳待删除的邮件。如果我直接删掉了邮件，那么一个星期以后，该邮件就会被永久性删除。因此，我决定暂时存档，以防漏掉什么信息，若是哪封邮件日后看起来具有重要历史意义，这么做也便于搜索。以下邮件让我对本次事件拥有了更多信心：

9月19日，星期六，04: 40

……探测事件G184098可能是真的，这对于随机搜索来说具有重大意义。这个星期初，我给纳尔逊（Nelson）和塔尼亚（Tania）发了邮件，建议“如果本次事件在一个星期后还‘活’得好好的”，我们就应该尝试推进相关计算了。然而，在过去的几天里，关于本次事件的大量核查任务已经在致密双星并合组、引力波暴组和探测器特性表征组的工作中完成了。我想，现在是时候在假设G184098真实的前提下开展下一步计算了。

下面的邮件同样包含上述关于全盲性的讨论：

9月19日，星期六，06: 38

如今，我们探测到了一个清晰的信号，而且它很强。cWB组的初步估计已表明，信号的误警率/误警概率很低，我们必须将其视为事件候选体严肃对待……因此，我想摘掉“墨镜”（指全盲状态）是有道理的，只要小心别让我们现有的知识给未来的统计学结论引入不合理的偏差就可以了。事实上，我相信 pyCBC 组已经决定了他们用来开展时间平移的参数。如果你坚持使用这些参数，或者你所做的改动不具有“支持事件为真”的倾向性，那么我认为这副墨镜现在就该被扔到垃圾桶里了。要知道，这个信号的一个美妙之处在于它很强，而很可能现在或者未来进行的更深入的搜寻会发现其他更弱的信号，它们也许就在探测的阈值边缘徘徊。综上所述，若要确定**它们**是否为真，致密双星并合组所发展的成熟的“全盲”技术就至关重要。

大家在“这个激烈、兴愤、被剥夺了睡眠的时段里”刻苦工作。“但是，我们现在拥有了 * 真正 * 的引力波数据！！”（以上文字出自 9 月 19 日星期六 09: 31 的邮件，其中“愤”为发件人的错字。）

星期六 16: 15 左右，另一个“迹象”出现了。一位物理学家建议为本次事件取一个内部代号，以便每次提及本次事件时都不必赘称 G184098（我至今仍对这个名字感到困惑）[①] 或者 GW150914（以探测日期命名）。之前的两次盲注事件都有代号——“秋分事件”（以日期命名）与“大犬事件”（以信号大致位置附近的大犬座“Canis Major”命名）。发件人还提议为内部代号举办一个命名竞赛，由投票决定最终结果。以下就是在 9 月 19 日前后诞生的候选代号的早期名单（https://wiki.

① 探测器随时会产生大量警报，警报会被上报到 GraceDB，以数字顺序命名。GW150914 在被正式确认之前都使用该数据库中的编号。——译注

ligo.org/DAC/G184098#Proposed_codenames）：

* 天体质量很**大**。信号很**强**。在我们尚未准备好时，本次事件一巴掌**扇**到探测器上。当这个事件生气时，你不会喜欢它的。因此，我建议取名为**浩克**（The Hulk，绿巨人）。

* 我们**已经**准备好了，**时刻**准备着。（We were and are ready.）

* 我刚还在想取名游戏什么时候开始呢。在自由辞典网站（*The Free Dictionary*）上，我找到了**王牌**（The Big Enchilada），它是指某个王国或领域中最重要、最具权力的人，代表具有最高价值或重要性的事物。

* 引力波 + 黑洞：为什么不叫**阿尔伯特**（Albert，指爱因斯坦）事件？

* 2015 年，广义相对论诞生 100 周年。不如称之为**百年**（Centenary）事件。

* **黎明**（Dawn）——因为这应该是我们探测到的第一个引力波信号——**引力波天文学时代的黎明**。

* 虽然不想破坏大家的兴致，但我觉得 GW150914 挺容易记的，毕竟事件发生在 2015 年 9 月 14 日，这个代号相比其他太过生动的选项更加专业。也许我们应该坚持使用 GW150914。

* 我同意马尔科的意见。更“无趣”的名字也更专业。我抵制这股取代号的热潮，但要是非得如此，我觉得最好的选项应该是著名物理学家的姓，例如，爱因斯坦、波尔、费米、居里等。我觉得可以称本次事件为**阿尔伯特**，这是唯一一个可以用名字而非姓氏来命名的选项。

* **长蛇头**（Hydra's Head）。[XXXX] 和我核查了 cWB 发现的区域，信号源最接近长蛇座（Hydra）的头部。另外，这个代号还有一重意思，探测到一个引力波事件意味着宇宙中存在着更多相似事件。我们中的一些人也许会认为这只是单一事件。然而，砍掉长蛇的头，原位随即会生出一个新的。

星期日早上，鼓起勇气，我将自己的建议发送给了社群。

9月20日，星期日，07: 53

如果本次事件是真的，那么这将会是引力波天文学的开端。因此，我建议将其命名为**起源**（Genesis）。因为我们都知道这不是盲注，所以可以起个“隆重”点的名字。

质疑的迹象

只是，我很快便意识到自己领会错了气氛。越来越多的邮件表示，他们只想采用 GW150914 这类代号。

9月20日，星期日，04: 12

这很奇怪，而且存在巨大的风险。我们还不够资格对名字挑三拣四，请大家冷静点，别急着起代号。本次事件的形势很有可能急转直下……它叫 G184098、GW150914、ER8 里的候选体、发现候选体等。请依据事实与技术性描述称呼本次事件。

可以预测，“GW150914”会是本次事件的官方名称（在论文标题及相关的各类文献与官方讨论中出现的名字），但是在科学家之间非正式的讨论里，它被称作“本次事件”（The Event）。事实上，在接下来的日子中，我们大都这么叫它，偶尔才会使用“GW150914”。

从这场关于起名的争辩中，我意识到自己相比其他科学家更乐观一点。此外，我于一天前注意到的质疑声开始浮出水面。那些相信可以通过单一事件分析事件率的人开始担心了：

9 月 20 日，星期日，22: 55

……很多证据表明，这是一个大质量的 CBC 事件，但其中不乏古怪之处。

在可探测的距离内，我们大致期望大质量 CBC 的分布是体积均匀的［在探测器能看到的范围里，大质量事件在空间中均匀分布］，这意味着 CBC 探测事件的先验概率与距离的平方成正比［例如，两倍距离处的事件有四倍的可能性被看到，也就是说，更有可能探测到远距离事件而非近距离事件。换而言之，探测到弱信号而非强信号的可能性更大］。考虑到探测器的选择效应，我们可以得到根据天线响应函数算出的子群。因此，在这种质量下，一个“典型”的双黑洞事件的距离应该远得多，信噪比也更接近阈值，事件发生的位置也更接近 LIGO 探测器的正上方［此方向上干涉仪最为灵敏］。本次事件的信噪比远高于阈值，方位也偏离天线模式的峰值很远［因此，它看起来很不真实］。

当然，探测到一个同类事件并非不可能，但是我们预期看到更多相似的 BBH。如果未看到，那么很可能本次事件并不是真的，或者这些奇怪的特性预示着其他种类波源的分布［要么说明极不寻常的事情发生了，要么指示此类事件与通常的大质量 CBC 其实不是一回事］。

9 月 21 日，星期一，01: 44

我同意［XXXX、YYYY 等人］的意见，对于 CBC 模型，最好的检验是看我们能否马上探测到更多相似事件（均须仔细量化，但初步估计似乎是 2～3 周的同时观测时间）。如果未探测到相似事件，那我们可能在某些地方犯了大错，而这也会给探测带来巨大的问题。反之，我们可以"过河拆桥"了。

发件人们争论的焦点是：假设此类事件在宇宙中均匀分布，那么从概率上来说，不应支持探测到的第一个事件，因为第一个事件理应更弱，且来自不同的方向。进一步讲，如果在未来几个星期的时间（！）里没探测到类似的事件，那么我们就要担心本次事件的真实性了。若到 O1 结束时（探测器运行三个月）仍未看到什么，那说明哪里出了"恐怖""严重"的大错误。

我并未像发件人们那样笃定地相信以上论证：iLIGO 的设计理念就是基于"运气"——在一定的可能性下，一次事件在足够近的地方发生，并产生了一个可被探测到的信号。如今，运气已不是必需品。从科学逻辑的角度出发，我们可以"蔑视"幸运女神，本次事件的距离远超 iLIGO 预期的可探测的距离，而更远的距离意味着同类事件在宇宙中的分布更均匀。即使如此，身为非专业人士，我也知道引力波事件分布均匀但稀少。难道不存在以下可能性吗？如今，宇宙本就遍布双黑洞，双黑洞的并合率却很低。因此，即使 aLIGO 探测范围更广，干涉仪也很难再捕捉一个类似事件——本次事件就像我们在 iLIGO 时期所期待的那样撞了大运吗？综上，试图通过事件率来证明本次事件是假的，对我来说就像——除非能在地外发现智慧生命，否则就不愿意相信地球上存在智慧生命。

因此，从我的角度来看，到这个时候还存有怀疑，意味着老套的几乎病态的对误警的担忧仍在社群中潜伏（我应该说，在以太[①]中潜伏），这股担忧稀释着发现信号的喜悦。若无新的事件发生，接下来的几个月将会是相当精彩的！

另一封邮件则展现了不同的视角：

9 月 21 日，星期一，13:48

我建立了一个页面来调查，若 GW150914 是真信号，其对事件率的影响……如果它是真的，那么有很大的概率 O1 里会出现更多信号。然而，依然存在约 15% 的概率，我们无法［在 O1 里］看到更多信号。

——它很响亮的事实，根本不会影响我们对事件率的估计。

如果这封邮件提出的观点正确，那么这个小组已经找到了一个逻辑，一个直到运行结束、分析完成、准备发表论文时，即使未观测到更多信号，也愿意接受本次事件为真这个事实的逻辑——有 15% 的可能性，在 O1 时段内看不到其他事件。

然而，疑虑在一个星期后卷土重来：

① 根据古代与中世纪科学，以太（aether）是填充于宇宙中地球上方空间内的一种物质。19 世纪后期，物理学家假设以太渗透进了所有空间之中，为光的传播提供媒介。由于未在迈克尔逊-莫雷实验（Michelson-Morley experiment）中找到以太存在的证据，现代物理学认为它不存在。——编注

9 月 30 日，15: 51

我们当然有必要尽快推进研究——正如我们现在所做的——以便更好地理解关于显著性、天体物理学和仪器的一些问题。但我还是不明白，为什么在观测运行阶段仍在进行的当口，我们非要急着用本次事件附近几日的数据发表论文。

约翰·普瑞斯基尔（John Preskill）在于 1984 年发表的关于磁单极子（magnetic monopole）的综述里写道："……在写本篇论文时（1984 年初），尚未确定是否有人真的看到过（磁单极子）。但可以确定的是，没有人看到过两个。"[《核与粒子科学年评》(*Annual Review of Nuclear and Particle Science*)，34: 461]

我们不希望在 2025 年引力波领域的某篇综述里看到类似的话。

萦绕在社群心头的磁单极子探测结果于 1982 年发表，而刊登之处正是本次引力波探测的意向期刊——《物理评论快报》(*Physical Review Letters*，简称 *PRL*)。布拉斯·卡布雷拉（Blas Cabrera）在论文中详细描述了一个设计精巧的实验，并且报道了磁单极子的首次发现。然而，由于之后未出现新的磁单极子的发现，卡布雷拉的研究成果被学术界认定为"错误"。好在，他在报道中使用的"谦逊"用语"拯救了他的学术生涯"。这一先例也是社群对待本次事件如此谨慎的重要原因之一（可参阅《引力之魅与大犬事件》第 233 页）。

彼得在发给我的邮件中写道：

9 月 30 日，21: 27

是的，事态依然不明朗，我们仍在徘徊：究竟该赶工还是等一等，是否该坚持定义良好的误警率 / 误警概率，究竟要不要在第二个（以及更多的）探测上采用较低的信噪比……我们现在是真的有点糊涂了。;-)

对我而言，如果 LIGO 团队最终认为没有第二个事件就无足够多的信心发表本次事件，那他们对确定性的过度执着已到了曲解科学本意的地步。

电磁伙伴

我们已经了解，引力波社群想尽办法对本次事件进行保密，并使分析过程保持纯粹。然而，两者都无法做到，问题就出在“电磁伙伴”（EM partner）身上。电磁伙伴指的是“电磁天文学家”。通过电磁伙伴分析的来自 GW150914 大致方位的可见光、X 射线、伽马射线、红外光、射电信号等手段的观测结果，“干涉仪家”试图验证他们的发现。若想让电磁伙伴做到最好，社群就必须尽早告知电磁天文学家关于候选事件的信息。可见光的闪耀、X 射线，抑或其他瞬变现象消失得很快，若是引力波信号真的到来，而望远镜却未面向正确区域，那电磁波段探测这只“煮熟的鸭子”就会飞走。这也是必须进行低延迟搜寻的原因。

本次事件的大致信息已于前几日被发送给了电磁伙伴。我认为，即使在信心不足的前提下，也应该发出消息，这样才能将各种可能性考虑周全。一方面，原本比较“弱”的仅靠引力波探测器得到的信号与电磁信号搭配，能够使探测结果的可信度提高，这便是“多信使”天文学；另一方面，早期的警报通常语焉不详，信号的本质使得早期的研究大都信心匮乏。两个问题迫在眉睫——到底能透露多少信息给电磁伙伴，以及何时透露。“干涉仪家”可以只和电磁伙伴说：“请帮忙看看这个地方，告诉我们你看到了什么。”然而，早期发布的观测方向可能是错的（正如本例），而且要是电磁领域的天文学家知道自己在寻找什么，发现事件的概率就会提高很多。此外，望远镜观测成本较高，且通常充斥竞争。如果社群里“狼来了”的次数过多，那么电磁伙伴就不愿意合作了。社群与天文学家的合作具有重要意义，这不仅仅是因为后者可以观测天空，更是因为天文学家一开始就对 LIGO 的建造持明显的负面态度：LIGO 中的“O”代表“天文台”（observatory），天文学家批评 LIGO 的其中一个动机是，物理学家似乎在什么都未探测到的时候就急着与天文学家争夺天文学家的自留地。因此，天文学家对探测器逐渐增长的兴趣与支持被认为是物理学家“远见卓识”的胜利，物理学家终于开始接近开展正常的引力波天文学研究这个目标了。[①]

以上因素导致了社群内的激烈争论——在本次事件的各项信息都慢慢确定后，电磁伙伴到底应该掌握多少内部信息，以及社群该以何种频率告知。事件发生之初，关于这些方面的争论不仅基于保密性，更是出于全盲性——不希望电磁搜索因怀有对引力波的期待而破坏结果。若是天文学家掌握了本次事件的过多细节，则实验者期望效应很难避免。常见的困境显

① 若想了解更多的引力波领域早期天文学家与物理学家之间的争执，请参阅《引力之影》。——原注

现——电磁伙伴应该获知足够多的信息，以防找错目标，但他们也不能知道得过多，否则搜寻信号的纯粹性会打折扣。因此，直到几个星期之后，社群才发出以下级别的消息：

9月28日，15: 12

关于本次事件的分析仍在进行中。早期的波形重构（如果这真的是一个引力波信号）看起来与一个距离为100百万秒差距或更远的双黑洞系统并合的预期一致。

10月4日，13: 55

2015年9月14日发现的引力波事件候选体G184098存在一个更新。关于本次事件的分析仍在进行中。早期的波形重构（如果这真的是一个引力波信号）看起来与双黑洞并合的预期一致。

一封机密邮件随之而来。

亲爱的同事们：

O1已经开始，有人可能会问您是否收到了LIGO的触发警报或警报的相关细节。我们在此提醒您，我们信赖您的保密能力。您可以向对方表示自己已签订了接收LIGO/Virgo引力波警报的协议，而我们在对这些协议进行测试，但请勿提供任何您所收到的关于警报数目、时间和性质的具体信息。如果您的团队里有人直接或间接参与了该项目，请务必确保其尊重保密协议。若您不确定哪些信息是敏感的，请在分享信息前咨询LVC的联系人马里卡（Marica）、利奥（Leo）与彼得（Peter）。

随着时间流逝，关注的重点从全盲性转向了保密性，而到底能对电磁伙伴透露多少信息依然是接下来几个月的争论焦点之一。我们会在本书的第 10 章至第 13 章中再次讨论这个问题。

第 1 周内的邮件分析

表 2-1 展示了我在引力波事件发生后的第 1 周内收到的关于此事件的邮件数。当然了，实际的邮件数更多（那些我未订阅的小组之间的内部邮件等），但表格中的数据多少可以展示事件的活跃度，以及活跃度是如何增长的。相比删掉的邮件，我保留的邮件越来越少，这意味着邮件探讨的技术细节在增加——科学家们回归“苦力”角色——邮件内容不仅仅停留于原则性辩论。这些数字也并非十分准确，比如说，社群成员对本次事件的内部代号进行了一系列讨论，但讨论来讨论去，只是徒增了邮件的数量。

第 1 周，结束。

表 2-1　引力波事件发生后第 1 周（2015 年 9 月）内收到的邮件数。

	星期一，9 月 14 日，从 11: 56 起	星期二	星期三	星期四	星期五	星期六	星期日	星期一，9 月 21 日，截至 11: 56	星期一，9 月 21 日全天
保存	39	65	26	50	32	47	17	10	23
删除	8	28	49	56	130	144	114	44	129
每日	**47**	**93**	**75**	**106**	**162**	**191**	**131**	**54**	**152**
168 小时内								859	

第3章

长达半世纪的引力波探测历史

20世纪50年代末，约瑟夫·韦伯（Joseph Weber）开始尝试利用地基探测器捕捉引力波。20世纪60年代末到70年代初期间，通过重1吨以上的圆柱形铝棒的振动，韦伯发表了自己在引力波探测方面的成果。韦伯的共振棒（resonant bar）坐落于他的母校马里兰大学（University of Maryland），另一台探测器被放置于芝加哥。若是引力波袭来，它就会在两台相距遥遥的探测器上同时留下痕迹。由于仪器时刻在振动，韦伯采用了一个窍门，即对比两台探测器实时输出数据的符合（coincidence，指“同时”）次数和对其中一台的数据进行时间平移后的符合次数，这样一来，源相同的信号就无法形成一个符合了。这个方法沿用至今，使引力波探测成为可能。但问题是，我们无法关掉引力波源，因此我们无法让探测器在必要时屏蔽真实信号，以减小引力波对设备的影响。这种开/关机状态对于精细观测实验十分重要：当“开机”“关机”状态间存在差异时，我们知道开机期间可能会看到令人感兴趣的现象。然而，如果将两台探测器的信号记录下来，并对数据进行时间平移，那么任何“同时”效应都不可能来自同一个源，因此这种操作等效于将仪器“关机”了；如果对比实时输出数据，看到的同时信号就是来自“开机”模式。这就产生了我们想要的对比！

韦伯的研究结果卓越，引得同领域的其他研究小组纷纷效仿，不过长话短说，他们都未探测到引力波。事实当然比寥寥几句叙述复杂得多，不止一个小组对可疑信号将信将疑。韦伯则声称，如果其他人用“半个杯子是满的”而非“半个杯子是空的”的心态来看的话，他们的发现就会与自己的研究成果相吻合。400 多页厚的本书只讲述了历时半年的引力波探测的故事，而韦伯引起的争议历时 10 余年，单单几页纸的内容当然无法公正又准确地还原历史。

然而，本书不是在讲述约瑟夫·韦伯，而是在探讨他为引力波探测带来的改变。如果不了解之前半个世纪的是是非非，你也许很难清楚地理解最近发生的一切。这已是我所写的关于引力波探测的第五本书。第一本《改变秩序：科学实践中的复制与归纳》(*Changing Order: Replication and Induction in Scientific Practice*）于 1985 年出版，该书将引力波早期探测当作范例，探讨了科学研究中的重复性。书中的田野调查大部分在 1972 年到 1975 年间完成，而分析部分以哲学思考为主。

接下来的三本书完全以引力波科学为主题，每一本都描述了围绕引力波展开的科学研究，其中穿插了社会学反思和分析。第二本书《引力之影：搜寻引力波》于 2004 年出版，厚达 875 页，讲述了韦伯时代到千禧年初期间的故事。尽管《引力之影》是关于和平年代的科研活动的记录，它的视角还是涵盖了生活与精神的“毁灭”，反映了一个大项目试图在充斥怀疑、反对甚至嘲笑的环境中成功所需的非凡毅力。我曾经给乔纳森·米勒（Jonathan Miller）写信，建议他编写一部基于《引力之影》的歌剧（他未回复）。我始终认为，科学领域里的戏剧性与超越日常生活的鲜明角色若借由普契尼[①]之笔诞生，一定会让他赚得盆满钵满。2011年我出版了《引力之魅：21世纪的科学发现》，2013年又出版了《引力之魅与大犬事件：21世纪的科学发现与社会学分析》。《引力之魅》再次分析了名为“秋分事件”的盲注，而平装版《引力之魅与大犬事件》则在前书的基础上再版，加入了大犬事件的信息。此处再解释一下，盲注就是故意将假信号注入探测器中的操作，其可使引力波社群保持警惕。在处理盲注信号的过程中，几乎没有人知道它是假的。

我会在讨论技术细节或者进行哲学与社会学分析时，经常性地引用自己之前的书。若是想深入了解自20世纪70年代起引力波发展的故事，我建议读者阅读上述几本书。本书中，我只会简单地回顾一下历史。

到1975年左右，只有极少数人还信赖韦伯的研究结果。然而，韦伯发起的是一个10亿美元级别的国际性大项目，引力波领域的大部分科学家都将韦伯视为先驱。如果没有他那看似疯狂的探测引力波的尝试，今时今日也许就没有引力波科学这个学科门类了。称之“疯狂”是因为，根据由韦伯发明的关于干涉仪灵敏度与引力波能量的标准计算方法，他根本不可能探测到任何信号。然而，韦伯依旧决定着手实验，尝试探测。美国国家科学基金会（National Science Foundation）为该项

① 贾科莫·普契尼（Giacomo Puccini），意大利著名歌剧作曲家，其代表作有《波希米亚人》《托斯卡》《蝴蝶夫人》《图兰朵》等。——编注

目赞助了数万美元。虽然信号如此弱，且实验从设计上来说也几乎不可能得到探测结果，但很可能，若韦伯未犯错并使物理学界蒙羞（如许多物理学家认为的那样），地基引力波探测就无法迎来腾飞。韦伯的所为逼迫着同行们找到必要的资源，迫使他们“心甘情愿”地踏上寻找引力波的漫漫征路。其中关键的一步是，即使所有证据都表明韦伯不可能探测到信号，他依旧声称自己捕捉到了引力波的踪迹，而且早在20世纪70年代初，他就言之凿凿。2000年韦伯逝世，直到离世，他始终坚信自己曾看到引力波。

之后，人们制造了低温棒（cryogenic bar），其与韦伯的设备类似，但可冷却到液氦的温度，甚至更低。美国（路易斯安那州立大学，Louisiana State University）与意大利（罗马和帕多瓦）是该领域的佼佼者，此外，澳大利亚的珀斯正试着使用干涉仪。从理论上来说（尽管韦伯常常对此质疑），低温棒远比室温下的共振棒灵敏。韦伯也曾启动一个低温棒项目，但是并未完成。一个来自意大利的团队不止一次地发表成果，表明他们用低温棒探测到了引力波，但他们的主张没有站稳脚跟。与此同时，通过赖纳·魏斯（Rainer Weiss，又译为雷纳·韦斯）于20世纪70年代早期对可行性细节的计算，成本更为高昂的干涉仪项目逐渐变得瞩目。随后，一些小型干涉仪项目获得资助，到1992年，美国的大型干涉仪项目终于动工，宣告了共振棒时代的落幕。若想了解这场苦涩战役的细节，可参阅《引力之影》。直到2015年秋天，仍有两台低温棒坚持在工作岗位上，它们位于意大利。根据负责其中一台仪器的科学家所述，仪器的探测距离为5千秒差距，而根据这个范围计算的事件率显示，每50年里大概可以探测到几次超新星爆发或者巨耀发事件。这位科学家相信，在其他类型的探测器未运行时，低温棒在“天文看更”的岗位上表现出色，而一旦其他任何一台仪器的探测获得证实，那么低温棒关机的日子将至。负责另一台低温棒的科学家则相信，低温棒在探测宇宙射线和可能与暗物质相关的奇特粒子上仍堪重任。如今，干涉仪在引力波探测的舞台上大放异彩，低温棒似乎已全然无望。然而，回顾那个时代，共振棒和低温棒代表了奋斗在科研前沿的乐观精神。

如今，人们很难想象，在引力波探测的前30年里，共振棒型探测器才是主流技术。人们也很难想象，引力波科学领域的诞生是多么戏剧化。而其中的故事涉及韦伯——引力波探测毫无成功可能性的年代里的英勇“煽动者”。韦伯犯了一些极大的错误。比如，他声称在信号里发现了周期为24小时的变化规律，而实际上，真正的信号周期为12小时，因为地球对引力波来说是“透明”的，来自正上方和正下方的信号是全同的；再如，不理会对方的怀疑态度，宣称在自己和竞争对手的探测器里同时看到了信号，而对两个探测器位于不同时区这一事实刻意忽视，也就是说，两个信号根本不是同时到达的；一位来自美国的极具影响力的物理学家对韦伯的实验方法和探测结果持异常激烈的反对意见；韦伯发明了一个理论来说明共振棒的灵敏度比最初理论预言的灵敏度高10亿倍；一位冉冉升起的理论物理学新星（如今已过世）曾发表论文，证明韦伯的理论不成立，不过之后他的态度却发生了**180度转变**，他在另一篇文章中声称韦伯其实是正确的，这到头来白白损失了自己的信誉；韦伯的信誉在不断下降，但他直到生命的尽头依然不肯放弃自己的主张，甚至到了让他觉得他一定得向我保证他不可能自杀的地步；随着第一个正面竞争的技术不断发展，低温棒显现效用，然而发现结果随后被否定；提出了使用干涉仪探测引力波的科学家一开始被拒绝资助，而之后，该技术在其他地方发展起来；对干涉仪技术的激烈争夺发生在意大利和美国之间，且到达了白热化的地步；天文学领域对此强烈反对，因为干涉仪技术对资助基金的巨大胃口威胁着其他引力波探测技术，与此同时，言辞尖锐的批评者险些影射学术不端和数据造假；共振棒的技术领头人面临痛苦的抉择，也在分析方法上迟疑不决，这导致友谊终结，以及除非所有人都同意结果，否则竞争对手之间不得对外宣布探测结果；最终，干涉仪项目获得资助，但紧随而来的是首席科学家之间激烈的个人冲突；LIGO 管理层因一位新领导者的到来而分崩离析；另一位更为成功的领导者最终被解雇；掌握新仪器诸多关键技术的天才发明家被排挤出项目，甚至被告知无法再踏入放置着由他搭建起来的原型机的大楼一步；一位来自高能物理学领域的新负责人将 LIGO 从死亡边缘拯救过来；LIGO 项目的大批资深科学家离职；项目验收日期无数次被推迟。[①] 如今回溯历史，这些故事好似发生在另一个维度中，除了简单的概括语言以外，所有转述读起来都像在看《大话西游》[②] 一样。《引力之影》的 875 页对此叙述得较为详尽，也许日后我会尝试对引力波的探测历史做个更简短的总结，但我很难用寥寥几言概述。如果不想写出粗制滥造的作品，就需要花费不少精力。

---

① 我在《引力之影》中讲述了第一代大型干涉仪建成的故事。——原注

② 原文直译为“《奥德赛》的《读者文摘》版”（*Reader's Digest* version of *The Odyssey*），而《大话西游》的英译名是“*A Chinese Odyssey*”，于是此处译作《大话西游》。——译注

如果被普遍接受的理论是正确的，那么天体源辐射的引力波理论预言强度与理论预言的仪器灵敏度将在 aLIGO 这一代探测器上大致交会。实际上，正如第一封研究申请书的某个段落里所写的（见图 3-1），回过头想想，引力波探测器至今未看到任何信号，这恰恰代表理论的胜利。

不过，这类声明一般会被归为“细则”。它隐含着一段尘封多年的有关探测可能性的逸事。那个时候，“天文学十年报告”里对在未来几年中探测到引力波这件事充满信心，尽管我们当时仍然处在共振棒探测器时代；LIGO 的灵敏度曲线与 iLIGO 潜在的可探测到的源被绘制在了一起，尽管细则里注明源可能并不存在；从项目建设伊始，两台相距甚远的探测器就共同开工了，而一位资深的专业人士指出，既然 iLIGO 的灵敏度这么低，未探测到有用信号，那不如只建造一台干涉仪，

CALTECH/MIT PROJECT

FOR A

LASER INTERFEROMETER

GRAVITATIONAL WAVE OBSERVATORY

December 1987

LIGO-M870001-00-M

By comparing the source strengths and benchmark sensitivities in Figure II-2 and in the periodic and stochastic figures A-4b,c (Appendix A), one sees that ***(i) There are nonnegligible possibilities for wave detection with the first detector in the LIGO. (ii) Detection is probable at the sensitivity level of the advanced detector. (iii) The first detection is most likely to occur, not in the initial detector in the LIGO but rather in a subsequent one, as the sensitivity and frequency are being pushed downward*** .

图 3-1 该图展示了申请基金时的研究目标，下划线由将材料发给我的科学家标出，该句表示“首次成功探测很可能不是出现在初代 LIGO 中，而是出现在新版探测器中”。

在那台设备上发展技术；[①] 一些人提议建造“增强版 LIGO”（Enhanced LIGO）——这个名字如今在相关报告和图表中被归类为初代 LIGO——的一部分动机就是将 LIGO 的灵敏度提升两倍以上，有望成功探测到引力波。当我指出这个论证存在问题（该结论是从零开始外推得到的）时，一位非常资深的科学家将我推到墙上，冲着我大吼，说我什么都不懂。因此，不管细则里面说了什么，iLIGO 的表现还是让很多科学家感到失望，尤其是那些在立博博彩公司（Ladbrokes）下注，赌 LIGO 会在 2010 年前实现引力波探测的人们（包括输了 100 英镑的本书作者）——不得不说，赔率相当诱人。不论如何，在理论预言信号存在且下一代探测器定能实现探测的前提下，科学家与资助机构愿意继续付出，他们锲而不舍，这正是人类坚韧品质的伟大胜利。历史由胜利者写就，不久以前还属于尖端科技的棒状探测器，如今似乎彻底无望，连早期的干涉仪现在看来也只是通向这次成功的原型机。这便是事物的规则发生变化的一种方式。

① 我在《引力之影》一书中辩论道，虽然一台探测器就足够科学家发展技术了，但从人类学与经济学角度出发，建造两台探测器是更为明智的决定。此外，与我争辩的许多科学家都告诉我：“我们一定得造两台，不然无法进行同时探测，即什么信号都看不了。”原始的“一台探测器足矣”的言论来自迪克·加尔文（Dick Garwin）之口：“不管怎样，我的观点始终不变，我们在实际建造 LIGO 的过程中须走得慢些，再慢些。我们得坚持在所有自动化控制设施都齐全且在小尺度设备上测试成功之后，再花大价钱建造大型设备，建造之初只造一台，而非两台。对于后者，我的态度非常坚决，并且这些原则也是我们的实验顺利进行的保障——我们只需要一台探测器（幸运的是，它运行顺利）就可以决定性地证明韦伯看不到任何信号。当然了，如果第一台成功，那我们最终还是要在两个地点建造探测器。然而，哪怕是在一切都十分明朗的前提下，我们也应该先开发一台，而不是同步发展两台。我不相信同时快速建造第二台探测器带来的好处可以抵消它的负面影响，负面影响包括给更小型、更直观的实验项目带来的不利冲击。”［出自加尔文于 1993 年 1 月 7 日写给约翰·吉本斯（John Gibbons）的信。］——原注

第4章

第2周与第3周：冻结、流言

保 密

9月21日，LIGO发言人群发了一封关于如何应对外界各类问题的邮件：

> 亲爱的LVC成员：
>
> 我们已进入O1。欢迎来到高新探测器时代！
>
> 我们也告知了天文学伙伴们（详见以下信息），并且计划，一旦触发事件的FAR［误警率］比大约每月1次更显著时，就向他们发送相关信息。……
>
> 关于GW150914，引力波暴组已请求发言人、探测委员会及其他相关人员将之考虑为引力波候选体，因此我们现已步入探测程序的步骤1。在获知更多技术细节后，我们会将信息与LVC成员分享，并启动步骤2。这可能要花上两周时间，也许更多（用以估计背景的数据仍处于收集状态）。

我们提醒所有成员，对于这一候选体，请严格保密。如果您觉得自己需要将此事告诉某人，哪怕这个人您十分信任，也请务必**先向**富尔维奥（Fulvio）与加比咨询。同时，我们提供了一些您可能会经常被问及的问题的回答；如果任何一位非LVC成员向您咨询有关这一候选体的信息，或者您听到任何一位非LVC成员发表相关评论，请告知富尔维奥与加比。

如有疑问，敬请联系我们！

加比、富尔维奥、戴夫（Dave）、阿尔伯特（Albert）
与费德里科（Federico）

****

问：你们开始记录数据了吗？

答：我们从9月初就开始收集科学质量的数据了，以此为9月18日（周五）开始的首次观测运行做准备，并且我们计划收集3个月的数据。

问：你们在数据里看到任何现象了吗？

答：我们“在线”分析了数据，目的是为天文学家快速提供信息，以便他们能够针对具有较低统计显著性（约每月1次的误警率）的触发事件开展后续观测。我们已经对沟通程序的细节进行了调节，虽然并未实现全程自动化，但我们会在辨识触发事件后尽快将这些超过预设阈值的信号警报发给天文学家。分析与验证引力波数据中的候选体可能要花费几个月时间。因此，短期内我们无法透露关于数据的任何信息。当时机成熟时，我们会公布所有结果，不过估计得等到观测运行结束了。

问：我们听说你们已经将一个引力波触发信号发送给了天文学家——这是真的吗？

答：在O1运行期间，我们会将超过相对较低的显著性阈值的警报发送给天文学家。在之前的ER8期间，我们就实践了与天文学家之间的沟通机制。我们与那些和我们签订协议并有能力开展后续观测的合作伙伴一起，遵循着相关规定。因为我们无法在获得足够多的统计数据量和分析结果前验证引力波事件，所以我们为分享的所有触发事件都签订了保密协议，同时我们也希望所有参与者均遵守这一规定。

该邮件触发了保密这一本能反应（科学家们甚至痴迷于此），这种气氛持续了5个月之久。然而，如今有1 000个人知道发生了什么，也就意味着可能有1 000位伴侣了解了内幕。秘书们忙着为探测相关会议确认一些人的行程，反之，由于此时参与相关工作的人的时间太宝贵，他们无法与不相关的外人预约会面。大家的工作模式都已改变。

冻　结

9月25日，我得知探测委员会已经决定，必须保持探测器的状态不变，直至收集到足够多的背景数据，以证实本次事件的高统计显著性。注意，统计显著性是通过比较获得的：一方面是信号，即在两台探测器上同时获得能量超出；另一方面是伪符合事件，将两台探测器中的噪声瞬时突变通过时间平移对齐。时间平移的具体操作为——将一台探测器的输出结果沿着另一台探测器的输出结果滑动，直到两台探测器里的噪声瞬时突变对齐为止。之后，将每一个通过该方法得到的符合噪声瞬时突变与信号对应的真实符合事件进行比较。这种伪噪声瞬时突变的数量和形式可以与信号相互比较，从而获得统计显著性。然而，如果要保证足够高的统计显著性，就需要大量的背景噪声，且背景噪声必须和发现信号时的结果相对比。这表示仪器须在一段时间内保持探测时的状态。在本次事件中，科学家们最后获得了约 16 天的同时运行数据，而数据的采集大概花费了两倍的时间，因此，直到 10 月 20 日才能结束冻结状态。冻结，意味着一些重要的维护工作必须延后。以下罗列了部分来自探测委员会的信息：

> 探测委员会建议，在 GW150914 构型基础上对仪器状态进行的更改应该尽可能地小，直至下列情况发生：
>
> 1. 按照 CBC 组要求，在此构型下收集到了为时 5 天的可用同时数据。
>
> 2. 这些可用数据已校准。
>
> 3. CBC 离线分析已完成。
>
> 4. 至少向 DAC（数据分析理事会）和 DC（探测委员会）汇报初步结果。
>
> 如果 CBC 的结果引发了意料之外的问题，那么仪器的状态须进一步冻结。
>
> 结合上述建议，我们期望从今天起花费两周时间完成以上步骤。

“冻结”这一词将会再次被讨论。与此同时，社群决定将 O1 延长一个月，直到 2016 年 1 月 12 日；在关机研发新技术、为 O2 做准备之前，此举可获得探测到更多事件的机会。

9 月流言

流言“大坝”花了 11 日的时间开始决堤。9 月 26 日，星期六 06: 30 左右，我打开邮件箱，看到了一封来自《自然》（*Nature*）杂志的邮件：

> 我是一名来自伦敦《自然》杂志新闻组的记者。正如您可能已经听说的，aLIGO 已经“看到”了一个引力波信号。我之所以将“看到”两字打上引号，是因为在此阶段中，即使是发起流言的人——我们暂且假设流言来自引力波合作组织，而非搞恶作剧的局外人——也无法确定本次事件究竟是否为盲注。

我注意到，这封邮件于前一晚发送。而邮件中提到的流言引自一位在科学界具有影响力的知名理论物理学家兼公共知识分子——劳伦斯 · M. 克劳斯（Lawrence M. Krauss）。9 月 25 日 13: 39，他发送了推文：“流言说，LIGO 探测器探测到了引力波。若是真的，那就太棒了。如果这个信号存活下来，我就会发布细节。”

9 月 25 日当天我外出了，但在咨询了 LIGO 组织的发言人加布里埃拉 · 冈萨雷斯（Gabriela González，即加比）以后，我于 26 日回复了这名记者：

> 感谢您提醒我克劳斯的流言这件事。此外，若是其他科学家从别的渠道获知了相关消息，请务必告知我，无论

什么细节都可以。作为一名社会学家，我对这类流言的兴起、传播，以及社群如何处理，都十分感兴趣。

另一方面，作为引力波社群的客人，对于仍在进行中的科学研究，我从不表态——正如美国政客所说的，既不承认，也不否认。引力波领域的科学家们做了本职工作，这是他们内部的事情。因此，加布里埃拉·冈萨雷斯（该邮件已抄送）或许才是你要找的人。

不过，若您想就盲注的普遍原则或究竟要花费多久才能确定该候选体是否为一个事件（答案是数个月）探讨一下，那么我很乐意与您分享相关信息——请参阅《引力之魅与大犬事件》。

随后，我决定再补充一段话，以便他可以用上：

这两台探测器就像直径为数千米的蜘蛛网。科学家们必须捕捉以光速通过蜘蛛网的小虫。我们预知这张网会抖动，会被风、倒下的树木、路过的火车、遥远海岸的波涛、地球另一端的地震或任何超越想象的事物晃动。因此，蜘蛛们要花上数月的时间校准与分析，最后才发现，惊醒它们的事物并非来自地球，而是源于苍穹。

他没用这段话。

西方世界最“可靠”的特质之一，就是难以保守秘密，这也是我们保障自由和安全、抵御阴谋论的依据。我真的不喜欢引力波社群典型的对保密性的偏执。我认为科学家们不应该保守秘密，但这不意味着科学家们就该被迫交出原始数据供所有人分析（该观点得到了多方面欠妥的支持），这也不等于在防御工事之外，他们就该对所做的工作或靠谱的发现可能已经到来这一事实保密。

为什么科学家们想保密？首先，因为他们将面对记者们的无尽提问，不过他们大可以将问题抛给新闻官员。其次，因为他们害怕结果只是镜花水月，若是希望破灭，那这个事件在其他科学家眼中就是一个大笑话。然而，试图维持“科学永远是正确的”这一形象的科学家们才像笑话。老生常谈，所有人都知道科学就是不断试错。我们要明确一点——科学就是我们当前能达到的最佳结果，而这就需要科学家们保持诚实。科学家们不应该按照一些哲学家和思想家对科学与民主的要求“展示科研工作”，因为科学家们不能真正理解自己的工作——他们无法描述导致他们得出一个结论而非另一个结论的技术、论证和信念之间的微妙联系。他们能够描述的，是在做出发现的过程中，成果可发表的确切度的曲折式增长或令人失望的倒塌。不要再装作任何事都未发生过。我深爱着引力波社群，但成员们对保密性的偏执真的不好。我们会在第 13 章中接着讨论该点。

保密主义如何影响引力波社群与天文学家的关系

保密主义对引力波领域的一个负面作用是，它影响了该领域的科学家与电磁伙伴（也就是天文学家）之间的关系。关于该与天文学家分享哪些信息的问题引发了一长串讨论，更复杂的是，一些天文学家已经是 LVC 的成员了，且知道发生了什么，而其他天文学家则全然不知。问题的关键在于，能透露给非 LVC 成员的天文学家的信息究竟是哪些。那些天文学家很快就被告知启动望远镜，然而他们并不知道该寻找何物。对他们来说，若想对观测优化策略做出合理判断，就需要掌握与引力波科学家们了解的一样丰富的信息，要不然，没有人知道看到的现象该如何解读。电磁伙伴们得到的初步信息仅仅是观测对象质量很大，而如果观测对象质量极大，就什么都看不到了，因为两个并合的黑洞会将周围的一切吸入自身之中——这便是“黑洞”（black hole）名称的来源。但校准工作尚未完成，无法准确地分析并确认信号源，因此也无法做出最终的判断。然而，这个社群又不喜欢将信息交由他人判断。不过，下面的例子表达了个别科学家的感受：

> 9月25日，14:26
>
> 首先，我敢打赌所有关注分析进展的人［通过社群网站或邮件］都相信，如果这个信号是真的，那么它几乎可以被认定是双黑洞并合。我理解，该事件尚未正式被认定为发现或被DAC“审核”……
>
> 关于本次事件的简单描述对于电磁跟踪观测来说具有意义。重要的并非确切性（哪怕本次事件已确凿无疑），而是做出合理推断，并为初步与后续的观测做好规划；定量测量和参数的不确定性可以稍后讨论。老实说，我真的认为，在双黑洞假说的前提下，观测者不应为11天（或更久）后寻找对应体而烦恼。**然而，他们**目前不了解情况，有些人可能还会……浪费资源。
>
> 因此，咱们索性将**能透露的**信息全部告诉他们吧，用清楚的说辞阻止流言或误解。坦诚地表示，结果仍存在不确定性。如果我们还是无法告知他们关于空间位置的更好

的信息，没事——直接说出来，并解释原因，这总好过缄默。我们传递信息的态度与口吻同内容一样重要。因畏惧他们泄露事件而拒绝分享我们**已掌握**的信息，有违大家努力树立的合作精神，以及通过“君子协议”建立起来的信任机制。不管怎样，我们必须尽早分享……我们可以将具体细节保留到最后再公开，但应及时通知电磁伙伴，以便他们对全局形成概念，并且就观测有关的内容进行沟通。

我说的这些不仅关系到本次候选事件，还关乎我们与天文学家的关系，更关乎一直以来我们为了将引力波探测建立成天文学资源所做的努力……如果我们不将研究结果分享给他们，那我们也无法从他们的数据中得到想要的结果。

第 3 周

9 月 27 日，星期一，我的内心充斥着扫兴的情绪。正如上文所述，仅仅过了几天就形成了一种新的常态，而如今，生活中的常态是容易察觉的。两个星期前我还打趣道，如果自己活得够长，就能写第 4 本书了（实际上为第 5 本）。目前一切顺利，我已经在写第 4 本书了，也将为自己为期 43 年（至 2015 年）的研究课题画上句点。然而，写本书的过程机械化又单调，这完全不像是在垂垂老矣或死亡之前无法完成的事情。此前，LIGO 或其他干涉仪探测到引力波的可能性极低：人类是善于总结规律的动物，43 年里，虽然我们总是保证“明天就会有果酱”，但实际上，除了闻闻果香，我们什么都未看到。因此，我们很难相信果酱罐里居然真的有果酱了。如今，在我们吞下一大口浓缩果酱之后，其他事物便变得索然无味。初体验，你只能感受一次。

大犬事件可能是造成这个问题的原因之一。大犬事件引发的兴奋感在整整 6 个月的分析期内持续发酵。其中一小部分原因是，直到信封被打开时，我们才会知道信号究竟是真实的还是盲注，那时就迎来了事件的高潮。更重要的理由是，在大犬事件里，关于其是否算作可发表事件（或者可疑事件）的争论愈演愈烈，且一直延续到了最后——它究竟是“新发现”呢？还是“可能的证据”呢？造就大犬事件的探测彩排如今表明，除非哪个地方捅了个大篓子，否则信号就是真实的。而本次事件中，科学家们已经没什么好期待的了，之后的工作就是花上 3 个月时间完成正确的计算，以此证明信号货真价实而已。我们刚刚经历了一次生活形式的改变。相对而言，这有点乏味，因为在提高仪器的灵敏度后探测到引力波似乎是“水到渠成”的事情——iLIGO 时期，任何探测都可能让人们对引力波天空亮度的估计产生怀疑；虽然 GW150914 告诉我们双黑洞系统确实会并合，但这实属意料之中，只不过此前尚未确定。如果我是天文学家或者天体物理学家，那么这个发现便极具意义，因为其开启了科学领域的一片新天地；然而，对我这个社会学家而言，引力波物理学的世界在本书完成以后即可“关闭”。我猜，今后可能触发兴奋点的事，就是在 O1 里看到更多的同类信号。如果没看到，那么会产生一些有趣的矛盾。反之，我会高兴一阵子，但最兴奋的人肯定还是天体物理学家。

流水账式的温吞时光被一个新的世界迅速取代。“当然，我们从未期待早期的探测器能够捕捉引力波。我们一向清楚，在探测器达到预期灵敏度后，人类就能看到引力波。如今，我们建造出了足够灵敏的机器，步入了引力波天文学的世界。所有的低温棒面临淘汰：它们只能在数亿年的时间里探测到一个事件，而约瑟夫·韦伯看到引力波的概率更小（低温棒的1/1 000）——如此小的概率，相差1 000倍也没多少区别。”

流言平息

令人惊奇的是，劳伦斯·M. 克劳斯散布的流言并未持续发酵。以下是我们于9月28日早上发现的前三条推特：

> 马尔科·皮亚尼（Marco Piani），@Marco_Piani，9月26日
>
> @LKrauss1 如果是真的，就太棒了。但是作为科学家，我们难道不应该避免传谣吗？特别是，我们仍在公众视野下等待消息。
>
> 哈里·贝特曼（Harry Bateman），@GeoSync2016，9月28日
>
> @Marco_Piani @LKrauss1 同上！这几乎可以肯定是他们手动加入的校验信号，用以自我检查的。
>
> 劳伦斯·M. 克劳斯，@LKrauss1，9月28日
>
> @GeoSync2016 @Marco_Piani 我说了，这是一个流言……其他的请大家自行想象……

《自然》杂志的记者写出了他眼中的故事，不过他似乎觉得本次事件并无跟踪的价值，因为它很有可能是一个盲注。我之后会继续谈及该点。

一点儿都不寻常

9月28日，我给科学家彼得·索尔森打了一通长时间的电话，然后我明白了，当细节愈发清晰时，你会发现本次事件一点儿都不寻常，而在没有外界帮助的情况下，我无法从邮件中参透那些细节。导致本次事件非同寻常的一个原因是，我根本没预料到达到设计的统计显著性所需的O1产生的背景数据有多复杂。事实上，仪器存在一些问题，一组科学家试图将问题解决掉。不过，一旦问题解决，仪器就不再是与发现本次事件时"相同"的仪器了，进而仪器产生的背景数据便与本次事件发生时的背景数据有别——这似乎是不辩自明的。一些人强烈要求将仪器关掉，而另一些人强烈要求维持当前状态。在理解了以上内容后，你就能通过以下这封邮件清楚地明白这股竞争压力了：

> 9月28日，21:43
>
> 在上周五的会议上，探测委员会讨论了仪器目前的运行状态。我们同意以下建议，并将之转发给运行协调员，最终他们会决定是否改变仪器的状态。
>
> ***********
>
> 探测委员会建议，在GW150914构型基础上对仪器状态进行的更改应尽可能得小，直至下列情况发生：
>
> 1. 按照CBC组要求，在此构型下收集到了为时5天的可用同时数据。
>
> 2. 这些可用数据已校准。
>
> 3. CBC离线分析已完成。

4. 至少向 DAC 和 DC 汇报初步结果。

如果 CBC 的结果引发了意料之外的问题，那么仪器的状态须进一步冻结。

结合上述建议，我们期望从今天起花费两周时间完成以上步骤。

****

来自其中一方的压力基于以下事实：本次事件发生于 ER8 期间，两台仪器只安静地同时运行了几日，因此科学家们只能对这几天的数据进行时间平移。更糟糕的是，因为这是一个低频信号，而噪声总是在低频区域内更棘手，所以背景噪声可能会十分嘈杂。

此外，关于如何进行时间平移的“持久战”更是雪上加霜。第一组建议平移 0.2 秒，而第二组则认为平移的时间间隔最起码为 3 秒。在数据相同的前提下，若第一组赢得了辩论，其获得的时间平移数据将是第二组的 15 倍，这也就意味着，第一组获得了 15 倍的背景数据以支持统计学结论。问题是（就我的理解而言，不过该结论并未得到第一组的认同）时间间隔过短的时间平移操作会由同一对仪器异常产生多个伪事件，因为仪器异常可以持续数秒，这意味着，背景数据会被扩展，进而降低统计显著性。第二组已经分析并证明了该点，而这似乎也成为早期盲注时代的共识。[①] 对此，第一组展示了新的技术论据相抗衡。我未能理解那些论据，但显然我并不孤单。然而，第一组貌似正赢得这场“战争”。第二组绘制出的图表清晰地证明，当时间平移间隔减小时，背景会增加，尽管

① 请参阅《引力之魅》，125 页。——原注

增加得并不多。注意，上述分析围绕着比GW150914更高频的仪器异常展开。正如彼得·索尔森向我解释的：

> 彼得·索尔森，9月25日电话：我们正倾向于以0.2秒为间隔进行时间平移，这种做法十分冒险，而且我们无比确定，本次事件会在质量分格（mass bin）中最糟糕的背景统计数据里被发现，因此接下来的工作势必不会一马平川。

于是，本次事件比我预想的要更不寻常。

即使未有人明确赞同该观点，我也能感觉到来自另一方的压力，因为那可是一群被称作“引力波乐天派”（gravity-wave happy）的科学家。他们确信探测到了引力波，而且认为日后会陆续探测到其他相似事件，因此他们对本次事件的关注度小了一点。回溯大犬事件，我当时肯定那只是一个盲注，因为我确信，在仪器可继续运行提供更多的背景分析时，项目负责人之所以会关闭设备为下一次升级做准备，一定是因为其已明确知道大犬事件只是盲注（尽管遭到否认，我还是倾向于相信这点）。所有人都知道，如果大犬事件为真，就是中大奖了，下一个信号肯定不会在短时间内再次出现。如今，探测器的灵敏度已与理论预言相符，科学家们认为其他相似事件很快会出现，因此本次事件的意义和重要性就相对变小了，而考虑重新调整干涉仪就相当于在大犬事件中关停仪器。

> 彼得·索尔森，9月25日电话：许多人都说“去他的”，如果维持现状，我们在短时间内就不会得到其他相似事件。若有迹象表明第二个事件很快会来，那未来两个月内没人会在乎第一个事件。即使我们最后不得不使用两个置

信区间里较差的那个，它也足够好了。

我希望他们不是在做黄粱美梦。结果，即将揭晓。

40 赫兹异常

与彼得·索尔森通话时，另一个问题浮现，一名科学家似乎在本次事件的波形里发现了某些异常。图 4-1 中，我们可以看到汉福德干涉仪（H1）数据滤波之后的踪迹，还能在网站上看到利文斯顿干涉仪（L1）中的几乎相同的踪迹。

图 4-1 中，到 0.42 秒为止，所有信息都与双黑洞系统并合的模型相吻合。首先是双黑洞旋近阶段，然后是 0.41 秒附近处密集的高频并合阶段，紧接着是“铃宕”。然而，此后为一段衰减的低频区间，其持续了四五个周期。这种出乎意料

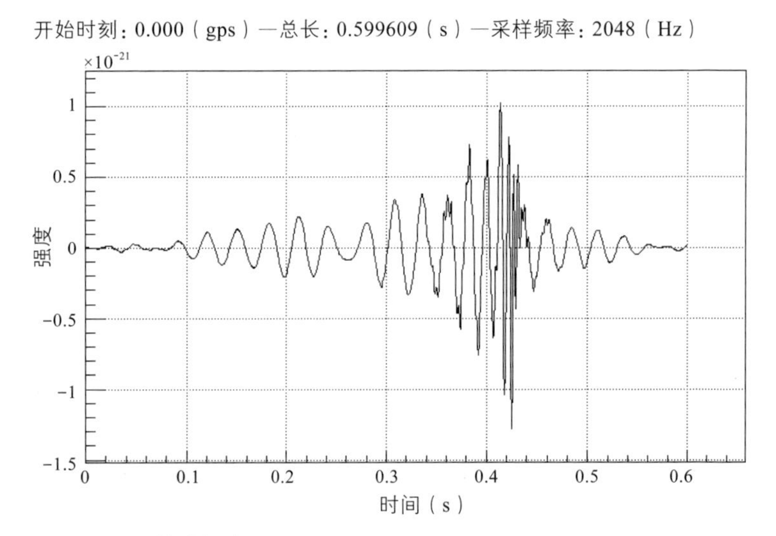

图 4-1 40 赫兹异常。

的现象从未被任何天体物理学模型预言过。彼得解释，因为发现该现象的是一位必须谨慎对待的大人物，所以社群必须在发表引力波的论文之前解释清楚该低频区间的成因。因此，GW150914 比我想的要令人兴奋得多，它不仅是第一次对旋近的黑洞双星的“直接”观测（其对应的所有天体物理学过程都无法用其他技术探测[①]），也不仅仅是引力波天文学的起点（以上工作已经慢慢被归类为“日常操作”），它可能会彻底改变我们对并合天体动力学过程的认知，这必将带来争议。

还发生了什么

对我而言，正在进行的工作似乎稀松平常，但是整个社群如同忙碌的蜂巢。我听说，有的婚礼因此被毁，有的人要一天工作 18 个小时。这些人可不喜欢他人评价他们的工作是“稀松平常”。

如果本次事件显而易见地指示着引力波，那这些人究竟在忙什么呢？

> 彼得·索尔森，9 月 25 日电话：我们是否已准备好接受这个事件？——是的。这已经不是新闻了。从第 1 周如坐过山车般的惶恐与猜忌，到上周的兴奋异常，再到这个星期……或许我们还是系好安全带，一步一步地将工作完成好吧，然后就可以交差了。

一步一步地进行，其中究竟包含哪些步骤？

① 此说法不是十分准确，科学家们可通过黑洞吸积的异常现象观测到大质量双黑洞的电磁波段。——译注

彼得·索尔森，9月25日电话：我们得到了一个信号……这个信号在一定程度上与［引力波强度随时间变化的函数］[①]成正比。但是这个比例是与频率有关的函数。［比较而言，探测器在某些频率上体现出更高的响应。因此，即使通过滤波将探测器输出的初步数据中的大部分噪声去除[②]，也无法准确描述具体波形的波峰与波谷。］同时，全面了解这个波形依赖于对探测器大量细节的理解与认知……比如，促动器推动镜子的原理，以及安装在控制系统里的大量滤波器的细节等，而它们均是建立在巨量的观测、拟合与分析的基础之上的，这样才能确保针对测量过程建立的理论模型精确。最后，我们会得到一个时间域滤波器［它可以将不同响应强度统一化］，这样才能将记录到的［原始引力波强度数据］转化成一个新的精确到百分之几的时间序列。

我们看过的（图1-1中）白化时间序列并未展示不同频率上的振幅，它只能尽可能清晰地展现信号的所有特性。

我认为，获得一个准确的引力波强度或许对参数估计十分重要，但这对证明信号的真实性则不然。然而，彼得表示事实并非如此，为了在统计显著性上展示信号的真实性，须将信号与CBC组的模板库进行比较，因此信号在不同频率上的振幅都必须准确。

彼得·索尔森，9月25日电话（对话持续了17分钟）：信号与噪声的对比［信噪比］同样取决于模板的匹配程

① 添加［ ］以示强调。——原注
② 详细内容请参阅《引力之魅》，74页。——原注

度，我们利用较高的信噪比来证明本次事件并非源于噪声。因此，放弃任何信息都会使我们的工作难度大大增加。如果我们要证明这是一个真实的信号，那么校准是极其必要的，尽管［幸运的是］起初注意到这个信号不需要准确的校准。

建立共识

然而，进行中的工作并非只有测量和校准。查缺补漏最为耗时。没错，接受事件为真所花的时间短得惊人，但怀疑犯错的忧虑始终存在，其间也夹杂了畏惧公开成果的不安情绪：

彼得·索尔森，9月25日电话（文中加画重点）：我们到底能做得多快？［比如说，使探测结果具有足够高的统计显著性］……去年我们曾表示，如果在运行开始前万事俱备，并且我们全力以赴，那么3个月即可完成整个流程。而有些人表示，若是信号非常强（诸如此类），也许2个月足矣，因为**我们不需要花太多时间达成共识——共识已经产生**。要知道，上述内容在很大程度上是正确的，哪怕仅依照最简洁的程序进行，对未来可能遇见的“离奇事件”不予理会，整个过程仍需花费一定时日。**此外，我们必须从头讨论一遍，以确定我们该如何描述这一切，并决定“确切无疑”与“有所保留”的分水岭究竟在哪里：如今人们对BICEP2等实验的结果杯弓蛇影**。如果本次事件是真的，那么它将会比诺贝尔奖级别的发现更为美妙——乖乖，他们竟然就这么直接宣布了。

我听到有人用“幽灵”（ghost）一词描述 BICEP2 的科学家们——该团队于 2014 年宣称发现了引力波，但很快证实信号只是源于宇宙尘埃。

顺便一提，一般情况下，大家会说“着重强调”（emphasis added），但此处“画重点”（stress）这个词也许更为合适。

当然，我们目睹了一个社会转变，这种转变关系到共识的建立，也关系到风险与冒险的对立。我们眼前已有大量的科学史上的失败案例，例如，四分之一个世纪前的磁单极子，以及余波未平的 BICEP2……“幽灵”面带惭色，游荡在科学舞台的后台。

目前，我们可以看到，起码存在三种方式来思考本次事件的真相：

（1）让科学家们（与我）相信的——一系列确定性的证据，其中信号的相干性起到尤为重要的作用。

（2）科学家们展现给他人，想让记者们相信的——“没有发现”。

（3）科学家们觉得为了达到物理学领域广泛采用的信赖标准而必需的——统计数据。

请求开箱

到第 3 周的周末为止，科学家们觉得他们已经对仪器和自动化数据处理程序做了力所能及的一切。他们已经准备好“打开箱子”进行时间平移分析，并发出了进行相关操作的请求。目前，他们只获取了 5 天同时测量的优质数据，即 2 台干涉仪同时处于被锁定的观测状态，并且数据质量尚可。5 天的数据并不能产生最终需要的统计显著性——需要更多的背景噪声。然而，对引力波合作组织而言，这足以告诉我们本次事件是否为一个具价值的发现，并确定本次事件最终能否作为一次探测被更广阔的物理学领域所接受。

10 月 3 日，17: 36

星期五，DAC 请求 CBC 组考虑于下周一太平洋夏令时间上午 8 点，在通过 TeamSpeak[①] 举行的“BNS/BBH/NSBH/Waveform 会议”上“开箱”。开箱过程应在各小组确定所有闭箱操作都完成之后再进行。这些结果太新，因此我们可能会遇到问题，这需要时间去解决——我相信已经有多双眼睛对这些结果虎视眈眈了。

我请求大家尊重 CBC 专家对开箱就绪程度提出的意见……我们并非“瞎子”，大家都焦急地等待着结果，那将会是针对 cWB 看到的候选体最灵敏的分析——但我们必须保证所有操作都 * 准确无误 * ——这一点，对于也许是我们学术生涯里最重要的一篇论文来说，是生死攸关的。

箱子将于第 4 周开启。

① LIGO 科学合作组织的电话会议默认通过该通信软件进行。——译注

第5章

第4周：箱子已打开

现在是2015年10月5日，星期一，事件发生之后的第21天。第4个星期初，我们的“箱子”开启了。这意味着什么？从事件发生至今，科学家们持续每日工作18小时。在此期间，他们狂热地校准仪器，精心地优化统计分析过程。仪器校准的过程，将信号从具有相干性的微弱痕迹变成了每部分的强度都准确地对应各时刻引力波强度的微弱痕迹。因为探测器的特性是它对某些频率更加敏感，所以信号仍未失真这点尤为不易。这也意味着，信号可以精确地与海量模板库（事先计算好的根据不同双星质量和旋转朝向生成的由旋近与并合所产生的波形集合）进行匹配。使用的统计分析方法已被优化，以便尽可能地对波形敏感，而对各种类似信号的“毛刺”（glitch）噪声不敏感。在灵敏度如LIGO这样高的仪器中，“毛刺”始终存在。虽然统计操作流程并非无可挑剔，但在校正和统计优化的过程中，科学家们还是竭力避免因已知该事件的信息而导致结果具有倾向性：他们绝对不能“向信号校正”，也就是说，他们不能通过最大程度地增强想要看到的信号这种方式进行分析调整。“向信号校正”会使所有统计分析方法都存在缺陷，例如，现在每个人都认为，约瑟夫·韦伯发现的“引力波”是他向一个赝信号校正产生的结果。因此，在校正和优化过程中，科学家们并未分析事件本身，只是分析了一部分噪声，查看了探测器（特别是簇新的探测器）的操作流程可以被优化的程度。只有当所有检查及优化工作完成且获得认可“之后”，包含了本次事件全部数据的“箱子”才会被打开。到时，新的操作流程将投入使用，其能够在包含本次事件的整周的数据中产生尽可能多的时间平移。顺便一提，关于时间平移间隔采用0.2秒还是3秒的争论已经偃旗息鼓，0.2秒赢得了最终的胜利。

我之所以将“之后”放入引号中，是因为核查及优化等工作相当耗时，我们必须尽可能多地对这一个星期的数据进行时间平移。《引力之魅与大犬事件》的读者可能还记得，为了让事件的统计显著性提升至事件可被判定为发现的程度，我们需要生成时间平移数据，此过程要花费数周时间。本次事件的情况相对简单，原因有三：第一，搜索程序已经改进；第二，计算资源得到了显著提升；第三，大犬事件的数据更多，数据的时间跨度达三个月，而现在我们只有一个星期的数据。因此，在本次事件中，时间平移操作更为快速，只需要一天到两天的时间。尽管如此，这仍包含巨大的计算量——每一台干涉仪产生的“毛刺”都要与大约250 000个模板及另一台干涉仪产生的“毛刺”进行比较。如果一台干涉仪的数据同时与模板和另一台干涉仪相匹配，就会形成一个“警报”。若该警报发生在实时数据中，我们就能发现一个令人愉悦的潜在信号；而若该警报发生在时间平移后的数据里，天晓得这是什么谜团，因为这意味着这些匹配可能只是来自噪声，并且这会削弱甚至严重降低信号匹配在实时数据中的统计显著性。

在这种情况下，分析工作已在开箱前完成，只是结果仍然被密封着无法检视。10 月 5 日，科学家们终于达成一致——开箱前必须处理的工作均已完成。接下来就是“解开封印”，检查输出文件和结果。如果科学家们认为已完成的工作尚不充分，那么箱子便会一直封存，并且时间平移分析必须在新的条件下重新运行。

10 月 5 日终于来临，分布在全球各地的团队一同召开了电话会议，会议于美国加利福尼亚州的 08: 00 开始，该时间对应着美国纽约州和佛罗里达州的 11: 00、英国的 16: 00，以及德国、法国、意大利的 17: 00。当然，与会者来自天南海北，涉及的国家远比上述要多。按照计划，这个电话会议不会超过 2 个小时，将有 150 多个成员或团队参与（我们无法获知每个端口的实际出席人数）。[①] 听与会者的声音，整件事非常低调。在电话会议的大多数时间里，参与了精细分析的人或者小组依次被询问对已完成的工作是否满意，是否同意已到开箱时刻。一旦箱子开启，进一步的数据分析就将被禁止，以防结果带有无意识的倾向性。

在电话会议结束前的 10 分钟里，最后一个小组同意开启箱子。密封的多个文件被打开——信号响亮且清晰，在时间平移后的背景噪声中明确无误地显示出统计显著性。虽然存在着

① 当时，我所在的加拿大纽芬兰省雷克斯顿港（Port Rexton）的时间为 12: 30，非常遗憾，我无法参加电话会议。不过我即刻获知了会议的结果，并于次日听了录音，还阅读了会议的文字记录。——原注

更多实时信号隐藏在噪声中的可能性（固然会为大家带来极大的喜悦），但这最终没有发生。除此以外，这个信号是我们期待的最理想的结果。尽管如此，电话会议中的人们仍然保持低调，好似未发生不同凡响的事情。当我第一次听说这个现象时，我决定为科学家们的谨慎作风写点什么，他们竭力阻止自己的镇定被狂喜掠走，以便集中精力继续发掘可能存在的错误。然而，庆祝活动已经在平静的语言下开始了。正如彼得·索尔森后来告诉我的：

> 10月6日，21:00
>
> 当时绝对有欢呼声。你要知道，在大部分时间里，TeamSpeak［正在使用的电话会议软件］的绝大多数麦克风是静音的。但我可以向你保证，我们SU（雪城大学）的15人团队被这美妙的结果震撼，欢呼大笑起来。然后，我们直接去喝啤酒庆祝了。

我稍后才看到会议的文字记录，如大家所见，当时科学家们确实已开始庆祝。以下为编辑过的部分文字记录，采用欧洲中部时间[①]，涉及人物匿名。

> <18: 37: 38>“AAAA”：祝大家好运！！！！
> <18: 39: 17>“BBBB”：我看到汉诺威的数据里只有一个重大事件，对吗？
> <18: 39: 24>“CCCC”：是的，BBBB。
> <18: 39: 28>“DDDD”：这正是我所看到的。

---

① Central European Time简称CET，是欧洲大部分地区和北非少数地区使用的一种标准时间，比协调世界时（UTC）提前1小时。——编注

<18: 39: 32>“EEEE”：是的。

<18: 39: 42>“FFFF”：香槟！

<18: 40: 01>“EEEE”：FFFF，（香槟可不够）我需要更猛烈的东西。

<18: 40: 04>“GGGG”：是的，所有的事件都一样。

<18: 40: 05>“BBBB”：所以，没有出现更弱的事件。

<18: 40: 10>“HHHH”：而且只有一个。

<18: 40: 17>“EEEE”：别想歪了。

<18: 41: 35>“AAAA”：我们正在 IIII 的房间里开怀畅饮！

<18: 48: 28>“DDDD”：不同凡响！

<18: 48: 32>“JJJJ”：是的。

图 5-1 显示了科学家们正在关注的问题，为便于大家理解，我删除了图中一些令人费解的内容。我们看到的是两台探测器一周的数据进行了 11 974 次时间平移之后的结果，图中包含与庞大模板库中的一个模板发生同步匹配的“引力波事件”。所有灰线表示由噪声产生的匹配事件，我们知道这些事件必然源于噪声，因为它们并非同时发生的。图中的三角表示在实时数据里匹配的“事件”，每一个三角都是一个潜在的真实的引力波信号或噪声符合。小的噪声偏差总是比大的噪声偏差出现得更加频繁，因此图中小的噪声偏差比大的噪声偏差出现得多，我们无从得知它们是引力波信号还是噪声符合，但必须假设它们均为噪声。图中的水平刻度显示了每个事件在噪声中发生的频率，并表明了此类大小的符合偏差偶然发生的频率有多高。图中，整个模式向右下方倾斜，原因如上文所述，大的噪声偏差发生的概率更小，因此它们出

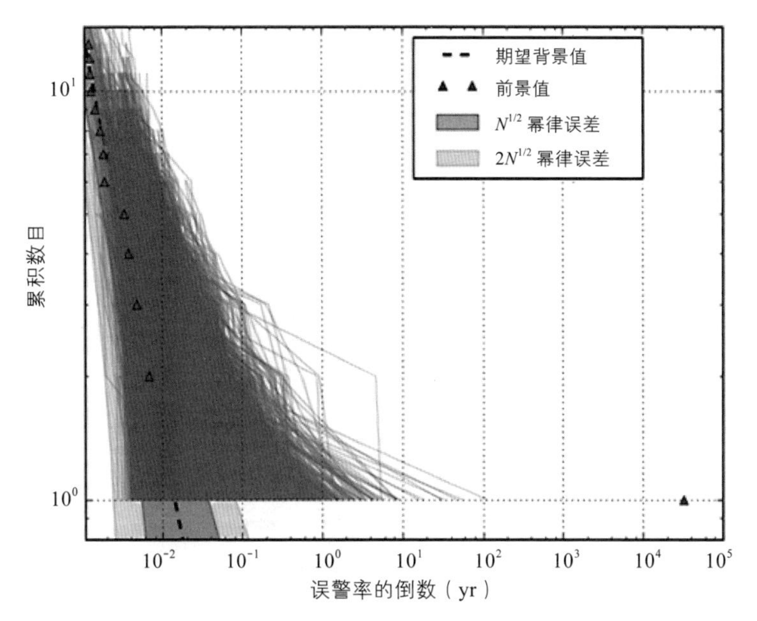

图 5-1　当箱子打开时，我们看到了什么。

现得更少。如我们所见，虽然斜坡存在，且几乎所有的“符合”（并非真正的符合，因为一台探测器的信号已经相对另一台探测器延迟）出现得非常频繁，但它们的期望事件率是每 10 年甚至更久才出现 1 次，可能只有 1～2 个候选体的事件率为每 100 年 1 次。同样，除了一个三角，其他候选体的横坐标值很小，说明这些信号或噪声符合每年大约会出现 10 次或更多，再强调一遍，它们尽管是存在于实时数据中的符合，也只能被认作噪声。然而，图右下角的三角就是 GW150914，其非常显著。此类符合的期望事件率是每 10 000 年 1 次。事件偶然发生的可能性非常大，即本次事件不是由外部扰动（如引力波）产生的概率很大，正因如此，本次事件成为**发现**。这也是现在（事件发生的 3 周后）我们开香槟庆祝的原因。或许最初叠加的结果就已直观地显示这是一个真实的信号，但是只有通过统计分析得到的结果才能让**更多的物理学家群体**承认本次事件是一个发现。

值得注意的是，发现这个信号的过程包含幸运的成分。两台探测器在ER8之中运行了一周，状态相对稳定，因此有足够多的背景进行时间平移操作，生成可支持统计显著性的数据。如果当时的探测器并未如此稳定，被标记存在质量问题的数据更多，那么我们可能没有足够多的稳定背景进行时间平移，无法计算出令人确信的统计结果，尽管GW150914仍看上去像是一个真实事件。

因此，我们知道了，这个“发现”沿循着某种棘轮效应：首先，我们探测到了一个非比寻常的大事件；然后，我们确定它并非故意注入的测试信号；接着，我们看到了两台探测器的相干性，该信号似乎不是恶意的骗局；如今，该信号显示出了强大的统计显著性，这让我们足以自豪地向外界宣布发现了引力波。这不单单是“啊哈”时刻，更像是“啊——哈——哈——哈——哈——**哈**！”（A—ha—ha—ha—ha—HA!）

最后以一个加粗的“哈”结束。

10月6日，13:22

亲爱的哈里：

你可能会感兴趣，昨天的开箱让很多人激动不已。我立刻给雷［赖纳·魏斯］发了一封电子贺件。昨晚，我接到了一通来自过去学生［XXXX］的祝贺电话（……最近“退休”的［ZZZZ］组的主席），以及一封来自现为［PPPP］博士后的前SU研究生［YYYY］的祝贺邮件。

大家真切地感受到，那是一个改变命运的时刻。

彼得

社会学对物理学

10月13日，我给自己写了一张便条。所有的物理学家都希望能够出现另外一个事件，以便他们更加确信本次事件是真实的，而非人为，这代表——引力波天文学的时代终于来临。不过，出于私心，我有些罪恶地希望相似的探测事件不要发生，因为当观察对象处于紧张状态时，社会学研究会更加简单。如果本次事件是孤证，那我会更容易看穿引力波探测的表象；而若出现两个甚至更多的相似事件，那科学家们的状态会变得松弛，他们也会更少提及内心的不确定性。一方面，我感觉自己有些刻薄；另一方面，我真诚地希望朋友与同事能探测到更多的引力波。

以上心理反映了彼得·伯格（Peter Berger）在其出版的《社会学入门》（*Invitation to Sociology*）中提到的“转换”（alternation）这个概念。社会学家必须有能力在研究对象的世界观和生活在不同的“理所当然的现实”中的研究者疏离的世界观之间转换。

信号的异常“尾巴”和隐性知识

图5-2显示，信号带有一个异常的“尾巴”——清晰的40赫兹振铃（ringing），但根据模板，它本不应该出现。如今这个“尾巴”已经消失，“信号的忠实拥护者”认为这是一个

人为现象——探测器中某种可消除的振铃。以上信息是我通过10月13日彼得发送的邮件得知的，他表示："顺带一提，我昨天和［YYYY］谈了别的事情，他确认自己不再相信信号里真的存在40赫兹这个特征。"这位"信号的忠实拥护者"的意思是，若认为该特征可不考虑，则可不考虑。

然而，另一个有些相似的异常现象出现了。这次，信号中出现了一个30赫兹的振铃，依据大家对黑洞并合过程的理解，该处本应空无一物。

图5-2中，该异常现象已用椭圆圈出。椭圆的左侧显示了密集的铃宕，铃宕仅持续了几分之一秒的时间，但其包含了明确本次事件源自黑洞并合的信息——QNM（quasinormal modes，准正则模式）的特征，其表征了并合黑洞的瞬时"振

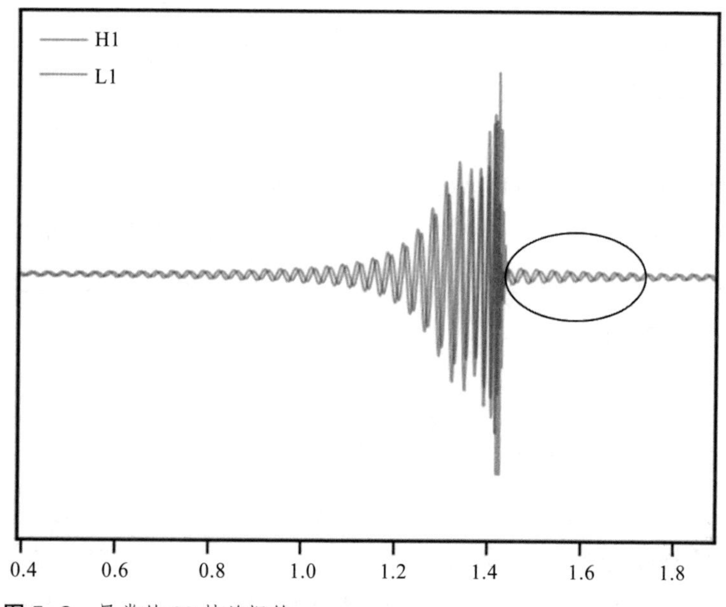

图5-2 异常的30赫兹振铃。

铃”。在此之后，一个新的更大的黑洞永久地端坐在宇宙中，我们在图中看到的是一个进一步的振铃。（顺便一提，此时双黑洞并合已经完成，而由于信噪比太低，所有人都认为无法在波形中看到铃宕。因此，这一小段波形记录了铃宕只是一厢情愿的想法。）

如果不是有人在邮件里提问，我承认自己永远都不会注意到这个30赫兹的“尾巴”。纯属巧合，那位提问者正是彼得·索尔森：

10月12日，19:21

亲爱的［XXXX、YYYY、ZZZZ等］：

我可以提一个关于这个波形的物理解释/启发性的问题吗？……我们看到一个啁啾波形的振幅大大增加，然后频率迅速提升……在振幅峰值处，最高频率来回振荡，而后频率急剧衰减——按照我的理解，这就是QNM振荡对吗？

我的理解是否仍在正确的轨道上？

现在，问题来了，我知道自己“迷失”了：那个占据了时序图最后0.5秒的较低振幅、较低频率、进行轻微阻尼振荡的东西究竟是什么？

在此，先感谢您的帮助。

对此，彼得收到了一些解释这个异常现象来源的答复。例如：

10月12日

波形难道不是由频域ROM（降阶模型）的逆FT（傅

里叶变换）绘制而成的吗？这说明，出现在彼得谈到的铃宕之后的振荡可能是由傅立叶频域不完美的窗口函数引起的。

以下是他对其中一种解释的答复：

10 月 12 日，22: 14
亲爱的［AAAA］：

感谢您提供解释。您的意思是说，那个最让我困惑的信号特征并不是真的，我的理解正确吗？

如果是这样，是否有更好的方法来获得更真实的波形的时域表现形式？或者，人们早就知道不应该关注那部分 h（t）（应变强度）的时间序列，因为它显然是假的？

既然我们在讨论这个现象，那我再问下：这是否是主要由傅里叶逆变换回时域造成的唯一问题？

虽然彼得已与我探讨过此事，但他还是给了我一个更为全面的解释：

10 月 13 日，01: 43
亲爱的哈里：

看来，我无知的问题引出了一系列不错的解释。

让我们说得更清楚些：对于后段波形中的振铃的简单解释是——其来自在 30 赫兹处突然截断傅里叶变换（用于数据与模板之间相关性的频域计算）的波形，30 赫兹也就是我们搜索的低频截止点。如此一来，再对时域进行逆快速傅里叶变换（FFT），在低频截止点处，时域波形会形成一个虚假的正弦波，它就是我们所看到的 30 赫兹处的振铃。

或许类似的事情也会在cWB进行波形重建工作时产生不真实的特征？

致以真挚的问候

彼得

这一次，彼得传递的信息超出了我的消化能力。我对于引力波这个领域的理解始终关乎原则问题，而非技术问题。不过，我对正在发生的事情已形成了大致概念。我的理解是，为了进行信号的模板匹配搜索，科学家们首先进行了一次“傅里叶变换”。傅里叶变换将一个复杂的波形分解成了一系列更易于数学分析与处理的较简单的波形。通过傅里叶变换得到的数字描述了信号的参数集合（用以查找信号的相关性）。当某些令人感兴趣的东西出现时，它能够转变回普通的“时域”——信号随时间推移变化的方式。然而，如果用一种缩短频率范围的方法进行操作（如同此处），那么可能会导致不真实的元素的形成。这个30赫兹的“尾巴”就是此类不真实的元素。

有趣的是，我们之所以在这个不真实的元素上花费这么长时间，是因为它告诉了我们关于社群的事。彼得并非数据处理专家组的一员，因此他无法完整地重建其间的过程，但他注意到了这个问题。专家们，以及我，都未曾注意到这个问题，不过原因各不相同。我没有注意到该问题是因为自身的洞察力不足，而专家们则是因为洞察力过于敏锐。他们完全理解其间发生了什么，因此未予理会——那只是伪傅里叶变换的典型结果，也是每一位专家默认的知识。综上，三组不同专业知识层次的人以不同的方式看到（或未看到）相同的事情：我没有洞察到任何问题是因为缺乏专业知识；专家们未注意到这个问题是因为，我们或许可以说，“觉得稀松平常”；彼得看到了这个问题是因为他介于前两者之间（当然，比我更接近专家）。

彼得担心的是社群将要向外界展示的事物，外界的理解不会如专家那般成熟，人们如果了解天体物理学的知识，便会对科学家们声称的疯狂的新发现感兴趣。彼得要求科学家们以更低的低频截止重新进行数据分析，以便社群能够向世界展示更“具物理意义”的波形。

10月13日，01:32

亲爱的[XXXX、YYYY、ZZZZ等]：

除了继续教导我关于数据处理的知识以外（我对此一知半解，显然需要帮助），我们还应该考虑一下，在日后宣布探测结果时，以何种方式向大众解释本次事件最为妥帖。以下这段话/陈述可能最适用于PE（参数估计）领域的论文（举个例子）。此外，我们为科学家同事们准备了FAQ（常见问题），可能也会为公众/记者准备一份FAQ。显然，我们的逆FFT频域模板（含/或白噪声时间序列）可能对那些阅读PE论文的更有科研经验的读者来说是有价值的。

然而，为了向公众解释实际的探测结果，我们或许应该展现最精确的时域信息，尽管那并不完全是我们在实际搜索中使用的数据。在此，我建议将时间序列大体上延伸到30赫兹之前，因为那是我们相信的真实发生的事。此外，我们可以说明，由于噪声背景，我们在搜索中只使用了最后几个周期的数据。请注意：确保“不具有物理意义”的事物也是不可见的。

关键的教训是，若不借助专业社群的解释性帮助，非专业人士根本无法理解科学数据。

第6章

第5周至10月底：直接、黑洞

10月16日，00: 37

亲爱的诸位：

请查收附件中的好消息，或者DCC（LIGO的文档分享系统）里的文件L1500147-v1。我们将结论粘贴于此：

基于文件内容，我们认为GW150914探测事件足够显著，可以开展探测流程的步骤2。

《探测流程》（*Detection Procedure*）是一个相当长的文件，详情请见本书附录1。随着引力波事件发展，我们会多次提及这份文件。有趣的是，公布引力波探测结果的过程也是一个**社会化**过程——该发现在一个个小组或者委员会之间传递，科学家们会在每个环节中做出自己的判断，然后将结果交给下一个小组或委员会。探测流程共有四个大步骤，最后一步为召开整个LIGO合作组织的会议，会上将决定以本次引力波事件为主题的发现论文终稿是否已做好投稿的准备。

探测流程十分重要，它将指导发现过程。这种制度意味着整个过程无捷径可走，我们之后会发现，该点意义深远。只要科学家们仍处于其中一个步骤，那么项目的负责人就会对外宣称尚未发现引力波，因为科学家们未完成所有流程。

> 随着探测流程的进行，我们期待 GW150914 探测事件得到确认，但是必须提醒合作组织的所有成员，现在还不足以充分评价本次候选体，目前尚未到合作组织开会决定探测结果的地步。

“发现”（discovery）被定义为“完成全部探测流程后得到的结果”。探测流程并不仅仅是一个社会化过程，其还提供了一个关于发现的官僚式定义，这是相当有效的，该定义抵挡了那些认定已探测到引力波的人们的胡搅蛮缠。

以下步骤于 10 月初规划，是对探测流程的简短描述：

> **这只是初步的计划表**，我们会在取得进展的过程中，根据从数据分析组那里获得的更多信息对其进行调整。其中规划的日期并非最终的截止日期，每一步都必须依据实际情况留出足够多的时间。我们先简单地假设以下几点成立：本次事件足够显著，能够保证我们发表一篇具有学术价值的论文，并将其对外公布；我们将会在论文里使用 O1 的部分（并非全部）数据；除此以外，论文不会涉及其他显著事件。如果以上任意一个假设条件不再适用，我们就必须修改该流程。
>
> 事件发生于 9 月 14 日，在此后的若干星期中，我们以周为时间尺度来计划每个步骤：

* 第 3 周［10 月 5 日至 10 月 11 日］：向发言人提交探测事例（以及其他自 9 月 1 日开始可使用的资料）。提交的资料为一篇含有校正过的 ER8 和 X 周的 O1 数据（假设 X=4，即 9 月 12 日至 10 月 16 日期间的数据）的论文。发言人制订好发现计划，与 EPO 交流新闻发布和 FAQ 事宜。探测委员会审查清单。
* 第 4 周［10 月 12 日至 10 月 18 日］：发言人（与适当人选商榷）同意进入步骤 2，指派一个论文写作小组，并宣布于次周召开 LVC 大范围电话会议。DA（数据处理）小组组长与审核委员会评估探测结果的得出与评议要花费的时间（假设耗时 4 周，即该步骤将持续至第 8 周）。探测委员会提出疑问，检查清单。
* 第 5 周［10 月 19 日至 10 月 25 日］：召开 LVC 大范围电话会议，报告最新消息。探测委员会提问，论文协调组开始制订论文框架并分配工作。
* 第 6—8 周［10 月 26 日至 11 月 15 日］：DA 组、审核委员会和 EPO 完成工作，论文协调组开始传阅两份论文草稿（第 6 周初的论文框架及第 7 周末的草稿），探测委员会提问、审核信息和论文。
* 第 9 周［11 月 16 日至 11 月 22 日］：步骤 2 的结果会在 LSC/Virgo 领导召开的会议上被汇总。假设会议给出的正面结论让我们能够顺利开展步骤 3，探测委员会将负责审核本次探测事件。内部传阅另一版论文草稿。与 *PRL* 联系，提交论文并请求加速审稿。
* 第 10—11 周［11 月 23 日至 12 月 6 日，包括感恩节周］：探测委员会审核探测事件及论文。DA 组开始起草

合作组织范围的补充性论文，那些论文可能会在不久后被发表。同时，审核委员会评议补充性论文。DA组与审稿人对探测委员会提出的问题进行答疑。

* 第12周［12月7日至12月13日］：探测委员会出示评估意见（假设结果被认可），内部传阅论文终稿。举行LVC大范围会议，讨论并投票决定是否发表论文。

* 第13—14周［12月14日至12月27日］：提交论文，回复审稿人意见，筹备新闻发布会事宜。

* 第15周［12月28日至2016年1月3日］：准备新闻发布会所需材料。

* 第16周［1月4日至1月10日］：召开新闻发布会。

我们之后会知道，这份计划表向后顺延了将近一个月。

这是“直接”探测，甚至是对黑洞的观测吗

如今，我未料想到的事情发生了。数十年间，LIGO不停地向外界保证，随着LIGO与类似设备的精度不断提高，我们必将探测到引力波。一方面，我们已经拓展了探测器可观测的宇宙范围；另一方面，我们对天体的理解也愈发深入。2005年，对旋近的双黑洞进行理论模拟的难题已被攻克，此前，该问题因理论上的困难而被称为“巨大挑战”（The Grand Challenge）。年复一年，虽然科学家们不断尝试用各种方法解决这个问题，但他们都没有攻克它——无法得出方程的精确解，计算机的数值模型会因遭遇“无穷大”而崩溃。2005

年，一位加拿大科学家展示了用代码[1]驱动数值模型运算的过程，虽然根据当时计算机的运算能力，得到精确解需要数月的时间，但这种方法可行。理论上，只需要建立一个包含双黑洞并合波形的模板库，将干涉仪的数据与模板库进行匹配，就能识别出引力波，这使搜索过程变得相对容易。2004 年，一位著名的天体物理学家声称，LIGO 的探测范围将会延伸到宇宙的边界（见 40 页），并且科学家们将能够从信号里解析出更多的信息[2]。如前文所述，对我而言，本次探测事件似乎解决了另一个该天体物理学家未提及的问题——宇宙的年龄是否已大到允许双黑洞系统的能量损失足以使双黑洞旋近的地步？突然之间，我明白了，或者说我认为，我的妻子与我，以及其他 1 000 多人，**早就知道**宇宙的年龄确实够大了——我们认为那位著名的天体物理学家发表的关于 LIGO 能够看到宇宙边缘的言论委实不虚，尽管当时他并不能保证这未来能成真。如社群中一位具有天体物理学背景的成员在于几个月后发出的邮件中提到的：

> 11 月 4 日，15: 59
>
> 这个信号源清晰地表明，双黑洞在自然中是可以形成的，也说明双黑洞的物理性质指引它们在一个哈勃时间内并合。

然而，我未曾料到，社群的一部分成员会认为本次事件不一定来自双黑洞。

---

① Frans, P. 2005. Evolution of Binary Black Hole Spacetimes. *Physical Review Letters* 95: 121101. ——原注

② 早在 2000 年（或之前）就有人预言双黑洞会是最先被干涉仪探测到的对象了。——原注

于我而言，这显得相当疯狂：双黑洞并合已然是本次事件最具可能性的来源，因为相对于更轻的天体（如双中子星），双黑洞旋近的能量更大。科学家们是如此深信我们可以探测到来自双黑洞并合的引力波，以至于他们已经将自身声望置于危险的境地了。LIGO 耗费巨大精力解决了地基引力波探测器低频波段灵敏度的技术难题，从而使这些高能但相对迟缓的事件在噪声中“脱颖而出”。如今，所有付出结下了丰硕的成果。“巨大挑战”的解决方案让我们获得了模板库，探测器的灵敏度也得到了保证。更加值得炫耀的是，我们探测到了一个与双黑洞模板非常吻合且信噪比远高于噪声的观测结果，而这一切甚至发生在我们尚未完全准备好观测宇宙的时候。然而，至今仍有物理学家不确定本次事件到底是不是源于黑洞！

争论始于 10 月 16 日，话头为是否应在第一篇论文中发表本次事件来自双黑洞并合的主张，以及是否须另外发一篇论文来讨论这个问题。争论的焦点在于，证明一对黑洞存在需要进行大量的精细计算，这将导致论文篇幅过长，超出《物理评论快报》这类期刊的要求（一篇论文不超过 4 页）。无论如何，这意味着，讨论本次事件是否来自黑洞的内容须在单独的一篇论文中详细展开[①]。而后，这场争论变成了对是否有足够多的证据表明信号源于双黑洞的质问。一位双黑洞模拟领域的专家做出了如下陈述：

① 我不确定该论点在多大程度上反映了理论学家希望将自己的主张与经验主义者的主张分开的意愿。在 LVC 外的天体物理学家接触探测结果并做出诠释之前，LVC 的科学家们希望尽快发表论文，对此，固然存在诸多讨论。在后文中，我们还会谈及这个问题。——原注

> 10月16日，20: 20
>
> 我确实认为，数值相对论表明我们看到的是一对黑洞，并且它们最终并合成了一个新的黑洞。我们观测到了该双黑洞系统的最后阶段——旋近、并合与铃宕。当我们将一系列参数的纯NR［数值相对论］波形叠加在信号上时，叠加结果表征了独一无二的双黑洞并合“指纹”。
>
> 据我所知，没有任何GR［广义相对论］解拥有这种特殊的波形。

然而，次日，另一位科学家通过邮件表达了对该观点的质疑：

> 10月17日，06: 56
>
> 虽然我几乎可以确定这是双黑洞并合……但我不确定本次探测事件中黑洞存在的证据是否远比已有的证据有力。确实存在一个铃宕，但尚不清楚玻色星或其他星体是否也会产生此类铃宕。我认为，在获得至少两个QNM之前，尚不能声称存在黑洞视界的“证据”……
>
> 因此，我感觉最终的分歧在于“这与双黑洞模型吻合”和“这证明了双黑洞的存在”之间的区别。

在此复习一下，QNM表示“准正则模式”，指并合发生后不到一秒的时间内发生的情形。不妨将并合的物体想象成一个质地坚硬的巨大球状果冻，在完全稳定下来之前，它先向一个方向颤动，而后变换颤动的方向。这种颤动已指示了特定的黑洞特征，单凭这种颤动（QNM）就足以证明旋近末期的产物是一个新的黑洞。

我们可以看出其中的逻辑，并且我与彼得在另一个话题下讨论了这个问题。前文中（41页），我谈到了本次事件是多么激动人心，它的一个重大意义就是“这个事件（将）是对黑洞的首次直接观测”。不过，这么说不免有些轻率，因为“直接观测”的含义存在严重争议。若想了解该争议的历史，请参阅《引力之魅与大犬事件》第197～199页。我被科学家们如此不愿承认首次“直接”探测的现象震惊了。10天之前，我与彼得谈到了这个话题，我问他，鉴于一切都进行得如此顺利，他是否会将本次事件看作直接探测。他回复我：

> 10月5日，20: 49
>
> 亲爱的哈里：
>
> 是的，我考虑用这个“d”打头的单词“探测”（detection）来描述本次事件。;-) 原因在于（如果信号为真）：我们的参数估计小组看来能够证明这个信号结束处的波形与并合后产生的黑洞的铃宕波形相吻合。我对于**直接**的标准是看到黑洞视界振荡。因此，若我的消息来源属实，则说明我们确实看到了不得了的东西。
>
> 即使没有以上证据，本次事件仍然来自由一对黑洞组成的双星系统。这个较弱的结论仅依赖于推断的星体质量，以及信号与理论波形相吻合的事实。如此一来，这个结论只算完美，而非（完美）^2 。;-)［^2 表示“平方”］

因此，彼得所说的“直接”须以看到并合产物的视界振荡为前提，尽管波形本身已充分地指示着两个黑洞。然而，之前那位回复者认为，只有当我们看到与模型预期一致的视界振荡时，我们才能说真正看到了黑洞。

在阅读了一位高级分析师写的评论之后，我感觉自己对这个问题似乎不那么无知了。我将邮件的大部分内容梳理如下，其中涵盖数据处理技术的方方面面：

10 月 17 日，20: 47

我的问题主要针对你的陈述……探测到源自 BBH 并合的 GW 并不能说明我们已证明了黑洞存在。你似乎在说，我们只能（或主要）通过并合产物（也就是最终的单个黑洞）的 QNM［模拟的并合产物振荡］证明黑洞存在，但我不理解为何如此。我之所以要提这一点，是因为其他人似乎在分享你的观点。

通过展示（正如很多人早已开始进行的 PE［参数估计，即计算出引力波源的质量和距离之类的参数］）研究成果……探测到的信号与通过数值相对论模拟的双黑洞并合模板［简称 NR，是一种须花费好几个月才能在计算机上算完的旋近和并合的模型］相吻合，我们将会证明，在设备的当前精度下，黑洞的确存在。这是因为双黑洞并合形成的引力波的波形拥有独一无二的特征，并且这种特征在旋近、急速靠近、并合与铃宕的每一步之中都存在，也就是说，这种特征贯穿了整个并合过程……

如果两个物体不是黑洞，那么在两者旋近、急速靠近、并合与铃宕的过程中，波形的相位、频率和振幅的变化将表现出不一样的特征。继续单纯地（或主要地）通过并合产物的 QNM 来证明黑洞存在，依我的想法，是以一种过时的视角来看待这个问题，无视了我们于 2005 年解决了旋近、急速靠近、并合和铃宕波形数值模拟难题的事实。你固然可以做一些额外的纯QNM研究，但我认为，黑洞的存在已通过探测到来自双黑洞的引力波这件事被证明。

一切现有理论声称，任何质量在3倍太阳质量以上的致密星都会坍缩成一个奇点，即黑洞。本次引力波事件的参数估计结果告诉我们，双黑洞系统中每个黑洞的质量约为30倍太阳质量，因此你可能会认为我们看到的必然是黑洞。然而，万一理论错了呢！且不说存在这种可能性，玻色星的质量为太阳质量的3倍以上，甚至可达到30倍，但其不会坍缩。尚无任何证据表明玻色星存在，但那并不能阻止科学家们对它进行探索。毕竟，我们之前是在缺少黑洞存在证据的环境下研究着黑洞，而且引力波实验早在无任何证据支持的情况下就开始了。

玻色星由类似于光子、引力子的粒子构成，它们甚至都不是亚原子粒子那样的组成物质。中子星重2～3倍太阳质量，但其直径仅有10千米。对我们来说，登上中子星上1厘米高的小土堆可能与攀爬喜马拉雅山一样困难。然而，若与玻色星相比，中子星则像蒲公英的种子那么轻盈。问题在于，天体物理学家可以不断地“发明”新事物予以反驳（如多重宇宙、虫洞和人择原理），这意味着你永远无法证明任何事物。哪怕找到了QNM，也可能有人表示它和某种有待发明的新概念相吻合。[1]

---

[1] 之后，声称无法分辨双黑洞和玻色星的说法被撤回：

10月27日，06:37

之前我说过，我认为你们除了QNM外还需要数据，但我忘了你们已经得到了频率和品质因子的信息。因此，若真的是非黑洞系统形成了这样的波形，那才让人震惊。

但这只是因技术原因而产生的态度上的改变，关于是否须做出更明确的声明的哲学问题仍然存在。——原注于是，我开始与彼得以“疯狂脱发”为主题互发邮件。我急得快把头发薅掉了，因为我完全进入了参与者的状态，而且紧紧抓住“我的”黑洞不肯放手，拒绝被任何貌似合乎逻辑又似是而非的理论动摇。在辩论过程中，彼得解释了人类对黑洞的存在的已有认识：

10 月 18 日，13: 07

……黑洞的发现分好几种程度。我们已有不少发现：在 X 射线双星（天鹅座 X-1）中存在一个 10 倍太阳质量的不发光星体——黑洞。在星系中心（尤其如 M87 星系），拥有百万至数十亿倍太阳质量的物质被束缚在一个极小的空间内，不发射任何光线——超重黑洞。到目前为止，最酷炫的发现是拉梅什·纳拉扬（Ramesh Narayan）提出的针对两种 X 射线双星亚种的推论：一种星体会发出 X 射线，源于中子星上的吸积；另一种星体显然也在吸积，却未发出 X 射线。这让人们相信吸积物质落入了一个黑洞中。（我认为这是一个既“简单”又绝妙的解释。）

因此，其他“凭证”或者说碎片化证据的存在，是社群在宣布首次直接探测到黑洞之前“稍作停顿”的一个原因。他们认为还需要一些更特殊的证据，因为之前的证据已经十分具有说服力，他们不想在这些证据面前变得“啰唆”。

彼得还指出，完成其他科学家视作证据的工作，面临技术困难。

好吧，人们（如［ZZZZ］）指出你可以发明一种具有类似的基础振动模式的物体，但区别在于不同模式（之间关系）的谱……这就是“证明”的困难之处：依据你的严苛标准，你始终坚持让一件事板上钉钉需要更多的证据……达到［ZZZZ的］标准极为困难，因为谱中更高阶的模式仅被微弱地激发。如果想观察高阶模式，我们需要极大的信噪比。

……也许我们必须找到一个不同于“以p开头的单词”（proof）的词语，并使用一种不那么具有争议的方式来描述这个伟大的成就。我们或许能找到一种折中的方式，让所有人都满意。此外，［ZZZZ］也无法监督我们交流时描述的方式，我们可以使用“证据”这种简化说法。

让我们切换语域，尝试将一些社会哲学规则加入其中。正如彼得在一封邮件里所言，关键词是（i）“探测”与“证据”。虽然有关这两个词语的争论还未登上舞台，但它即将上演，就像大犬事件中对（ii）“直接”与（iii）“证明”二词无休止的辩论一样。

“依据你的严苛标准，你始终坚持让一件事板上钉钉需要更多的证据”

我们现在面对的是每天都在发生的问题，哲学问题在日常的物理实践中看起来像社会学选择。这始终是科学知识社会学的主题。标准的严苛程度取决于社会共识，这意味着，某种事物是否达到某种适度的标准将是社会共识。此外，某种事物能否被定义为“发现”也是社会共识。从这个角度来说，不同学科之间的文化差异显著。在科学领域中，物理学的文化因时代与地域的差异而改变。要想快速且简单地体会这点，请看一直在变化的统计显著性的标准：大多数学科要求随机误差产生的相同的观察机会少于每 100 次中出现 5 次，这是可对外发表成果的标准，即“2 个标准差”的统计显著性。20 世纪 60 年代，物理学的要求为 3 个标准差，即每 1 000 次中出现 1 次。然而，随着时间推移，要求已变成 5 个标准差，也就是每 3 500 000 次中发生 1 次。[①] 不过，并非所有学科均使用统计分析与统计学标准。我的多数工作被我称为“参与式理解”——深入科学社群直至理解他们的工作方式，然后报告我的观察结果。这是一种“主观”的方法，但我必须声明，这种方法能够揭示问题、行之有效且十分“科学”。如果其他人做的工作与我相同，他们最终得到的发现就将与我相同。[②] 然而，即使我声称自己的方法比物理学家的方法更为可靠，我的方法也可能永远不会被物理学界所接受。[③]

另一方面，曾经，类似的研究方式在物理学界更易被接受。以罗伯特·密立根（Robert Millikan）著名的油滴实验为例，这个实验证明了电子电荷并非无限可分，而是以离散化的最小单位存在。如果仔细阅读密立根的实验笔记，那我们会发

---

① 若想详细了解围绕这个统计问题进行的讨论，请参阅《引力之魅》第 5 章。——原注

② 其他团体认为他们以一种更加人性化的方式工作，觉得个人理解比新发现的鲁棒性和可重复性更加重要。在此，我仅仅为那些人（也许只是小部分人）发声，他们认为参与式的研究方法是非常科学的。详见“社会学与哲学注释”注释 IV。——原注

③ 我的声明出自我与加里·桑德斯（Gary Sanders）在 LIGO 利文斯顿站进行的讨论，他取笑我的方法。我表示我们俩本可以对第一次引力波探测更有信心，好比我们不会前往巴吞鲁日（Baton Rouge），随便搭乘一辆大巴，然后为了保险买两张票，保留自己旁边的位置，尽管我们都未曾坐过巴吞鲁日的大巴。这就是理解社群运作方式的意义。——原注

现，密立根曾多次观察到油滴的表现似乎与他的假设相左的现象，但他选择忽视这些异常现象，科学家的直觉让他决定将异常现象当作噪声而非信号。[①] 如今，物理学家们仍然试图将信号和噪声区分开来，只是不再使用密立根的方法。

就利用地基探测器寻找引力波的方法而言，物理学家不再使用韦伯的方法区分信号与噪声。至于韦伯是否对数据做了些小动作，我们暂且忽略，我们应当注意到，他的方法远不及如今改进过的方法灵敏。再强调一次，这是物理学实践中的**文化**变革。感谢上天让文化发生变化：我并不是说现在的方法远比过去好，而是认为，在韦伯建立引力波探测物理学的时代里，科学界对他的要求并没有像如今这么严苛。受限于现今的标准，我们有理由相信，干涉仪与本书不会出现得更早。

为了瞄准另外一个社会学焦点，科学家们对他们的发现有一种关于“证据的统计显著性”的选择。特雷弗·平奇（Trevor Pinch）最先在分析雷·戴维斯（Ray Davis）的太阳中微子探测时注意到了这一点。[②] 在戴维斯的实验中，中微子存在的证据是——在一个装满清洁液体的大水池内，氯原子转变成了氩原子。平奇指出，可以用如下方式宣布这项新发现：在装满清洁液体的大水池里发现了氩原子；或者氩原子的出现是由高能粒子引起的突变的结果；或者原子间的转化源于中微子；或者原子间的转化由太阳中微子引起。以上选择体现了递进的“证据的统计显著性”，以及逐渐变大的科学风险，因为每种选择都比前一种选择更容易出错——须接受更多的假设条

① 详见“社会学与哲学注释”的注释 V。——原注

② 平奇首先在自己写于 1985 年的文章中阐述了以上观点，随后他在出版于 1986 年的《面对自然》（*Confronting Nature*）一书中充分论述了雷·戴维斯的实验。——原注

件。[①] 如今，历史重演——在本次引力波探测事件中，我们看到了双黑洞沿着演化轨迹发展的过程，这是否也是我们对黑洞的第一次“直接”见证？我们将在第 13 章中回顾这个问题，并就该发现蕴含的社会哲学观点进行更广泛的讨论。

LVC 范围电话会议，10 月 22 日

10 月 22 日，整个合作组织召开了电话会议，330 个活跃的节点（端口）参会[②]。开始时，合作组织的几位成员将最新的进度大致介绍了一遍，第一个小时里的所有内容均已讨论过。在此之后，科学家们得到了提问的机会，他们热烈讨论着即将发表的论文。以过去的经验来看，任何初步结果都不会在同行评议、论文发表及新闻发布会完成前被展示在电子论文预印本服务器（arXiv）上，关于这点，大家早就心知肚明。

只有极少数的人质疑事件的真实性。几乎每个人都认为本次事件是一个“金光闪闪的发现”。接下来就是确认预先进行的检查、委员会做出决定，以及讨论写作团队任务这几个步骤了。部分人提出了预期中的问题，他们认为，按照本次事件这种强度，理应能看到更多的相似事件。如今，自 9 月 14 日起已过去了 5 周，仍无任何足够显著的相似事件出现，这不免让科学家们开始担心。其间，几个事件率小于约每月 1 次（将警报传递给电磁伙伴的阈值）的事件通过信噪比测试触发了自动

① 请参阅《引力之影》第 5 章，我讨论了一个想法，韦伯似乎被怀疑主义的海洋包围，而他试图依附一个圆锥形的岛屿。他可以继续依附岛屿而生，只要他做好牺牲物理学公认的学术世界且不断地将自己推离主流的准备。详见“社会学与哲学注释”中的注释 VI。——原注

② 其中大部分的节点（端口）代表研究小组，因此我们无法知道到底有多少人参与了这个电话会议。——原注

警报，不过这些不显著的候选体并未被当成真实事件。太奇怪了，其中一个警报 G194575 发生于今天（10 月 22 日），对我而言，对其显著程度的讨论足以让我建一个名为“10 月 22 日警报”的子文件夹，我会将今日约 25 封相关邮件存入其中。然而，我注意到，电话会议中几乎无人讨论这个警报，可见引力波社群并未如初次见到这个警报的我一样兴奋，又一次，我的知识储备没能与社群的其他人契合。诚然，会议结束时，该警报“继承”了其他警报的命运，这也意味着本次探测事件具有唯一性，由此带来的压迫感让大家不由自主地担心起来。

在此，顺附一份关于这些“相似事件”的典型报告：

10 月 25 日，11: 02

今晨出现了一个 oLIB 的触发警报，其误警率为 1.6e^（-7），足以启动警报，但最后发现，H1 在信号发生的时刻附近明显存在设备问题，因此我们否决了这个触发警报。我已在日志中对此进行了总结，网址如下：https://gracedb.ligo.org/events/view/G195294。

TeamSpeak 有两种沟通模式，打字评论与语音通话。以下这条评论反映了同一种顾虑，这种顾虑在很早之前已出现过，评论人将本次事件与著名的从未重现的磁单极子探测孤例进行了比较。

17: 07: 58

“[XXXX]”：我的主要问题是，由于本次事件早已出现，LIGO 组织之外的每一个人都会很自然地问这样一个问题——“为什么你们没有看到第二个事件？”本次事件会不会成为磁单极子事件的翻版?

稍后，这位科学家再次提问：

17: 20: 08
“[XXXX]”: [@YYYY]：我感觉，从流言散播的时间上来看，我们是不是要为未看到第二个事件而紧张了？这个问题需要定量解决，也许你引用的论文里有相应的回答？对于一篇描述发现成果的论文而言，第二个探测事件才代表真正的盖棺定论。

对这个问题的答复如下：

17: 21: 27
“[YYYY]”: [@XXXX]：是的，几个课题组已定量地讨论了这个问题（附论文链接）。问题的答案依赖于先验知识，但基本上，除非我们在日后进行的 O1 观测里一直没有新的发现，否则我们 * 不必担心 *；在 O1 快结束时，“除了 GW150914 事件，什么都没看到”的显著性将趋近 0.05/0.01。

社群被告之，在 O1 结束前，无须为本次事件的单一性而烦恼，O1 快结束时也是论文将要发表的时候。此外，有人提出这样的论点——即便如此，也不必担心，因为你不能从单个观测中得到事件的发生率，这意味着无法对引力波事件进行很好的预测。不过，每个人都同意，若在 O2 期间还不能探测到更多相似事件（就像我无情的社会学一面所期待的那样），就真的令人恐慌了，因为科学家们会在 O2 中使用两台更加灵敏的探测器。与此同时，科学家们仍寄希望于O1，期待在O1结束前能看到第二个引力波事件。因此，O1的结束时间已由12月中旬延至2016年1月中旬。然而，这次电话会议的真正爆点是对论文意向期刊的讨论：

17: 26: 54

“[ZZZZ]”：通过描述信号与事件的惊人信息——我们完全具有在《自然》上发表探测成果的特权！

我们可以在哪里找到目标期刊列表？本次引力波探测实际上解决了物理学基础问题，其直接结果是发现了令人震惊的天体物理学现象（我们需要写论文，以便给那些付了10亿多美元的纳税人做个交代）。

我对他们发表的部分立场及表达的忧虑感到惊讶，此外，讨论的热烈程度亦令我讶异。为了理解正在发生的情形，人们必须明白，本次事件不仅仅是一个“重要的”发现，它还代表着新兴的天文学与天体物理学。本次事件的核心就是专用于寻找引力波的地基探测器发现了第一个探测信号，这是该领域50年努力的“终点”。不过我们知道，这次探测与鉴别信号源的工作息息相关。这并不奇怪，干涉仪技术与共振棒技术在20世纪90年代期间的激烈交锋仿佛已是遥远的历史。干涉仪最大的卖点之一是“宽频”，这意味着，干涉仪不仅可以探测到引力波的能量，还能够显示引力波的波形，显示波形也有望提高探测的灵敏度①。如今，本次事件就像镀金的板子，“金”层下的核心与双黑洞旋近和并合的模板相吻合，于是天体物理

① 若想了解干涉仪战胜共振棒的故事，请参阅《引力之影》一书。——原注

学与对探测声明的信心如手和手套一样密不可分；参数估计（黑洞的质量、朝向和自旋等问题）至关重要，是“手套的五指之一”；而天体物理学结果是指太空中存在的此类物体的数量及期望的事件率，它们是“手上的指纹”。发表论文的问题已经潜在地将一个紧密的合作组织拆分成几个阵营，由于参数估计和天体物理学 / 天文学结果握在不同小组的专家手中，这些小组再次与主要目的为探测的小组割裂开来。

顺便一提，人们将看到，本次事件的走向将会和高能物理学或天文学中的事件类似。在这两个学科中，建造、运行加速器和望远镜的人们的地位本与引力波的 50 年历史里位于“巅峰”的人们的地位相当，然而，如今前者却降为“工程师或机械工”（被认为是不算“物理学家”的物理学家，一位运行粒子加速器的科学家忿忿说道）[1]，似乎“真正”做科研的人是解释数据的人，而非为收集数据创造条件的人。在谈论“引力波探测中真正的科学”时，这一幕重演（我们会在后文里详细叙述），并且该问题开始形成压力。

在此之前，科学家们似乎已默认要将探测论文发表在《物理评论快报》上，它也是秋分事件与大犬盲注事件原型论文的目标期刊。他们已决定，引力波天文学领域相关的重大新闻要发表在《物理评论快报》上，因为相比“新闻小报”《自然》，这本期刊更为严肃。社群对第一篇论文将成为探测声明这点已达成共识，但尚未明确论文该写些什么。《物理评论快报》对版面有严格的限制，每篇文章不能超过四页，如此一来，似乎没有足够长的篇幅叙述有关支持参数估计结论的方式的细节

① 请参阅《引力之影》第 486 页。——原注

（如质量、自旋及观测到的天体的信息）。对星体在太空中的分布（事件率）的估算也无法在短短四页的论文里展开。因此（我无法在没有专家的专业自豪感的情况下搞清楚究竟需要多少篇幅），社群将会发表两篇甚至三篇论文（最终为12篇），而不是单单一篇。专家们似乎认为，相对于简单的探测报告，论文需要花费更长的时间完善，因而他们倾向于推迟主要论文的发表，直到他们能够“做到最好”。

我发现，他们对“成果被抢”过分忧虑。他们认为，只要发布了新闻（并且引力波社群致力将支持观测的数据面向公众领域开放），合作组织之外的天文学家与天体物理学家就会跳出来发表关于自己对于本次事件看法的论文。更糟糕的情况可能是，那些论文将基于对数据的较少的技术理解，因此会得出错误的结论。正如一位数据分析师在语音通话中谈及的：

> [约1小时40分加入会议]：
>
> 如果合作组织希望发表一篇天体物理学论文，那么论文必须要短一些，以便论文与本次探测消息一同发布。
>
> 如果我们不这么做，那我们只能在未来的几个月中写10多篇天体物理学的论文来补充研究成果。

我不理解为何这些小组认为“被抢先”是危险的，因为他们比其他人提前至少3个月接触数据。然而，为了将所有材料汇总后发表，社群中支持推迟新闻发布会的声音很多。

另一种压力来自一位资深的贡献者，他进行了一些干预，希望新闻发布会推迟几个月举办，以便合作组织能够更全面地对本次事件进行分析，从而保证结果无误。

［1 小时 33 分左右］：

当我们讨论在自发现信号起的 4 个月里完成一篇论文时，我为过于仓促的时间表感到担心。本次发现是非比寻常的（雄心勃勃且几乎前所未有），我们尤其要避免成果被抢先。因此，我建议……再等几个月……以便充分完成论文。在论文中，我们需要全面描述仪器和所有工作，解释为何我们认为本次事件十分可信，并宣布引力波首次探测成功……

我无法理解为何我们如此着急。没有任何外部压力要求我们立刻生成数据，不如用几个月的时间换取一个更令人信服的结果，让我们的发布变得，怎么说呢，更为“圆满”——首先，其他合作组织有诸多先例……而且我认为我们可以完成得很好。

我从“聊天框”里节选了一些回复：

17: 34: 10 “［PPPP］”：［@QQQQ］：我不同意，我们需要尽快宣布这个消息。其他人须在短时间内完成写作——我们不应因无法完成论文而推迟新闻发布会。

17: 34: 33 “［RRRR］”：［@PPPP］：为什么这么着急？

17: 35: 11 “［PPPP］”：本次事件意义非凡，并且这个发现很坚实，因此让我们告诉全世界吧。

17: 35: 23 “［SSSS］”：对。

17: 35: 26 “［TTTT］”：对。

17: 35: 38 “［UUUU］”：附议。

17: 35: 58 “［ZZZZ］”：［PPPP］是对的。LIGO 之外存在大量的天体物理学社群，如果我们不能及时完成天体物理学论文，我们就得允许他们发表自己的论文。

合作组织中资历最老的成员之一，在语音通话里补充了下列观点：

［约1小时45分加入会议］

这篇展现探测成果的论文意义非凡，我们不应将注意力从论文上移开。也就是说，如果我们成功了，这篇论文就会成为物理学历史上的经典之作。因此，我们必须确保它写得极好，文中须包含我们想要表述的所有要点。我并未贬低其他成果，如双黑洞发现所带来的天体物理学意义，但观察到引力波的这个成果凌驾于其他成果之上。因此，我们必须写一篇将成为经典的论文。我认为，在已有的时间尺度上我们可以做到这点（我对此毫不担心），此外还要关注针对尚未看到其他相似事件这个现象所发表的评论。对论文内容进行取舍是个问题［要牢记于心］。但我认为，毫无理由推迟发布。

然而，辩论并没有结束：

17: 39: 21 "［QQQQ］"：［@PPPP］：为什么如此匆忙？为什么我们不想在公布发现成果的同时发表有关仪器与科学的论文？我不理解，为什么再等几个月会是个问题？我们没办法在这么短的时间里彻底完成工作，以及发表1～3篇短论文。

17: 40: 36 "［PPPP］"：［@QQQQ］：我不懂，为何理论论文会阻碍这个10年内最重要的发现的发布。那些论文怎么就不能迅速写完呢？

17: 40: 43 “[VVVV]”：[@QQQQ 等人]：我们没办法保守秘密达 6 个月之久。本次探测也无法更具说明力了——数据也就是那样了。

17: 44: 05 “[QQQQ]”：[@VVVVV]：相比早6个月公布探测结果，“世界”更希望看到完整的工作（在呈现时）。他们已经等待了 100 多年，我认为再等 6 个月也无伤大雅。我们需要呈现一个强有力的引力波事件，而我们无法在一篇很短的论文里做到这点。

虽然我只展示了一部分观点，但**我认为**这场辩论是解决问题之处。因为，总的来说，那些希望更快发表论文的人更年长、更具经验，他们是合作组织中更有分量的成员。**我认为**，接下来可能发生的是，在宣布探测结果的同时，一篇甚至两篇论文会被发表，但是不同小组必须为前期准备负起责任，即使这意味着他们可能要做好发表简短论文而非长论文的准备。

几天之后，我得知一个高级委员会召开了会议，并投票决定只发表一篇论文，论文的内容包括引力波源为双黑洞的声明，以及相关参数的描述。只有当所有内容无法被放进同一篇论文中时，社群才会考虑将成果分成几篇论文发表。此举是为了保证最重要的那篇论文（或几篇论文）能够及时发表。有趣的是可发表多少成果且声明的强度如何。然而，这些均会被准备同时发表的众多其他论文覆盖。

合作组织里互相竞争的一面已经显现，表现为关于发表与谁来执笔的争论。这些问题源于合作组织制定的出版规则——在至少一年内，所有使用合作组织数据的论文都必须署上合作组织的名，即论文属于每一位成员。该规则引发的连锁反应是，科学家们必须在提交论文前进行内部审查，这会降低成果发表的速度。因为引力波合作组织承诺在发表论文的同时公布所有支持探测事件的数据，所以成员们担心成果会被外人“抢先”。虽然成员们领先了 3 个月的时间，但由于合作组织出版程序上的推迟，外部人员拿到数据后会“连夜”分析，很可能在“第二天一早”先行发表成果。跳到 11 月底，我发觉自己参与了一个十分有趣的交流。

我给一位合作者彼得·肖汉（Peter Shawhan）发送了一封邮件，询问他是否愿意为本书修改一幅图（该图是他之前为论文绘制的）。我犯了一个低级错误，直接点击了邮件的“回复”按钮，从而整个社群都知道了我的请求。此时，一个我认识多年的朋友给了我善意的警告，他嘱咐我一定要谨慎，否则我很可能会被架上“火刑架”。他表示，目前社群对能发表的内容存在激烈的争论。我回复他：

> 我无法想象混乱的辩论发生在我身上的情形。我并未试图研究新的物理学领域，只是想报告你们的科研进程。

他的回复让我忍不住笑出了声：

> 理智上你毫无疑问是对的，但大家早就失去了神志，像一群分赃的海盗。[我]更担心自己的朋友会被推下水。

恶意注入再起波澜

回顾第 2 章，我们了解到，本次事件可能是一个恶意注入的信号，但通过仔细核对，该可能性被驳回，因为要实施这个

“阴谋论”需要相当卓越的组织能力，这几乎是不可能的。然而，除非恶意注入的问题被彻底地研究，且研究成果被正式展示，否则社群仍心存顾虑。本次事件不寻常的特点之一，就是科学家们花了大量时间才确认它并非骗局。我咨询了一些让小组调查造假可能性的人（11 月 1 日），其中包括极有经验的资深科学家及团队领导者，我询问他们是否知道先例。他们对此的回答是——没有先例，这是头一回。因此，本次事件不仅发现了自然界的新特征，还引发了一种科学方法上的新特征——对骗局的畏惧。

在过去的事件中，科学家们确实考虑了骗局的可能性。以臭名昭著的卡布雷拉磁单极子实验为例，人们相信，可能有人在夜里潜入实验室，在探测器运行又无人看守的情况下蓄意伪造了那个信号，目的是让科学家们在确认原始结果时采取更多的预防措施。其他实验也曾考虑注入假的数据，例如人造数据搜索竞赛，以及路易斯安那州共振棒组提供的假起始时间的数据循环。毫无疑问，假信号也是引力波搜索的重要组成部分。在上述情况下，科学家们希望控制数据的分析方法：如果不能分辨信号的真假，他们就无法在与注入假信号的科学家们讨论前使用数据得出结论。不过，此类注入无恶意的成分，“造假”是研究方法的一部分[①]。这种方法上的创新在于科学家们为消除恶意欺诈付出的巨大努力。为何要竭力消除恶意造假？原因似乎有三种：第一种关乎“发现”的本质；第二种关乎技术；第三种关乎时代的变迁。

第一，我们从“发现”的本质说起，引力波探测实验耗时

① 请参阅《引力之影》第 426～427 页。——原注

长、昂贵且高调，这些特征可能会对欺诈者产生吸引力。此外，本次事件是孤立的“点”事件，相对于统计显著性缓慢提升的实验（如希格斯玻色子等新基本粒子的发现），引力波信号更容易造假。在希格斯玻色子（Higgs boson）的例子里，收集数据的两台探测器差异很大，尽管它们都在观察相同的射束管——已经到了几乎完全重现的程度，一种同位重现。如巴里·巴里什（Barry Barish）向我解释的那样，高能物理学家意识到，须用此种方法进行检查：

> 11月2日，16: 31
>
> 花费额外的经费在加速器设备上进行两套实验的方法，一直以设备独立检查为依据（这种方法不仅是为了识别恶意行为，还是为了检验不同的硬件、软件与分析技术，以防得出错误的结果）。另一种有趣的方法是丁肇中在其工作中使用的，当然是为了J/Psi介子发现。他将工作组分成了两个独立的数据分析小组，确保两组之间无法互相沟通，两组甚至不能使用共同的电脑程序分析数据。最后，他将成果汇总在了一起，而两个小组的独立成果像是来自两个LHC（大型强子对撞机）实验。

对于GW150914，所有的时间都花费在了分析事件的统计数据上，而不是花在了收集支持事件的证据上。当然，科学家们希望在O1期间探测到其他类似事件，但此时，他们必须以本次事件是孤证为前提，分析数据并撰写论文的草稿。在涉及重现工作时，引力波可能难以与噪声区别开来，这便是为何我们要通过相距很远的两台探测器之间的符合来发现信号。大家已默认，除非两台探测器同时看到信号，否则就代表“无事发生”。本次事件中，引力波信号的波形异常清晰，并且与一个我们已理解得非常清楚的模板相吻合。在这种前提下，我认为两台探测器看到了**相同的**信号，而不是两台探测器的输出数据合成了一个信号，但是这并非科学家们所说的。因此，科学家们初步认为，只有一个事件，而孤证的造假可比两个事件的造假要容易。

第二，在技术方面，实验几乎完全依赖计算机，计算机不仅用于提取和分析数据，还用于生成数据——数据实际上**是**计算机生成的反馈，用于平衡悬挂的镜子，以抵消引力波产生的引力扰动。这就让探测器的输出结果徘徊在“黑暗的边缘”，那也是测量微小变化的最佳地带。正如赖纳·魏斯写给我的邮件所述：

> 11 月 2 日，14: 27
>
> ［在发现微波背景辐射的年代］电脑已成为储存与处理数据的手段。电脑设备存在被恶意修改的可能性，如果是在笔记本或纸上记录数据，修改就没那么简单了，因为涂改的痕迹很明显……借助计算机，我们能够在力所能及的范围内处理数据。没有它，我们便无法进行 LIGO 的仪器控制与数据处理工作。然而，这些便利也伴随着风险。

正是因为计算机如此密切地参与了探测过程，所以实验更易遭受黑客的攻击。

第三，这也是我认为最重要的一点，时代不同了。过去几十年间，物理学等学科的发展一直依赖计算机，但直到最近黑客技术才被用来收集情报、破坏安全系统、当作战争武器，甚至进行大规模的经济犯罪。如今，黑客攻击早已不再新鲜，黑客通过展示其在知名骗局中的技术来争取计算机安全系统方面的工作。几十年前，即使是在与此实验相同的实验中，也没有人会认为有必要付出如此多的精力来确保信号并非恶意注入。科研方法已经改变，因此所有备受瞩目的实验或许都必须将计算机安全当作要事严肃对待。然而，我注意到，本次事件的论文中并没有对恶意骗局可能性的讨论，可见这**尚不是**科学研究的常规步骤。[①]

我们于 10 月 29 日举行了一次电话会议，目的是排除恶意注入的可能性。会议得出了与本书第 2 章提及的初步结论相同的结果。所有参与者使用自己的电脑加入会议，在线浏览相同的 PPT 报告。报告的其中一页说得非常清楚：

> 我们不能说伪造 GW150914 是完全不可能的，但要使注入虚假信号的阴谋得逞，就需要我们中最有学识的一群人共同谋划。

换而言之，这么做对参与者有极高的要求。造假成功代表着相当厉害的社会成就，其中一个原因是——如果在探测早期恶意注入信号，那么必须要在 LIGO 的两个站点同时行动，而两个站点存在一些细微的差别。然而，在校准仪器之前，谁都不清楚两台仪器之间的细微差别具体是什么，因而我们难以想象，谁能够在事先不知道探测器细微差别的前提下伪造两台探测器的信号。如负责排除恶意注入这种可能性的分析员在电话会议中总结的：

---

① 彼得指出，一些特殊原因也导致人们对阴谋论兴趣寥寥，例如之前盲注事件造成的心理阴影、科学家们对这个信号的高强度和清晰程度的惊叹。因此，除非这是个恶作剧，否则没什么好争论的。——原注

［约第 58 分钟加入会议］

你要知道，两个站点的数据过滤方式不一样。因此，能谱 ESD 在 H1 和 L1 中具有不同的驱动方程。这是真的，因为拉纳（Rana）在某一时刻改变了 L1 干涉仪的部分阻抗，并将这个变化记录在了 a-log 日志里。改变阻抗的操作无误，但同样的操作并未出现在 H1 的干涉仪中。因此，再次强调，你需要知道一些非常详细的信息才能修改数据。为此，你需要前往两个站点，在获得权限后进入站点的终端站。如果你是去过两个站点的少数人中的一个，那么我们会知道你是谁。如果你不是他们中的一员，那你一定有同谋者。

［1 小时 9 分钟左右］

我认为可以排除黑客之类的人篡改数据的可能性，因为这需要社群内部的力量将设备关掉。而且我不认为哪种方法可以轻松且掩人耳目地篡改数据，要想实现，两个站点至少得有几个内鬼，但这就大大限定了能参与骗局的人数，而且是怀有动机的人的数目。

［1 小时 15 分钟左右］

我们可以得出的唯一结论是：伪造事件不是不可能，但如果要造假，或许需要数量庞大的内部人员共同秘密执行，要做到这一点，付出的努力与进行科研实验的努力相当……我们并不是在讨论地球上的 70 多亿人，而是指人数非常少的内部人员，参与造假的人必须极其了解仪器系统，因此只有极少数人满足这个条件，而且要有不止一个人认为这么做是有利可图的，这让我觉得造假的可能性极小。

其中的逻辑很有趣，因为不同仪器间存在细微差别，所以注入一个看似相同的信号是极其困难的。然而，这也意味着，相同的波形在两台独立且不同的干涉仪上出现了（如上文中的高能物理学实验），而非两台干涉仪之间的符合组成了信号。我认为，社群花费了不少时间才认识到这一点。

该结论的其他论点也均已讨论过。我们不相信这是一个骗局，因为从**社会学**角度而言，这不太可能发生。若要了解科学发现是如何被我们生活的世界所接受的，请记得，这是关键。

第 7 章

11 月：涟漪、信仰与第二个事件

在《引力之影》一书中，我用激光干涉引力波天文台（LIGO）选择的标志阐述了搜索引力波的过程。如今，LIGO 的两台美国干涉仪终于取得了切实的进展（图 7-1）。

图 7-1　LIGO 标志。

LIGO 的标志展示了由旋近双星、超新星爆发等机制产生的引力波。我想强调的一点是，这个标志只讲了故事的一半。实际上，存在两套“波”，如图 7-2 所示。

图 7-2 左上方的浅色涟漪（细波纹）表示天体及其产生的引力波，涟漪在时空中穿梭，随后与探测器（图中的黑色圆点）发生碰撞。右下方的深色涟漪（粗波纹）表示之后发生的事——引力波发现在社会时空中引发的涟漪。也就是，科学家们开始互相谈论他们看到的现象，并分析该现象是否为有价值的事件——这是第一道涟漪（粗波纹中，下同）。在第一道涟漪中，科学家试图说服自己本次事件是一个“发现”。正如《引力之影》和《引力之魅与大犬事件》所述，“探测”在引力波领域里绝不是简单的任务，因为曾发生过“狼来了”的故事。然而，在本次事件中，第一道涟漪在短短几日内就形成了。

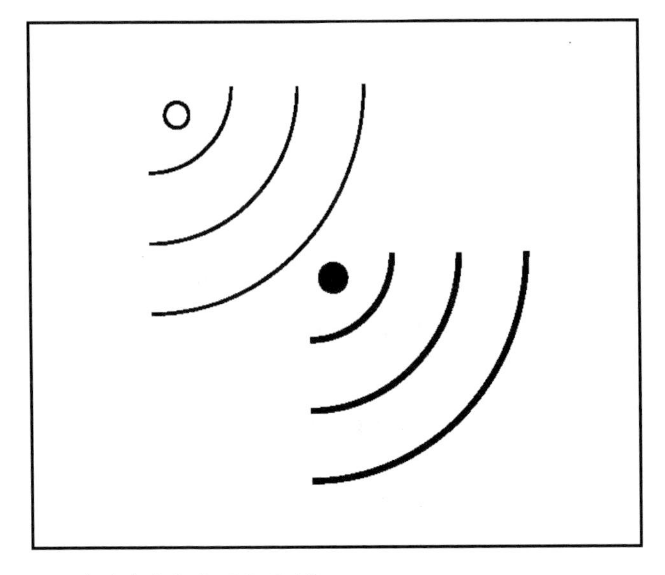

图 7-2　本次事件包含两套“波”。

如果科学家们可以通过社会时空中的交涉说服自己，那么大家就能团结起来写一篇论文，让科学界相信事件是合理的。一旦探测结果被接受，第二道涟漪就会形成。当探测结果被包含了科学界远疆的全世界所接受时，第三道涟漪诞生。

下面这封邮件虽然是从下个月（2015 年 12 月）的互动中截取的，但它是社群思考如何说服世界的小小缩影：

12 月 20 日，11: 58

我建议在图 3（b）中展示 cWB 在啁啾发生之前与之后的背景。例如，将“小犬”包括在内 [本书后文会对此进行补充]，我认为这是更加诚实的数据展示。开放与坦诚是为了保证读者能够信任我们的结果。

这是迄今为止的第一道涟漪，邮件的结论是——这个问题值得广泛注意。现在，我们开始看第二道涟漪——论文的准备过程。其中，论文须捕捉本次事件的意义，并将其解释给整个社群听。

回顾：信心的增强

在讨论第二道涟漪之前，我们先回顾一下之前发生的事。是什么原因让科学家们准备写一篇论文，在干涉仪时代里向外界展示首个引力波探测成果的呢？在共振棒时代中，科学家们向公众宣布了诸多发现（约 15 个），但那些声明无一存活（详见《引力之影》）。干涉仪的诞生让那些发现的不可信性凸显，干涉仪领域的科学家们确信他们的（更加昂贵的）方法是正确的，他们已经证明了共振棒队伍的声明都是错误的。此后，科学家们发展出了根深蒂固的批判性思维，若想逆转他们的思维习惯，总是要采取一些特殊措施。在本次事件中，批判性思维通过以下因素逆转了：

（1）**探测结果符合灵敏度计算的事实：**然而，这并不像现在看起来的那样具有决定性，因为在aLIGO达到设计精度之前，即使一个事件都未探测到，也丝毫不会令人惊讶。相反，事件来得太快——这实属意料之外。

（2）**信号的强度：**这个信号的强度甚至比大犬事件的信号还强，因为两台干涉仪中信号的强度比仪器中的任何一个噪声事件都要强[①]。

（3）**波形：**波形据说是帮助干涉仪打败共振棒的“大功臣”（请阅读《引力之影》的第三部分），也就是说，宽频才是最好的。共振棒只能探测到引力波信号的能量，而干涉仪可以看到信号的“形状”。看到信号的波形能够为科学家们带来信心，也使天文学“研究”成为可能：我们不仅“看到”了一个事件，还能明确“这是何种类型的事件”——本次事件源自质量分别为X与Y的双黑洞的旋近。

在展示给委员会的论文草稿中，一小段文字阐述了宽频的优势（第一篇像样的草稿里删除了这段）：

> 对于未建模瞬态事件的搜索来说，这个信号已经十分显著了，任何试图证明该信号为非天体物理学起源的假说

① 在大犬事件里，其中一台干涉仪的部分噪声（因为伪信号只在一台干涉仪里出现，所以我们知道它是噪声）比“信号”还要强，这就引发了“小犬”悖论——如果大犬事件是真实的，那么信号和噪声产生的候选体共同产生了虚假的背景噪声，信号会变得不那么真实！然而，在本次事件中，我们不必为这个悖论烦恼，因为所有的噪声都比信号弱，即不存在“小犬”问题。——原注

都必须解释——为何这个在 LIGO 数据中发现的有史以来最显著的事件如此“符合”，而且为何信号的波形会如此符合广义相对论的预言。在发表于《物理评论快报》的论文里，这条定性证据强有力地支持了引力波源自致密双星并合的论点①。

（4）**两个站点的信号的相干性**：如第 1 章中谈论的，两台相距甚远的探测器显示的信号波形几乎完美对应，这让很多科学家自开始便相信本次事件为真。应当补充的是，这一幕曾在大犬事件中发生过，尽管当时的“信号”并没有如此完美。对本次事件真实性的信心（被盲注的可能性大大削减）来自信号在两个站点中重合的方式。在较弱的秋分事件中也是如此（详见《引力之魅》，74～75 页）。

（5）**事件的统计显著性**：直到几乎所有人都确信信号是真的，事件的统计显著性才被算出。彼得·索尔森曾对我说：“根据大犬事件的经验，我们知道本次事件会非常显著。”因此，在尚未进行计算时，人们已形成了一些统计方面的理解，但在 10 月 5 日（事件发生 3 周后）打开箱子前，没有人能够确保一定如此。开箱当天，庆祝活动的“主角”不单单是科学家们期待的引力波，更是一个事实，那就是该信号不仅会让科学家们信服，也会被告知全世界，让世人信服——形成第二道涟漪。

我试图探索的是，科学界的不同因素是如何通过科学家们对本次事件的确信程度产生的。关于这点，我并不是在谈论不

---

① 回顾历史，鉴于本次事件取得的成就，将本次事件的成果与共振棒技术最佳“阵容”取得的成果进行比较，后者有限的野心如今看来很是惊人。——原注

同小组拥有的权利、他们对物理学世界提出的理所当然的假设，抑或质疑本次探测结果的不同方式，我会在本书的末尾讨论这些问题。相反，我在谈论社群中的引力波物理学家与主流物理学界对本次事件的信心是如何形成的。

第二个星期一事件

我们尚不能确定，引力波探测不可靠的旧世界能否转变为地基引力波探测成为常态的新世界。这主要是因为，我们只在一个探测器组上看到了一个事件（需要注意的是，LIGO 的两台干涉仪被社群看作“一个探测器组”）。不过，这就是事实。然而，11 月初，第二个事件的存在开始变得明显。这一事件发生于 10 月 12 日，但直到 11 初，还没有人知道它的存在，因为它太弱了，无法被任何低延迟自动化数据处理程序找到。这意味着，直到开启包含 10 月 8 日至 10 月 20 日间收集的数据的箱子，并将数据结果与模板进行匹配，人们才发现这个事件。其间使用的自动化数据处理程序叫作“pyCBC”，当然了，程序名里的 CBC 表示致密双星并合。

10 月 12 日是星期一，而发生第一个事件的 9 月 14 日也是星期一，在不用复杂的代号称呼这次事件时，我们叫它“第二个星期一事件”（Second Monday Event）。在后文中，我也会继续使用这个名称。将两台干涉仪同时维持在锁定状态是非常困难的，而且部分数据因故障或被环境监测器上的信号干扰而被判定无效。因此，科学家们花费了 5 周时间才收集到可用于背景分析的 16 日长的数据。这便解释了为何收集数据的截止时间为 10 月 20 日，也解释了为何第二个星期一事件于10月12日才发生，但它仍被包含在16日长的双符合数据中——数据处于“冻结”状态，用以估计第一个事件的背景。这意味着，如有必要，这次事件会与其他成果一起被放入首篇论文之中。我从彼得·索尔森处听闻：

11月2日，17: 11

亲爱的哈里：

1小时前，pyCBC公布的数据结果显示了一个“勉强过线”的事件：

https://www.atlas.aei.uni-hannover.de/~miriam.cabero/LSC/O1/final_analysis3_c00_v1.2.4/7._result/

……这次事件达到了3个标准差的统计显著性，更难分析，但这也是我们之前预料到的……

正如另一位发件人所述：

11月2日，23: 02

根据cWB标准，这是一个相当弱的事件，但它在时间序列和时间-频率域中都展现了一个漂亮的啁啾形状。

之后，这个事件被传送给了GraceDB数据库，并被赋予了一个不太好记的代号“G197392”。基于GraceDB，我们得到了该事件的初步参数估计，其源于由一个32倍太阳质量的黑洞和一个14.6倍太阳质量的黑洞组成的系统。如果信号是真实的，那么它将是比第一个事件质量更轻、强度更弱的双黑洞旋近事件。

这个信号永远不会成为“第一个引力波探测成果”，若不是因为第一个事件，它早就被我们遗忘了。然而，它已值得探讨，因为它让第一个探测变得更加合理。现实已经改变！探测委员会主席如是说：

11月10日，20:07

……我认为，显然，这个事件本身还不足以让探测委员会付以行动，但由于这个事件会在论文的配图里显示，并且很可能着些笔墨讨论，探测委员会不得不正视它，尽管不会像对待第一个事件那样周全。

另一个人通过邮件回复道：

12月12日，00:40

……我感觉合作组织真的低估了第二个事件的意义。虽然第二个事件确实无法构成独立的5个标准差的探测，但如果我们将GW150914的事件率作为先验概率应用到第二个事件上，那它就有95%左右的概率是真的！我认为，绝大多数的观测天文学家会对确定性如此高的事件感兴趣。

第二个星期一事件的意义及是否要在发现论文中提及它，引起了科学家们持久的讨论。

12月7日，05:57

我认为目前的情况有些混乱。这里面可没有什么“魔法”！这个事件有3%的误警率。这意味着，在100次等效实验中，声明“这是一个引力波信号”的做法只有几次是错的。这个事件确实是一个信号……它并未拥有宣布首个探测所需要的5个标准差的统计显著性，若不是已经看到了第一个事件，我们早就忽略了它。不过，它并不是首个探测成果。

在我们确信已经建造了引力波探测器且宇宙中有对探测来说足够多又足够明亮的引力波源的世界里（我们从第一个探测事件里学到的），这是一个真信号，并且我们从中得到的天体物理学结论将带来可信赖的成果。

如果科学家们只希望在“探测论文”里讨论我们是如何确定第一个事件为首个引力波探测成果的，那没问题，但暗示这些数据只包含第一个事件的做法实际上是不正确的。这个事件的后验概率并不关心人类对首次探测成果高置信度的担忧，它只考虑数据告诉了我们什么——存在两个引力波信号。我们不能草草处理数据，强制得出一个不同的我们更喜欢的结论。

相较之下，另一位发件人回顾了那个诸多声明站不住脚的共振棒时代。我在《引力之影》（第 22 章）中说道，那些不靠谱的声明诞生于“证据集体主义”（evidential collectivism）精神。我试图说明，证据集体主义是一种可以理解且合理的策略，发表推测性结果是为了让它被更广泛的科学家群体接受或者否认，尽管绝大多数美国人都反对证据集体主义，因为他们认为发现新事物的责任在于个体或者个体之间的合作关系。这位发件人担心我们正回归证据集体主义：

12 月 5 日，具体时间未知

我知道许多人认为我们应该引用［第二个星期一事件］的系统参数。我强烈反对这个想法，因为它似乎传递了一种混杂的信息：一方面，我们并未承认它是一个探测事件；另一方面，我们在某种程度上偷偷地向读者透露，其实我们认为它是真实的，并且呈上了源参数。

多年以前，引力波共振棒探测组发表了一篇论文，那篇论文并没有声明发现了引力波。然而，其声称，当探测器对银河系中心最为灵敏时，引力波事件的发生率增加了。那篇论文因自相矛盾等因素而备受批评。**我认为，除非我们确定第二强的事件是信号，否则我们不应该如此暧昧地对待它。**

此处，对证据集体主义的怀疑是十分明显的。

第二个星期一事件颇有争议。在一些人眼里，这个事件太弱了，不值一提；一些人则认为，若不提它，就是在探测结果上误导读者。对我而言，这个事件大大削弱了第一个事件是人为骗局的可能性，因为第一个信号非常强，以至于科学家们相信，它暗示着我们将看到一系列引力波事件。绝大多数引力波事件更可能发生于更远处，这是因为更远的距离涵盖更大的探测范围（探测的空间体积与距离的三次方成正比），其中存在更多的引力波事件，而随着距离增大，探测到的信号的强度变弱。第二个星期一事件符合上述模型，这个弱事件的上限尚未让人们质疑“为何只发生了一个强事件，而未发生弱事件”。另一个具有足够大的统计显著性的事件将会是一个“重现”。尽管出现了第二个星期一事件，第一个探测事件仍是孤证，但它比没有第二个星期一事件时更加可信。

假如只有单一事件：图像与逻辑

需要记住的是，在大犬事件发生的时代里，我们仍然不确定单一事件能否被称为探测成果。2009 年，在位于匈牙利举行的学术会议上，Virgo 项目的前负责人阿达尔贝托·贾佐托为引力波探测罗列了严格的准则，这套准则非常严苛，甚至让社群的许多科学家都感到吃惊。我梳理了其中的几个要点：

- 可能会发生无法重现（仪器“不好”的灵敏度导致事件稀有）的事件。承认事件为真的必要条件是？
- 总是与天体物理学观测（如中微子、光学特性、电磁特性等）“符合”。
- 统计显著性高
  - 须事先定义好
  - 探测委员会须起到关键作用
  - 与数据处理委员会紧密互动
- 冗余分析
- 在引力波探测器网络上发现“符合”
  - 最大程度地使用探测器网络
  - 网络中干涉仪“未看到”的事件：相关信息应被考虑在内
  - 须事先决定应对符合事件的策略
  - 应鼓励采用多样化的数据处理程序

贾佐托是“论文起草团队”的成员之一，因此我给他写了一封邮件，询问他如何将他当时说的话与目前所写的内容相平衡。他回答我（11 月 16 日），自己不再强烈坚持那些准则，因为撰写强事件论文的压力要小于发表弱事件论文（如大犬事件）的压力，并且共振棒探测组的失败案例已经是遥远的过去时了。因此，关于准则的问题没有那么突出，不必过于担心。

此外，第一个事件的信号很强，并且与双黑洞并合模型的波形吻合得相当好，以至于“单个探测器都能做出发现声明”（我们之后会再讨论这一点）。他还表示，自己认为未来的引力波天文学将面对诸多更弱的信号，这就意味着，联合电磁波与中微子等手段进行观测的技术仍十分重要。

虽然第一个事件的信号很强，强到单个探测器都能够发现它，但在统计确认与波形引人注目的特性相平衡的方面，仍然存在有趣的问题。请记住，在第一个事件发生后的第一天或第二天，彼得 · 索尔森告诉我，我、他及另外一位资深物理学家认为波形的相干性足以令人信服，“当我们通过图表来判断时，我们使用的是直觉”，然而真正的证据存在于统计数据中（见本书第 17 页）。

科学家们似乎只能想到两个利用单一事件就发表声明的先例，而且其中一个就是不幸的卡布雷拉磁单极子事件，它早已湮灭，被掩埋在历史的尘埃里。相对幸运的另一个事件是“Ω 粒子事件”（Omega-minus）[①]，这个发现最终帮助默里 · 盖尔曼（Murray Gell-Mann）获得了 1969 年的诺贝尔物理学奖。该发现源于气泡室里的单一轨迹，并且根本没有进行统计学分析。

11 月 1 日，16: 12

……根据历史来说，鲜少有基于单一事件的物理学新发现被宣布且广为接受。经典的（唯一的？）例子就是 Ω 粒子事件，他们用《对一种奇异性为负三的超子的观测》这篇仅 3 页的论文宣布了新发现（http://journals.aps.

---

① 见参考文献（Barnes et al., 1964）。——原注

> org/prl/abstract/10.1103/PhysRevLett.12.204）。按我的理解，这个发现最终被广大科学社群承认，是因为显示了衰变链的图片非常清晰地揭示了事件的过程，而且该发现完美地符合理论预测——事实上，它是那块“遗失的拼图”。我认为，我们很幸运地观测到了引力波，但我们不应该理所应当地认为读者也会接受这个基于单一事件的发现。对“确认”的需求是科学报告中根深蒂固的概念，这对于其他科学社群也是一样的。如果我们真的要宣布这个单一事件是一个发现，那么论文必须通篇论证这个事件是不可否认的——如 Ω 粒子，而非磁单极子。

上述观点的必然结果是，我们需要费些笔墨解释，为什么我们选择现在发表这篇论文，而不是等整个 O1 的所有数据都收集完毕之后再发表。（我个人确信现在发表是正确的，但这仅仅是因为本次事件极其独特。）

本次引力波探测声明究竟是像磁单极子一样失败，还是如 Ω 粒子一样成功？仅基于相干波形就能支持声明吗？统计数据只是锦上添花？我写了一封邮件给巴里·巴里什，他是 LIGO 的长期负责人，也是经验极其丰富的高能物理学家，我询问了他关于这几个问题的看法：

> 11 月 8 日，10: 41
>
> 在我看来，社群之所以相信第一个事件是真的，是因为波形的完美吻合及绝佳的相干性，而不是因为事件的统计显著性，尽管统计显著性是向外界“推销”的一个十分重要的参数。也就是说，三天之后每个人都会相信这个事件是真实的，即使那时统计计算尚未完成。唯一的问题

是，是否有足够多的背景数据来产生向外界展示的统计显著性。我认为，如果从宽频的角度看待引力波（干涉仪是共振棒的对手），那么它比大部分高能物理学实验更具有优势（可看到的波形及波形能够解释的一系列复杂事件），你看到的是一个非常复杂的事件。因此，这可不是所谓的“单一事件”，这也正是这段话试图表达的。根据我的理解，HEP［高能物理学］领域只有理论与统计值，除了统计计算，你没有什么可依赖的了。这其中大有不同。

我的最后一个想法显得有些愚蠢，因为我未曾留意到，引用的1964年的高能物理学案例并非基于统计计算，而是基于气泡室的照片。

巴里通过几封邮件表达了自己对这些问题的看法。他认为，我对“社群”因为相干波形而在短短几天内接受了信号这个事的想法过于简单：

11月13日，21:19

几日后，人们对事件本身的理解与看法仍大有不同，因此“专家”的意见趋向占主导地位。不过，因为论文正在修改，尤其是仍在进行内部审核，所以最后的情况或许会不同。我认为，从某种程度上来说，统计显著性非常重要，它可能是最为重要的信息，但并不是全部。历史上，人们好几次都被不是很高的统计显著性愚弄了，这导致所有新的发现都需要5个标准差的认定依据。对LIGO合作组织的许多数据分析师来说，他们非常倾向于看到我们正在寻找的事物，何况本次事件是那样出众……它指示着一个频率和强度不断增加的旋近事件；一个并合事件——尚

> 无法很好地定义，但可以先假设它是强引力事件；一种有特色的铃宕频率和行为。波形非常令人信服，但量化“确信”的程度是个问题。每一个潜在的信号要和众多潜在的波形进行比较，也就是说，一旦事件的波形与某个潜在波形相吻合，我们就需要知道事件有多显著。

此处，最后一点是指 CBC 使用 250 000 个强模板与信号进行匹配的方法。不过，cWB 未依赖模板就从数据中提取出了一个看着像双黑洞旋近事件的信号，即信号“未建模”（unmodeled）。在撰写论文终稿前，关于 cWB 是否真的没使用预想模型（如“未建模”一词所表达的）的争论一直持续着。每一个自动化数据处理程序都依赖先验知识（如引力波以光速传播），但我们无法知道究竟有多少种对引力波波形的理解被收录在了 cWB 程序里。在准备论文终稿时，如何绘制一张合适的图（论文终稿中的图 4 左图）来展示 cWB 对探测事件统计结果的贡献仍存在争议。

然而，在同一封邮件里，巴里似乎打算同意我的一些看法：

> 另一个可能与你提的问题相关的点是，你不单要说服自己，更要说服社群。仅凭借你看到了正在寻找的事物（如引力波波形的演化）这一点来说服别人是很难的，而每个人都理解统计显著性的意义。因此，它几乎就是这篇论文的重中之重，即使它未能说服我们中的所有人。

当日，在我稍晚收到的另一封邮件里，巴里阐述了引力波事件和 Ω 粒子事件之间的重要差别：

11 月 13 日，21:45

与我们的波形判别相比，[Ω 粒子] 事件拥有更显而易见的标准。因为之前科学家已预言了 Ω 粒子的质量和详细特征，所以粒子束能量很好确定。目标气泡室的气体为氢气，也就意味着只需要将实验结果与一个假说进行对比。就我们的情况而言，定性来说，事件包括旋近、并合与铃宕，但这些行为主要取决于事件中两个天体的质量，以及自旋、朝向等性质。我们使用了诸多基于不同质量及其他参数的假设与数据进行对比。因此，波形虽与众不同，却并非独一无二，但 Ω 粒子是独一无二的。这是仅依据在单一事件中观察到的波形就做出发现论证没那么显眼的原因，而且同时出现在 LLO 和 LHO 两台干涉仪中的引力波爆极不可能只来自背景噪声（统计学判据）。而一些 HEP 发现（如希格斯玻色子）则完全基于统计学判据。不论如何，我们看到，本次事件的波形与广义相对论的波形吻合得非常好，并且它的统计显著性超过了 5 个标准差。这个"组合"让本次的单一事件变得十分可信，足以对外公布。

令人吃惊的是，以上讨论均未在大犬盲注事件中发生——当时的辩论单纯就统计显著性展开。

随后，我给艾伦·富兰克林（Allan Franklin）发了一封邮件，其曾出版了一本讲述物理学标准变化的书，具体内容请参阅《引力之魅与大犬事件》第 239～240 页，以及富兰克林的书《改变标准》（*Shifting Standards*）第 167 页，他对 Ω 粒子进行了讨论。我问他是否认为 Ω 粒子的发现在如今物理学世界的准则中仍可立足。当然了，我关心的是本次事件的非统计学因素，但由于本次事件当时仍须保密，我不能直接提及它。艾伦写了一封关于 Ω 粒子的回信：

> 11 月 16 日，18: 41
>
> 以下是我的个人观点（已与一些同事讨论），答案是——这很难评判，但它［Ω 粒子］可能还是会被认定为一个发现。那个实验只有非常粗糙的背景估计，因此我们没法估计概率和统计显著性。它的出现甚至早于所谓的“标准差标准”。然而，它测量的质量确实符合之前预言的“八正道”（Eight-Fold Way），这就让它更像是一个真实的事件。我个人认为，它是可立足的。

彼得·加里森（Peter Galison）也在其经典的《图像和逻辑》（*Image and Logic*）一书第 22 页中讨论了 Ω 粒子，他将 Ω 粒子事件与其他“黄金事件”放在一起论述——“这张如此清晰又独特的图片驱使着人们承认这是一个发现”（图 7-3）。

书中，加里森记录了**图像**与统计分析的**逻辑**之间的“拉锯战”。[①] 其中，图像由云室、照相乳剂和气泡室生成，统计分析则是针对由火花室等设备生成的多种粒子特征进行。而在本次事件中，我们的关注点在于——它最好被当作图像还是逻辑。在早期某个版本的论文草稿里，我们可以看到这样一段内容（之后被删除了），其展现了图像的力度：

> 这个高度显著的事件发现于搜索未建模的瞬时信号期

① 针对加里森观点的批判性讨论，请见肯特·斯特利（Kent Staley）于 1999 年发表的论文《黄金事件及统计学》（*Golden Events and Statistics*）。——原注

> 间，任何认为本次事件来自非天体物理学源的假设都必须解释，为何这个 LIGO 有史以来最强的瞬时事件会在两台干涉仪中出现“符合”，并解释为何波形会与广义相对论吻合。该定性证据强有力地支持了这篇快报中提到的致密双星并合的情况。

进一步的分析却认为，这既不能全依赖图像，也不能全遵照逻辑，而是要将两者综合起来考量！让我们以这种综合考量为起点：我之前一直认为，对于科学家而言，确信这个事件为真的主要原因是，图像显示的波形与预测的双黑洞旋近模型的波形高度吻合。确实，一位思考得较深的科学家给我写了邮

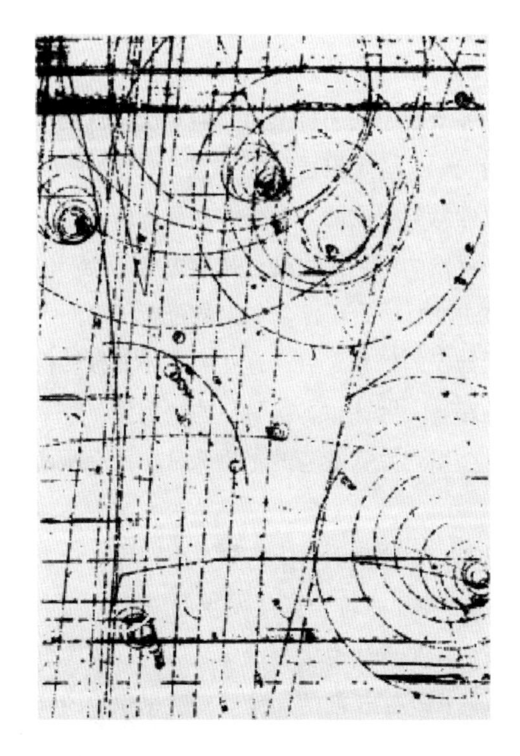

图 7–3 气泡室的照片展示了一个 Ω 粒子的存在。

件："5 个标准差的标准纯属无稽之谈，对本次事件结果的自信完全源于清晰的图像。"但是本次事件的"清晰"与 Ω 粒子事件的"清晰"不同。首先，它并非完美与预测波形吻合，而是与 250 000 个预测波形中的一个吻合；而在 Ω 粒子事件中，粒子的轨迹仅匹配一个预测！这也是巴里什所指出的问题。其次，再次强调，本次事件不是所谓的黄金事件，因为其实际上依赖于一个令人信服的事实——两台相隔甚远的干涉仪产生的图像几乎完全重叠。此外，本次事件的图像与云室、照相乳剂、气泡室生成的图像不完全是一回事，因为本次事件与图像之间的因果链更长，两者之间的关系更不直接。在粒子物理学图像里，那条轨迹则是"直接的"，由本地粒子的通过产生。这是因为科学家们事先谨慎地设计了只允许一个粒子留下轨迹的实验条件，并且现有的一条完善的理论认为，这种轨迹由形成于特制加速器中的亚原子粒子的通过产生。而本次事件的情况则恰恰相反，其发生于 13 亿光年之外，并且"13 亿光年"是假定的，而非本地仪器特意生成的。此外，局部效应是作用在一些镜子上的力，当反馈的回路消除这种作用力时，会产生一组数字。只有噪声被过滤且一台干涉仪的信号进行了时间平移操作以匹配另一台干涉仪的信号之后，这些数字才能被转换成与波形模板相匹配的踪迹。因此，本次事件的"图像"并不是真的图像，它是通过一系列数字重建的，更像是加里森所谓的"逻辑"。

再者，在任何情况下，即使我们认为它是一个图像，在未进行统计分析（"逻辑"）并证明符合偶然发生的概率比几十亿年一次还少之前，我们还是无法说服全世界。而且，本次事件的逻辑与多粒子产生的火花在长期的加速器实验里积累的统计显著性的逻辑不同，本次事件是单个的金光闪闪的“统计学事件”，因为所有累积的背景噪声是在对仅仅 16 天的观测数据进行时间平移后产生的，而非基于越来越多的相似事件。

因此，从诸多角度来看，本次引力波事件并不符合高能物理学的模型。涉及信誉时，从另一个重要方面来看，本次事件不符合高能物理学的先例。高能物理学的信誉已积累了几十年，从气泡室、云室或其他早于这些设备的实验器材的落成开始，随着加速器的世代交替而变高，每种加速器都发现了符合理论的新粒子。这是一个不断累积胜利的过程，每一步都会提高地位和成本。与此相比，引力波探测经历了全然不同的过程，尽管它也拥有漫长的历史——50 年，若以爱因斯坦的广义相对论为起点，则是 100 年。引力波探测同样建造了越来越强大且昂贵的探测器，一代又一代，而且几乎每一代探测器都声称发现了引力波。然而，之前的发现最终都被证明是错误的，尽管付出了 50 年的努力，地基引力波探测器仍无作为。因此，引力波探测不出意料地成了其他领域的科学家们批评的对象，他们认为潜在的属于他们的科研资金被这个“铺张浪费”的事业夺走了，而且从事引力波探测的科研人员被那些无须为经费担忧的人嘲笑，被讽刺成“大战风车的堂吉诃德”——挑战着根本不存在的事物的人。令人震惊的是，尽管无成功先例，每一代引力波探测器还是获得了经费资助，如我在《引力之影》一书中讨论的——只有展现精湛的管理能力和责任感，才能避免项目的经费被浪费。因此，拒绝相信本次事件并非正确的做法。与高能物理学相比，引力波探测必须在让人接受与改变规则的方面取得更多成就。反观高能物理学，它每次只需要进步一点点就够了。

第 8 章

11 月：撰写发现论文

分配功劳

在大犬事件里，科学家们也准备了一篇原型论文。我在《引力之魅与大犬事件》一书中着重讨论了为论文题目挑选正确措辞所引发的争论，也就是说，我们看到的科研成果究竟是一个“新发现”，还是仅仅是某种新现象存在的“证据”？科学家们最后决定用“证据”来描述大犬事件，我在那本书中介绍了他们为何会这么决定，以及他们是如何结合历史背景进行考量的。对于本次事件，我会着眼于整篇论文，而不是单纯讨论论文的标题。

首先，关于“分配功劳”的问题并未掀起热烈的辩论。只要辩论具有一定的热度，就会引发关于附属论文和补充性论文如何撰写，以及如何安排各项事宜以免团队被外界抢夺胜利果实的争议，以上内容我们已经讨论过了。如何在不同国家的团队之间分配各自的功劳这个问题，只引起了温和的争论。在大犬事件的原型论文中，此类争论倒是更有热度。不过，因为美国的 LIGO 是本次事件发生时唯一具有足够高的灵敏度又在线的探测器，所以显然只有 LIGO 看到了本次事件。一个观点认为，“LIGO”的名字应该出现在论文的标题里，但该主张被社群驳回了，因为此举会引发潜在的矛盾。LIGO 科学合作组织的一位资深成员表示：

> 我个人认为［标题里含有“LIGO”］是相当尴尬的，因为 LIGO、Virgo 与 GEO 的成员们均参与了本次事件的数据处理过程。

有些人认为 Virgo 搭了 LIGO 的“顺风车”，因为合作组织在作者署名权方面平等地对待了 LIGO 和 Virgo。除了没有能够对信号做出反应的设备以外，Virgo 团队为本次事件的方方面面都做出了卓越的贡献，而署名权的平等并不能反映这个事实。

GEO600 也是全员参与，他们为 LIGO 设备的建造做出了杰出贡献，比如他们设计并提供了高新 LIGO 探测器的新镜子悬挂系统，但由于 GEO 与 LIGO 的关系更为紧密，GEO 的知名度受到了威胁，其存在性被 LIGO 掩盖了。相比之下，关系相对疏离的 Virgo 却没有。当然了，每位参与者的名字都将出现在 1 000 多人的作者列表里，而且 133 个学术附属机构也会被一一列出。

我总是认为，LIGO 团队在分配功劳方面是十分慷慨的。LIGO 有两台探测器，是唯一能够自行宣布该成果的实验项目（除非是极其非凡的发现）。LIGO 是一个比它的竞争对手更大、更昂贵的项目，其一直以来都在设备实施和灵敏度上遥遥领先。它随时乐意展示成员们为该非凡的国际成就所做的贡献，这种行为升华了精神。

论文：标题

当科学家们开始仔细构思论文标题时，以下标题脱颖而出：

11 月 1 日

《对来自双黑洞并合的引力波的直接观测》

（*Direct Observation of Gravitational Waves from a Binary Black Hole Merger*）

11 月 2 日

《对 LIGO 发现的波形指示双黑洞并合的引力波事件的直接观测》

（*The Direct Observation of a Gravitational Wave Event in LIGO having a Waveform Indicating a Binary Black Hole Merger*）

11 月 4 日

《激光干涉仪一致观测到一个与双黑洞并合产生的引力波相符的信号》

（*Coincident Laser Interferometer Observations of a Signal Consistent with Gravitational Waves from a Binary Black Hole Merger*）

以下这封邮件补充道：

我害怕人们将本次事件与卡布雷拉的结果［磁单极

子］做比较……因为它是一个可以通过黑客手段实现的结果。我认同在宣布成果时采取保守态度的重要性。

另一封邮件建议：

11 月 4 日

也许《引力波的直接观测》（*Direct Observation of Gravitational Waves*）这个标题足矣。

从个人角度来看，我还会加上“首次”一词。虽然 *PRL* 可能不鼓励这么做，但我认为本次事件毫无疑问是对引力波信号的第一个直接观测。让我们对自己的成就更有自信吧，让全世界都知道它吧！ ;-)

论文：摘要

4 位非常资深的科学家被委以撰写论文摘要的重任，而且他们在 11 月 1 日到 4 日之间轮流修改了草稿：第 1 稿被第 2 位科学家修改，然后第 3 位科学家继续，最后第 4 位科学家进一步修改。这 4 位科学家均同意，每一次修订都使前一版草稿得到了提升。在这里我想强调一点，目标期刊是《物理评论快报》（*PRL*），其要求摘要不能超过 600 个字符（包括空格），不过科学家们认为，*PRL* 可能会被说服，为如此重要的发现放宽要求。因此，让每个人都满意的第 4 版摘要长达 1 700 个字符。我会用数字 1～4 标记这 4 个版本。

4 个版本的第 1 句话以相同的方式开始，而后各版内容发生变化：

版本 1：2015 年 9 月 14 日 09: 50: 45 GMT，激光干涉引力波天文台（LIGO）探测到了来自双黑洞并合的引力波。

版本 2：2015 年 9 月 14 日 09: 50: 45 GMT，激光干涉引力波天文台（LIGO）探测到了一个强引力波信号，其拥有双黑洞旋近、并合与铃宕的特征。

版本 3：2015 年 9 月 14 日 09: 50: 45 GMT，激光干涉引力波天文台（LIGO）的两台干涉仪观测到了一个来自双黑洞并合的强引力波信号。

版本 4：2015 年 9 月 14 日 09: 50: 45 GMT，激光干涉引力波天文台（LIGO）的两台干涉仪观测到了一个与双黑洞系统并合预期产生的波形相吻合的强引力波信号。

在分析科学文献时，“模态”（modality）这个概念行之有效。有人指出，在科研成果从实验室走向全世界，进一步发展为科学中的“理所应当的常识”的过程中，用以描述科研成果变化的词汇“模态”被剥离了[①]。也就是说，如今科研成果被描述成了一种“世界的普遍特征”，而非“特殊的历史事件”。讽刺的是，随着每一项新发现成为科学家们的常识，我们将不会再看到“9 月某日史密斯发现了和萨格斯存在的观点相符的证据”之类的报道，而是“萨格斯可以使克诺斯产生强烈的偏折”。换而言之，“萨格斯”已经变成我们的一个常识，它的发现历史没有必要被提及。就像我们在日常会话中聊到狗和土豆时一样，我们没有必要补充狗是从狼驯化而来的或者土豆是如何成为食物的，因为在我们的世界中，狗和土豆已是**再自然不过的存在**。

① 请参阅“社会学与哲学注释”注释 VII，404 页。——原注

我们可以看到以下句子之间的差别：

版本 1：探测到了来自双黑洞并合的引力波。

版本 2：探测到了一个强引力波信号，其拥有双黑洞旋近、并合与铃宕的特征。

版本 3：观测到了一个来自双黑洞并合的强引力波信号。

版本 4：观测到了一个与双黑洞系统并合预期产生的波形相吻合的强引力波信号。

版本 1 和版本 3 远比版本 2 和版本 4 更有力度，因为前两者只提到了探测或者观测，而未提及其中的机制。版本 1 和版本 3 表示“我们看到了一个黑洞”（就像“我们看到了一只狗”），但是版本 2 和版本 4 说明了为什么我们认为我们看到了一个黑洞（就像是说“我们看到了一个貌似由狼驯化而来的动物”）。

根据这种分析，句子开始的几个近乎相同的词汇尤其有趣：

> 2015 年 9 月 14 日 09: 50: 45 GMT，［LIGO］探测 / 观测到了……

4 个版本清楚地将研究成果定义为非凡的历史事件。论文将本次事件报道成引力波 50 年搜索之旅的巅峰——具有重大的历史意义。版本 4 的结论句将本次事件的历史重要性表述得一清二楚：

> 这是第一次对引力波的直接观测，也是第一次对黑洞的直接观测。

在版本 5 中，它被稍加修改：

> 这是第一次对引力波的直接观测，也是第一次对黑洞**动力学**的直接观测。

这一版本仍然表明本次事件是具有历史意义的，但它削弱了科学意义，将优先权让给了其他观测，比如，对之前找到的不发出 X 射线的类似双星的观测。然而，“动力学”这个词在最终版本里被删除了。

应当注意的是，合作组织的一位成员指出，天文学观测有其内秉的历史性，因此论文的历史性口吻自有其来源。也就是说，希格斯玻色子之类的发现就不具有内在的历史性，因为希格斯玻色子没有个体身份。与之相比，星体有独特的位置，恒星爆炸有具体的发生日期，部分天体事件就是以此命名的，如“超新星 1987A”。本次事件中的双黑洞系统就是在一个明确的日子中到达了生命的终点。这就说明，以上论文草稿的基调仍然拥有非同寻常的历史性及丰富的物理学“模态”。

我于 11 月初写下了本书的这一部分，但我并不是唯一一个注意到正在发生的事情的人。一位科学家写道：

> 11 月 8 日，09: 39
>
> ……以这种表述方式汇报如此重要的一个发现恐怕还不够干脆。论文摘要的开头（日期、时间只有作为文章的细节才有意义）过于戏剧化，至少对我来说是如此。我不想对论文写作团队的辛苦工作过于苛刻，更何况他们在引力波领域里的经验要远胜于我。不过，论文摘要展现出来的效果，就是我从一个读者的角度看到的。

另一名批评者也写道：

11 月 15 日，21: 52

我们认为，论文引言中的历史性叙述应当大量缩减。然后，我们应该简短地描述一下看到的现象。因此，建议将一部分描述观测结果的内容移到引言里。

我们将会看到，对这种历史性风格的批评将贯穿论文的引言与结论的写作过程。强调一下，这篇论文非同寻常，因为它抛弃了一般的“学术文献技巧”，所谓的“学术文献技巧”强调被动语态，试图让读者成为实验室中的“虚拟见证者”[①]。而这篇论文是主动的：它报告了科学家们在特定时间内进行的一系列工作，而非陈述引力波对世界上所有人产生的巨大影响；仪器**探测**到了引力波而不是被引力波“触及”；读者也无法成为虚拟见证者，**因为**本次事件发生于特殊的时间和地点。总而言之，这篇论文更像是重现事件历史的叙事文，而不像是科学论文。当然了，这是因为写这篇论文的科学家们意识到了他们在历史中的地位（正如我在观察这些事情一样）。[②]

作为对比，有人发表了自己对版本 6 的看法：

---

① 详见“社会学与哲学注释”注释 VII，404 页。——原注

② 关于历史地位的问题，通过针对论文引言发来的密集邮件，我发觉，自己在《引力之影》的第 1 页上犯了一个历史性错误。在这里，我冒着失去信誉的风险重新审视这个问题。我在那本书中说道，引力波的确存在，而且该观点“被 1993 年的诺贝尔物理学奖——两位天文学家拉塞尔·赫尔斯（Russel Hulse）和约瑟夫·泰勒（Joseph Taylor）因确认了引力波存在的间接证据而获奖——承认了”。我在脚注里解释道：“赫尔斯和泰勒发现了一对轨道退化极缓慢的双星，轨道退化和爱因斯坦理论预言的引力辐射相吻合。”现在我明白了，他们获奖的原因是发现了那对双星，**之后**该成果才用于引力波的探测，尽管赫尔斯参与了双星的发现，但他在分析结束前就离开了天文学界，而且发现引力波的这部分功劳应当归于泰勒的合作者乔尔·韦斯伯格（Joel Weisberg）。——原注

11月21日，16:57

我非常喜欢最新一版的草稿。它讲述了一个引人入胜的故事。我喜欢引言中的历史背景介绍，这部分内容为这篇具有历史意义的论文奠定了良好的基调。

因此，人们的争议点有二：第一，描述本次事件的方式是非历史性的，这使得本篇论文比一般的发现论文更具事实性；第二点，探测到事件的方式被描述为一次历史事件，这使得本篇论文与一般的科学论文相比显得不那么被动——发现了异常真实的非历史性事物，而发现它的过程也是一个伟大的历史事件，妙哉！

论文：引力波事件论文对大犬事件论文

在未对《物理评论快报》的全部论文进行调研前，很难说清楚这篇论文的历史性基调究竟有多不寻常，但是我们可以通过对比这篇论文和大犬事件的原型论文感受一下。在科学家们撰写大犬事件的原型论文时，他们尚不确定它将会是一个历史事件，还是一次盲注[①]。或许是出于该原因，大犬事件的论文和本次事件11月初的草稿大相径庭。大犬事件的论文摘要在篇幅上符合《物理评论快报》的要求，而11月初的草稿则忽略了要求，并且社群希望《物理评论快报》可以为论文的重要

① 实际上，很多知名科学家都知道结果了，或许是因为他们已经意识到，在盲注过程中犯的一个小错误“让结果不再具有悬念”，又或许是因为有人作弊，一些科学家已经检查了注入频道。许多科学家相信大犬事件是一个盲注，即便那些理由不是特别坚实。但无论理由是否坚实，这都不会对他们的想法产生太多影响。比如说，我非常确信那是一个盲注，尽管不断有人试图用我的理由不够充分来说服我，而很多科学家的想法与我相同。——原注

性而网开一面[①]。本次事件的论文摘要为1 000多个字符，早期草稿竟长达10页。与此相比，大犬事件论文摘要的开头则全然不同——采用了一种更标准的套路：

我们报告了对一个来自LIGO、Virgo和GEO 600探测器联合科学运行数据的引力波信号的观测。

大犬事件的论文引言是这样开始的：

广义相对论预言，两个绕轨道运行的质量会在共同的引力作用下旋近，并会以引力波的形式辐射能量。

与本次事件11月5日的论文草稿相比：

在完善了1915年的广义相对论的一年后，阿尔伯特·爱因斯坦预言了引力波的存在。

回到大犬事件的原型论文和11月5日的论文草稿的结论部分，两者的开场白和结束句分别如下：

大犬事件的原型论文：

发现于致密双星搜索中的引力波事件和背景噪声显著地分开了。

……

这个事件预示着，下一代探测器[12、13][②]将会找到远远多于预期的双黑洞并合事件。

---

① 科学家们引用了“臭名昭著”的BICEP2声明作为前车之鉴。在BICEP2事件中，科学家们在《物理评论快报》上发表了一篇长25页的论文（官方长度限制是4页），其摘要竟有2 100多个字符（官方限制为600个字符）。——原注

② [ ]内为原型论文草稿中参考文献的编号。——译注

11 月 5 日的论文草稿：

如上所示，LIGO 的探测器观测到了一个引力波信号，并且该信号具有非常高的统计显著性。经过半个世纪的发展，引力波的探测终于实现。利用引力波谱探索宇宙的第一步已经迈出。

……

引力波天文学这一新领域的前途一片光明。

另一位科学家提供了更多的关于草稿中不寻常的历史属性的证据，他写道：

11 月 23 日，11: 56

我阅读了一系列描述重要发现的论文（两篇 J/Psi 的论文、τ 轻子的论文、胶子/QCD 的论文、W 玻色子的论文、顶夸克的论文、两篇有关宇宙加速膨胀的论文、CDMS2 的论文、BICEP 的论文等），它们都以如下措辞为开头——“我们报告了”，或“我们展示了”，抑或“我们观测到了”。除了遵循先例这个原因，我喜欢这种叙事结构，因为它表明我们正公正地向科学界报告我们的实验结果。我建议将摘要的开头改写如下：

“我们报告了在激光干涉引力波天文台（LIGO）的两台探测器中观测到的强符合信号，该信号于 2015 年 9 月 14 日 09: 50: 45 UTC 被探测到，信号持续了 0.2 秒，频率在 30 赫兹到 250 赫兹之间快速掠过，并且引力波的峰值应变强度达到了 1x10^（-21）。利用匹配滤波技术得到的信号的信噪比达到了 23.6，并且信号在频率带通数据里清晰可见。对事件发生时间附近的干涉仪的状态进行仔细分析，结果显示，该信号不可能由环境噪声产生。我们使用延伸的观测，根据经验估计得到的信号的统计显著性大于 4.9 个标准差，相当于每 10 万年出现不到 1 次事件的误警率。

尽管该观点并未占得上风，但是大家的警惕性开始滋长。就时间线而言，我们现在要向前迈进，以便将论文的这一部分内容梳理在一起。我们现在开始关注 12 月的邮件往来。

论文：谨小慎微

12 月 15 日，00: 38

我们建议不要在第一段的最后一句里写“爱因斯坦的历史”。在整个摘要中，我们可以删掉许多历史性叙述（如“在爱因斯坦和史瓦西发表基础预言的一个世纪之后”）。

12 月 15 日，00: 01，一般性建议：

避免引发与“直接”这个词有关的争议，并且应该澄清它的意思，建议在恰当的地方把“引力波的直接探测”[换成]“引力波应变的直接探测”。

这里提到的“引力波应变”（gravitational wave strain）是一个专业名词。我其实没有完全理解这个词与“引力波”（gravitational wave）之间的差别。在这里，问题取决于论文的性质及其目标读者——更广泛的科学界的专家们。对他们而言，“引力波应变”这个词效果不佳。稍后，我们会回到这个问题上来。

另一位发件人希望就双黑洞观测方面提出一个更加细致的声明。

> 12 月 10 日，15: 41
>
> 前两段具有误导性，我们可以将它们改写成这样："双星并合时产生的引力波的频率和振幅将随着轨道衰减而提高；双星并合后，引力波的振幅在系统达到稳定前呈指数衰减。这种形态在数据中被观测到了。已知的足够致密、能形成双星并产生可被 LIGO 探测到的引力波的物体，只有黑洞和中子星。然而，一个双中子星系统在并合前产生的引力波频率高达上千赫兹——比我们观测到的频率高。因此，该系统最有可能为一个双黑洞系统。

之后，这位发件人更喜欢谈论"可能性"(likelihood)，而不是"观测"。

直接还是间接

在 12 月的第二个星期里，暴风雪般的邮件（好几十封）争论着是否应该在论文中将本次发现描述为对引力波的"第一个直接观测"，科学家们甚至争论着是否应该将本次事件视为"**直接**观测"。这总体上可看作"谨小甚微"作风的一个缩影，但这或许也是由论文解决了哪一道涟漪的不确定性引起的——第二道涟漪，还是第三道涟漪？如果我们以第三道涟漪作为起点（将其他领域的科学家及普通民众中受过科学教育的人当作读者），那么对我而言，读者应该被告之，本次事件不仅是一次简单的引力波观测，而且是一件意义非凡的成就，与他们之前看到的或听到的引力波相关报道均不同。“直接”这个词捕获了这种不同。

不幸的是，或许也没有那么不幸（这取决于你如何看待社会学家的工作），我不可能简单地报告科学事件的进展，假装没有个人观点。我认为，在其他条件相同的情况下，强有力的声明才是物理学中正确的声明，因为人们不想逃避提出声明的责任。该论点将在本书的最后列出，并在我们看待第二个星期一事件时再度提出，但我已经在《引力之魅与大犬事件》一书中表明了自己对该论点的看法，因此我无法再隐瞒态度。无论如何，在由芝加哥大学出版社（University of Chicago Press）委托撰写的博客中，这点已经被写在了“以太”上。当 BICEP2 发布研究结果时，许多人询问是否发现了自 20 世纪 60 年代以来韦伯率先寻找的神秘的引力波。许多人还问我，我参与的课题是不是即将终止，因为引力波已经被找到。我在为芝加哥大学出版社撰写的博客里解释，如果 BICEP2 的研究成果被确认（同年被驳回），他们就发现了**原初**引力波，但那并不是韦伯和干涉仪科学家们始终在寻找的引力波“圣杯”，也和我一直以来追踪的科学课题没什么大关系。以下是从 2014 年 3 月的博客中摘取的内容：

> 事态变得更加复杂了，因为还存在其他探测引力波的方法。……科学家们已经通过赫尔斯和泰勒（1993 年诺贝尔物理学奖得主）提出的方法发现了引力波——他们花了 10 年的时间观测双星系统轨道的缓慢衰减，并表明这种变化与引力波释放的能量相吻合［我本应该提到韦斯伯格，见 153 页注释②］……当（如果）LIGO 和国际引力

波干涉仪网络开始观测时，与赫尔斯和泰勒相比，科学家们将在不同频段中寻找引力波，并将看到更多不同的物理现象。观测到双星旋近、超新星或中子星的星震，将只需要短短几秒，而不是数十年，并且在探测器达到设计灵敏度时，每年会发现很多信号。干涉仪存在的真正理由在于引力波天文学（包括我们对黑洞碰撞事件的核心内容的首次窥探），引力波的直接观测将是非常激动人心的，但不会像过去那样令人吃惊。

如今，若这个发现被确认，则说明 BICEP 以另一种间接的方式观测到了引力波。该科学组织从微波背景辐射的电磁波极化模式里推断出了引力波的存在。……我现在纯粹是站在一个不专业的角度（对科学有孩童般兴趣的普通公民水平）来聊的，但或许由于我长期与这些科学组织接触形成了偏见，我认为，建立起能够捕捉美丽“波纹”的难以置信的精密“蛛网”，比通过恒星的运动或强得多的电磁波谱模式推断“波纹”的存在更激动人心，因为此举带来的不仅仅是新的认知——它展现出了人类对宇宙前所未有的控制，以及为了破解谜团在探测方法上进行的英勇拓展。

这篇博客包含了更多的关于何为“直接”与何为“间接”的讨论，但是我在这篇博客中谈到的问题都在 12 月下旬的邮件里出现了。与我的结论最相符的可能是 12 月 13 日晚的邮件，该观点立即得到了另一位贡献者的认可：

12 月 13 日，星期日，12: 47: 46

我认为强调“探测”是误导人的。我们的目标不是探测本身。需要强调的是，我们正在开创一种全新的天体物理学研究方法。幸运的是，我们能够证明这种方法是有效的，而且我们已经发现了论文中讨论的新物理学。

12 月 13 日，23: 07

没错！

这就是本次声明的独特之处——不是发现了新现象，而是建立了一个全新的天体物理学和天文学分支。之所以得出这样的结果，是因为我所说的对宇宙前所未有的控制，于我而言，这就是“直接”这个词的含义。如果本次事件并非“直接”探测，而是其他探测方式中的一种，我们就不会建立全新的天体物理学和天文学分支。

反对意见（不使用“直接”一词的论据）包括：(a) 值得赞扬的谦虚态度；(b) 避免和那些声称使用其他方法“直接”探测到了引力波的人发生政治上的不愉快；(c) 认为每个专家都能准确理解自己所做的工作，因此没有必要冒着引发潜在矛盾和冲突的风险强调“直接”或相似的词语。

让我们从 (c) 说起。虽然专家们确实能够理解本次发现和过去的研究成果之间的不同，但这恰恰是论文试图梳理的含混不清的地方。这篇论文产生的涟漪将在更广泛的科学社群乃至普罗大众和媒体中传播得更远，他们势必无法理解本次事件和之前的引力波发现有何不同。否则，就不会有那么多困惑的人在 BICEP2 公布成果时，向我询问这是否意味着引力波项目的终结。更何况就这篇论文而言，我们要面对的不仅是第三道涟漪，还是第四道涟漪——历史。所有人都认为这篇论文日后将成为里程碑似的经典之作，因此社群需要将其与之前的研究成果尽可能地区别开来。这篇论文也将成为引力波天文学和天体物理学的基石：第一次直接看到引力波，第一次直接看到“黑洞”（尽管此处的“直接”有待商榷），以及毫无疑问地，第一次直接看到了一个旋近的双黑洞系统——这是接近真相的结论，排除了玻色星或者类似星体的可能性。从这个角度来看，社群应该尽可能地提到“第一”和“直接”这两个词，因为这篇论文的目标读者并非不言自明的科学家们，而是不甚了解天体物理学、需要详细解释的人们。

一位发件人直指“受众”这个社会学的核心问题，恰好把我的工作给做了。他写道：

> 12 月 12 日，23: 40
>
> 或许我们应该关注公众对于引力波直接探测与间接探测的看法？我在搜索引擎上查询了“引力波探测”的新闻，以下是浏览器为我展示的排在前列的几个结果。我觉得，人们的想法及希望从我们这里听到的内容已经显示得很清楚了。
>
> http://www.economist.com/news/science-and-technology/21679433-novel-approach-observing-heavens-orbit-gravitys-rainbow
>
> “物理学家掌握着令人信服的间接证据，他们能证明它们是真实的。（1993 年诺贝尔物理学奖被授予给了一对超密恒星的观测成果，双星的轨道衰减方式可以通过引力波带走动量这个观点来解释。）但是研究者们尚未直接观测到‘引力波’。”
>
> http://www.bbc.com/news/science-environment-

34815668

“如果成功的话，那么阿尔伯特·爱因斯坦最伟大的预言之一将首次被直接观测到。”

http://www.space.com/27510-gravitational-wave-detection-method.html

“科学家们仍然没能直接观测到引力波，尽管研究人员依然努力在地面上或宇宙中使用包括激光在内的各种实验探测它。”

http://www.nature.com/news/freefall-space-cubes-are-test-for-gravitational-wave-spotter-1.18806

“虽然引力波在100年前就作为爱因斯坦广义相对论的一部分被预言（详见 http://www.nature.com/relativity100），但引力波从未被直接观测到，更别提用它来研究宇宙了。”

http://www.cbsnews.com/news/esa-spacecraft-to-test-gravity-wave-detection

“他说，引力波是广义相对论的直接预言，但它尚未被直接探测到。”

http://www3.imperial.ac.uk/newsandeventspggrp/imperialcollege/newssummary/news_1-12-2015-15-42-15

“引力波理应遍布宇宙，但是因为它太小，所以还没有被直接探测到。”

http://www.cbc.ca/news/technology/lisa-pathfinder-waves-1.3347724

“迄今为止，引力波仍未被直接观测到。”

http://gizmodo.com/a-groundbreaking-physics-laboratory-is-about-to-blast-i-1745273245

“目标很简单，利用激光干涉仪，航天器试图精确测量自由下落的2个1.8英寸的金铂合金块的相对位置。2个测试质量被分别放在独立电极箱里，彼此相距15英寸，它们会被保护起来，免受太阳风等外部力场的影响，从而我们能（有望）探测到由引力波引起的微小运动。”[这是一个与众不同的实验。——HMC]

http://nation.com.pk/blogs/02-Dec-2015/in-search-of-einstein-s-gravitational-waves

“然而，广义相对论的这则预言很晦涩。也就是说，引力波存在的直接证据（时空结构中的波纹或波动）由加速质量引起，这些质量以引力辐射的形式传输能量。尽管引力波之前就被间接观测到了，但人们尚未直接观测到这种波。”

https://www.theguardian.com/commentisfree/2015/dec/07/einstein-universe-gravitational-waves-theory-relativity

“随着高新LIGO的建造和运行，以及高新Virgo探测器的启动，引力波的首次探测将与一个世纪前的广义相对论高度吻合。宇宙无疑会带来惊喜，这可能是爱因斯坦送给人类最棒的礼物。”

……

以上是大众的态度——引力波尚未被直接探测到，但是不论如何，LIGO很有可能实现这个目标。

关于大犬事件是直接探测还是间接探测的讨论，请参阅《引力之魅与大犬事件》第197～200页。考虑到BICEP的终止，该问题只能追溯到更早的由泰勒、赫尔斯和韦斯伯格观测的中子星轨道运行，其中还涉及蒂博·达穆尔（Thibault Damour），他解决了物理模型的难题，并且进行了计算，让泰勒和韦斯伯格可使用观测数据来拟合理论曲线，以证明引力波的存在。赫尔斯早就离开了这个领域，而韦斯伯格似乎也不是这场辩论的积极参与者。然而，泰勒和达穆尔认为他们的工作可以算作**直接**观测，尽管只有极少数人赞同这点。达穆尔于 2011 年 3 月给我写了邮件（引自《引力之魅与大犬事件》）：

> 显然，一些社会学原理在其中起了作用：像约瑟夫·泰勒或是我这样的人，在好几篇文章里发表了如下陈述［暗示直接探测］……但是为 LIGO 等项目争取资金的人趋向低估脉冲星 / 广义相对论理论协议作为**直接**证据的价值，或许他们坚持认为，第一次探测到抵达地球的引力波，才是真正的创新之举（除了引力波天文学开辟的重要科学前景）。

泰勒和达穆尔在引力波社群的资深成员中颇受欢迎，而且他们的科研工作相当值得钦佩，因此许多人不愿意冒犯他们。

现在，让我们看看邮件的摘录，感受一下辩论的气氛。我试图重现这个故事，而不是严格地按照时间线来罗列邮件，尽管狂风暴雨般的邮件往来仅持续了几天而已。我将以持“谨慎”观点的邮件开始，然后转向反对意见。持反对意见的人认为，论文需要清楚地表明本次事件是对引力波的第一次直接探测。如我解释的，在论文修改到第 7 版后，那些邮件谦虚的态度不过反映了一种大趋势——“谨小慎微”。之前的几版草稿充满了自信的愉悦，但一些人开始担心，如果科学家们的自我感觉过于良好，就可能会让人感到不快。于是他们开始询问，仅陈述结果，让科学界自己得出结论会不会更好一点儿。我们在大犬事件中也看到了类似的情形。

12月12日，00: 58，基调：

我们获得了一个伟大的科学成就，我非常不希望更广泛的科学社群中产生任何怨恨或者仇视的情绪。我认为，我们应该在论文里保持谦虚的态度。论文是我们与科学界同事交流的媒介，我们应该单纯地说清楚大家做了什么，而不是不断强调它有多么重要。我认为，我们不需要（重复地）说明这是人类第一次探测到引力波，或第一次探测到双黑洞。我建议只在结论中说一次。将强调该点的优先权留给推特和博客，这将是我们向公众传达这个成果的主要方式。

我还建议，至少在标题、摘要和引言中避免使用“直接观测”或“直接探测”之类的字眼，尽管我知道我们使用这些术语是为了将我们的成果和用其他方法探测引力波的研究相区分……但我开始意识到，一些来自更广泛的科学社群的同事认为，我们使用这样的术语是为了贬低他们工作的重要性。我主张保持这种低调的态度，我认为使用这些特定的术语并不会带来好处。事实上，如果不补充定义，它们就无法传达明确的意思……我们得到了非凡的成果，即使不用“直接”来描述，它仍然是极好的。

12月12日，01: 30

从个人角度来讲，我从未感受到使用“直接探测”之

> 类的词汇的动机，也未意识到这是一条红鲱鱼[①]。我们看到了一些质量，它们恰好是悬挂的镜子，随着引力波的扰动运动。赫尔斯、泰勒及泰勒后期的合作者也看到了一些质量，而它们恰巧是两个中子星，在引力波的影响下运动。这两者之间有何差别？
>
> 差别在于，泰勒等人观测到了一个遥远的引力波发射器，并且搞清楚了它是如何运作的！我们搞懂了怎么建造足够灵敏的引力波接收器，而且**从建造伊始，我们就完全理解仪器的工作原理**。如果有人没能注意到粗体字的分量，请看看最近的BICEP2实验与普朗克实验。以上粗体字代表了引力波物理学和引力波天文学的巨大优势。

许多参与者都试图解决到底该将本次事件描述为“直接”还是“间接”的问题，他们表现得好像哲学家——上述邮件就是一例。这同样适用于泰勒和达穆尔。泰勒写道（这段对话曾在《引力之魅与大犬事件》里出现）：

> 在脉冲双星实验及一个类似于LIGO项目的实验中，科学家们根据“探测器”里的效应推断出了引力辐射的存在。如果我们能够利用尺子测量LIGO探测质量之间的距离，那我也更愿意承认，比起以穿越了半个银河系的双中子星的时间测量为基础的方法，尺子似乎更“直接”。然而，LIGO没法使用尺子，因此科学家们使用了伺服系统取而代之，那是非常敏感的电子设备……随后，他们通过一系列复杂计算推断，引力波确实“路过”地球。这种探

① 原文为“a red herring”，表示“转移注意力的事物”。——编注

测，如同双中子星实验，与大多数人所谓的“直接”探测相差甚远。

这条路确实很有诱惑力，这与12月12日01:30的邮件（上述）相呼应——如果我们想知道这种方法是否“直接”，可以关注观测或实验的详细机制，搞清楚“直接”到底意味着什么。问题在于，在近代物理学中，**没有任何事物**可被直接观测，因为每一台现今的观测仪器的望远镜都使用了相当复杂的传感器和软件库来处理数字，并使用了复杂的统计学论断来解读数字的含义。就连伽利略本人都无法做到“直接”观测，因为进入他眼球的光线穿过了精密的透镜系统。这种逻辑性探究没办法像数学运算一样证明问题。相反，讨论必须取决于物理学界对术语的常规使用——物理学家的高标准常识。泰勒、韦斯伯格和达穆尔通过测量双中子星的轨道推测了引力波的存在。也许有人会问，科学家们会如此执着于直接证明引力波的存在吗？正如一位发件人指出的（我要是也能想到这点就好了）：即使某样事物阻拦脉冲星的引力波到达地球，并把引力波转移到别处，使之无法影响地球，只要表征双星移动方式的无线电波仍能被接收，科学家们对引力波的推断就不会发生变化。不过在本次事件中，我们看到的是引力波对仪器的影响，干涉仪的工作即是对引力波做出反应，并且将其转换成电信号来测量。此外，正如这位发件人所言，若引力波受到了阻碍，并被转移到其他地方，LIGO就无法探测到它。因此，依据常规术语（构成物理学的常识），只有在第二种情况下，引力波才能影响到仪器，即第二种探测方法比第一种更为“直接”。

其他发件人决定多做一些“社会学工作”：

12月12日，14:04

关于“引力波的直接探测”这种措辞，我们应该考虑两个方面：

社会学与政治学方面。我知道有些人会因我们声称直接发现了引力波而感到冒犯，因为他们认为看到双中子星系统的能量损失就称得上是直接探测了。无论孰对孰错，我们试图避免因术语引起争斗的意愿，可能会胜过我们想称呼本次事件为“直接探测”的意愿。

关于这场争斗，恐惧似乎很真实。以下这段话出自引力波领域的一位资深人士：

12月13日，08:45

我想发表下自己对上周参加的某个会议的印象。……在我完成汇报之后（当然没有提到本次引力波事件），一位与会者问了我一个常见的问题：

你预计何时将会实现引力波的第一次**直接**探测？

我还没有来得及回答，与会者中的一位天文学家［来自欧洲某国］直接“炸”了，他认为这个问题公然无视了其他科学家的工作，因为引力波已经被发现了。在漫长讨论之后的茶歇时分，我才第一次意识到，其他人对这个问题有着强烈的感受。

我现在确信，无论是在正文中，还是（尤其）在标题里，使用“直接”或“首次”这类词对我们毫无益处！这会刺激一些同事的情绪，甚至会分散大众对我们真正想要传达的主要信息的注意力。

《对双黑洞并合产生的引力波的观测（或探测）》之类

的标题就足够简洁与美妙，而且描述了事实。

我给这位资深人士发了邮件，他告诉我，那位地位较高的天文学家对引力波探测项目颇有好感，因此我现在所说的天文学家与物理学家之间的关系可能并不适用于这个小插曲。不管怎样，这只是一种揣测。这种揣测认为，争论的部分热度源于物理学家和天文学家之间的竞争史。在LIGO力争经费的时代里，天文学家曾予以反击。当时，天文学家对LIGO名字中的“O”（observatory，天文台）感到愤怒，他们表示，LIGO建造的是理应由物理学家买单的仪器，而不是一个可能会占用天文学家经费的天文台。此外，在很长一段时间内，LIGO几乎没有机会进行观测，即使仪器终于上线，机会也不多，但是望远镜每天都能发现天空中的新事物。而LIGO确实没在经费可观的23年里得到正面的观测成果，因此天文学家并非无理取闹。天文学家可能在LIGO承诺看到引力波的23年中积累了怨气，因为已有好几位天文学家利用现有的望远镜确认了广义相对论预言的引力波的存在。而且除了自己的工资，天文学家没有要求更多的经费。甚至，由于天文学家不再认为仪器制造者拥有较高的地位，他们可能对制造仪器而非观测星体的物理学家心生鄙夷。需要注意的是，在2015年底争论进行的过程中，除了社群里的1 000多人，没有人知道引力波已经被探测到了，因为本次事件仍处于保密状态，因此天文学家仍将LIGO项目看作一个不断跳票的乐观又昂贵的“承诺”。

以下是更多的来自“不使用”阵营的邮件：

12月14日，09: 12，理由：

不论你觉得这些术语是否合适，它们都是完全不必要的，甚至在最糟糕的情况下，只会造成伤害。这篇论文应该只突出本次事件（巨大）的科学意义，我们不需要添加任何可能会被解读成夸大自我或贬低他人的个人评判或限定词。历史与科学界将会决定什么才是“第一次”“直接”……因此，它们不应该出现在此类论文中。

让我们坚持只阐述事实！

12月13日，15:25

我也主张将发现论文和相关论文正文中的*直接*和*第一次*删除。探测事实足以说明一切，我们不需要替读者锚定这个成果的重要程度。

让我们将视线转向争论的另一端（那些试图将LIGO的成就与其他天文学成就明确区分开来的人）：

12月12日

我们从零开始建造了一台能够将引力波转换成电信号的仪器。这显然指示着通常意义上的“直接”，我们领域之外的任何一个人都会同意该说法。

除了我们，没有人能为这个难以置信的成就发表声明。因此，我断言，我们可以问心无愧地宣称本次事件是“对引力波的第一次直接探测”。

12月13日，16:24

如果我戴上自己天文学家的帽子，那么我通常会将LIGO的结果描述为“观测”，而非“探测”。两者之间的差别在于，我们建造了能够发现一种含有能量的物理现象的探测器——我们利用这种机制对该现象进行了观测。与赫尔斯和泰勒相比，我们观测到的物理现象（望远镜所报告的）是轨道衰减本身，而不是引力波。与天文学类似——LIGO 更像望远镜，直接观测引力波源。赫尔斯与泰勒的引力波“探测”就像推断出了恒星闪耀一样，因为我们观测到恒星的质量随着氢的燃烧而变化——这与探测到了星光不是一回事，却是无可辩驳的可靠现象。

以下是一封回复这位愤怒的天文学家的邮件：

12 月 13 日，20: 01

这完全就是政治。20 年后，人们会阅读我们的论文，再读赫尔斯和泰勒的论文，但我们谁都不曾声称第一次直接探测到了引力波。……我不认为政治应该绑架科学，我也没有在整个线程中看到支持他们“直接探测”主张的任何科学论据。是否有人知道任何一篇被引用为“引力波的第一次直接探测”而不是“引力波存在的证据”的论文？（不包括韦伯与其他人的已被否定的论文。）如果已有论文声称直接探测到了引力波，那我们就不能再使用“第一次”，除非我们拒绝承认那些论文。不过，这可能为时已晚。……我不喜欢被（学术）霸凌。抱歉。

如今，另一位发件人发现了诺贝尔奖对赫尔斯和泰勒成就的介绍：

观测值与理论计算值之间良好的一致性**可被看作引力波存在的间接证据。或许要等到下一个世纪，我们才能找到引力波存在的直接证据。**

http://www.nobelprize.org/nobel_prizes/physics/

laureates/1993/press.html

更离奇的是，有人在 LIGO 试图解释其项目目标的网站上找到了关于“直接探测”的参考文献：

> LIGO 科学合作组织（LSC）会聚了一群科学家，他们致力实现对引力波的首次直接探测，利用引力波来探索引力的基础物理学，并开拓作为天文学发现工具的引力波科学这个新兴领域。（http://www.ligo.org/about.php）

另一位发件人也在 LIGO 自己陈述的任务目标中找到了提及“直接”的文献：

> 根据 LIGO 实验室章程里的定义，LIGO 的任务是通过直接探测引力波来开启引力波天体物理学的新领域。（https://www.ligo.caltech.edu/page/mission）

另一个人写道：

> 12 月 14 日，18: 50
>
> 首先，我认为这毫无疑问是引力波的第一次直接探测。虽然我认为没有必要在标题里使用“直接”这个词（“LIGO”一词有必要），但是我们不需要在整篇文章中回避“直接”。对我来说，LIGO 这么多年一直在努力实现对引力波的直接探测，但当时机到来时，大家变得畏畏缩缩，这未免有些傻气。

另一位发件人：

12 月 15 日，16: 40

……人们为我们出资建造可以 * 直接 * 探测引力波的仪器，我们也一直在谈论 * 直接 * 探测，每个人都在期待 * 直接 * 探测……而当我们终于找到一个（引力波信号）时，我们却不想这么说了？我们难道害怕梦想成真吗？

正如前文所述，以上邮件只是从几十封邮件里挑选出来的一小部分，它们涵盖了各种意见和不同力度的表达方式。在这场狂风暴雨中，可怜的论文起草者们应该如何面对？人们不禁为他们感到难过。试想，这篇论文的作者有 1 000 余人，谁都有指导你写作的权利，而且他们毫不吝于为每一版草稿都发表一页又一页的评论。论文写作小组一共收到了约 2 500 封邮件，作者列表中的近半数人发送了写作建议[①]。大多数邮件包含很多很多的建议。其中，诸多建议是关于“直接”用法的。然而，写作小组的反应令人惊讶——至少对我和几个人而言是如此。写作小组决定发起一次民意调查！这里仅列出了三个问题中的两个，第三个问题更具技术性，从某种程度上来说，它更加令人讶异：

请为论文标题投票，并按喜好程度排列以下标题（最喜欢的标题排第一位，依次排序）：

A.《对来自双黑洞并合的引力波的观测》

B.《对来自双黑洞并合的引力波的直接观测》

C.《对来自双黑洞并合的引力波的探测》

D.《对来自双黑洞并合的引力波的直接探测》

E.《LIGO 对来自双黑洞并合的引力波的观测》

① 感谢彼得·弗里茨谢尔（Peter Fritschel）提供数据。——原注

F.《LIGO 对来自双黑洞并合的引力波的探测》

G.《由 LIGO 观测到的来自双黑洞并合的引力波》

H.《由 LIGO 直接观测到的来自双黑洞并合的引力波》

关于在论文中使用“直接”（探测和 / 或观测）一事的投票：

A. 对在论文里使用“直接”无意见

B. 只在摘要和引言里各使用一次“直接”

C. 只在结论里使用一次“直接”

D. 不使用“直接”

说明：请用按键将选项添加到投票之中，然后按照喜好程度排列各选项，最喜欢的选项排在最上方，反之则排在最下方。

投票时间为 12 月 16 日至 12 月 17 日。

不止一人发邮件表达了困惑：

12 月 16 日，13: 25

我非常感谢你们所做的工作，并理解论文委员会显而易见的愤慨。但我认为，一个自愿的网络投票，无论制作得有多精良，都无法适宜地量化“共识”。我建议让执行 / 指导委员会处理这些问题，以进行合理的讨论。当然了，他们可能还是会决定进行一次民意调查……

一些人添加了列表上没有的标题，还有人希望增加“以上均不喜欢”这个选项，以此衡量最终选出的标题的承诺感。

截至 12 月 17 日，我仅从大多数邮件的基调猜测，论文的标题里将不会出现“直接”一词。我推测，“直接”会出现在论文的其他部分之中（我希望如此），但我仍然对“直接”没能自动被放入论文正文和标题里感到困惑，因为已有人提醒我们——LIGO 的任务陈述中使用过“直接”一词了。合作组织中的一位非常资深的成员想知道我是否享受这场辩论，我于 12 月 15 日通过邮件回复他：

> 我认为［最奇怪的事情］在于，任务陈述都表明了你们的目标是实现对引力波的首次直接探测，［而且］花了 50 年及［整整］10 亿美元，你们反倒认为不该这么说。

然而，在召开于 12 月 17 日的全合作组织范围的电话会议中（约 290 个端口接入），投票的组织者可能对“通过投票得出重要性的结论”的想法产生了负面反应，他表示：“我们将用投票的结果来指导行动，但投票的结果并不能决定谁是‘赢家’。”

无论如何，12 月 20 日投票结果公布，结果非常清晰，尽管只有 288 个人参与了投票——比合作组织成员人数的四分之一稍多一点儿。

> 投票结果 1：标题里既无“直接”，也无“LIGO”。倾向表述为“对来自双黑洞并合的引力波的观测 / 探测”。
>
> 投票结果 3：可以在论文主体中使用“直接（探测 / 观测）”。

这篇论文究竟是什么样的

因为我认识的重要人物太少，所以我无法确切地指出不同群体之间的竞争。然而，随着关于应在论文中写些什么的争论逐渐展开，我感觉一部分热度源自个人与团体，他们想要确保自己的特殊贡献或分析风格能够在论文里体现出来，因为这是一篇将名垂史册的发现论文。其他人也告诉了我竞争的事态，而且我们已经在前文中看到了关于“海盗们可能会将好朋友推下水”的警告。

在一些人当中，似乎存在一种倾向，他们更喜欢复杂的形式，而不是追求简单和清晰。但或许，这一点可以被解读成对论文写作方向的选择。我感觉早期的几版草稿没有统一的写作方向。

写作方向1：毋庸置疑，这篇论文应该证明，经历了50年的斗争、发表了数次错误的探测声明之后，真正的引力波终于被发现了。这就需要一篇较长且关乎技术的复杂的论文，且论文须针对专家群体，涵盖所有相关疑问。先例是BICEP2的论文（长达21页，全是论证、数据和图表）——《物理评论快报》通常将文章篇幅限制在4页之内。BICEP2团队可能觉得，为了证明他们的探测结果属实，如此长的篇幅是必要的。当然，具有讽刺意味的是，仅仅几个月后BICEP2就被证明是错误的！

写作方向2：这应该是一篇具可读性的经典论文——主要描述对引力波（以及黑洞和双黑洞旋近）的第一次直接探测，尽管这些确切的术语并未出现在标题中。如此一来，论文应简短且清楚，详细内容应被压缩或转移到其他的论文中，相关论文可同时或者稍晚发表。本篇论文的读者应该是所有物理学家，而不仅仅是引力波领域的专家。

它应该是短小精炼的，因为非专业人士的注意力有限，他们会对无休止的详细辩论感到无聊。

在增删论文内容的过程中，参与引力波项目的科学家们不断要求改变，这些改变可被归为“对该参考哪个版本的论文草稿的讨论”，但模版大都是潜在的：冲突也没有被明确地提上议题。以下邮件将这个问题明确地展现了出来：

11 月 13 日，05: 44

首先，我想说，这篇论文比我想象的要长得多。尽管我相信我们会得到 *PRL* 的许可，但这并不是我们该这么做的理由。我希望这篇论文能够被物理学界广泛阅读，读者不仅仅是那些已经对引力波感兴趣的人，最好是我们能接触到的最广泛的物理学家群体。

11 月 16 日，02: 38

我想要和其他人一样加入辩论，并支持论文“篇幅过长”的观点。我后退一步，试图以局外人的角度看待这篇论文。理解探测结果（我相信它！）所需的所有信息已经被放入论文之中，但论文某些部分的详细程度已经超出了一般读者能接受的范围，这些细节可被放入支持性的相关论文里。其他人也提供了关于如何精简论文的好建议。

一位意想不到的资深人士表示，让读者自行理解到底发生了什么吧。这位发件人同时也是最先强调这篇论文将成为经典之作的人。我认为，一篇经典论文必须解释清楚事件的缘由，而不是让更广泛的科学界为其做出声明：

11 月 16 日，21: 16

我趋向于保守派，支持使用“对……的证据”。我不认为这样做会削弱结论的力度。

另一位发件人强调了更广泛的科学界：

11 月 24 日，10: 25

我一直为这篇论文的可读性感到担忧，我希望它能够吸引更多的 *PRL* 读者并被他们理解……因此，我建议大幅度缩减论文的篇幅。我再一次请求诸位考虑读者的需求，这篇论文的读者是那些平时会拿起 *PRL* 阅读的人，他们可能来自物理学的各个领域。

就目前情况来看，本篇论文的写作方向更倾向于第二种，那我可以提供一些内容，我试着将自己的观点分享给一些与我通信的人。社群里的每个人早早就同意，论文中的图表在向更广泛的受众传达令人信服的信息方面将是至关重要的。正如这位发件人所说：

11 月 4 日，18: 54

当图表呈现在读者眼前时，它们产生的情感影响比文字产生的理性影响更大。我们试图获得读者的信任，理智和情感都是信任的重要组成部分。

我强烈建议减少论文中图表的数量，况且随着论文草稿的不断改进，图表数量确实在减少，因此我的建议不算太离谱。此外，我还对所谓的“结果图”（Omega plot）[①] 心存意见，它

① 指包含噪声的时间-频率图。——译注

们对于不擅长浏览此类图表的人而言很难解读。结果图曾出现在早期的草稿里，之后消失了，但在后期的草稿中重新出现。这说明，我显然没读懂它们。图 8-1 的底部展示了结果图，这是第 8 版草稿的图 1。我仍然不理解为何科学家们如此执着于时间-频率扫描：于我而言，它们是潜在的危险，因为当强度较弱的信号出现时，时间-频率扫描除了降低声明的可信度，什么用途都派不上。

在图 8-1 的下方，我保留了草稿中的图释。我认为简化后的无结果图的图 8-3 是更好的版本。我从个人的角度解释了这些结果图。

我还认为，展示了本次事件统计显著性的图应该与引力波领域的惯例相背离。虽然这是多年来形成的惯例之一，但对我这种非专业人士来说却无道理。因此，在面对像我一样的论文目标读者时，至少要解释一下这到底是什么意思。按照惯例，图的纵坐标（事件——噪声或者符合——的数目）表示每类事件计数的尺度是累积的。这让图变得极难解读（我注意到一些科学家被其他人提醒了这个问题），我认为纵坐标应该是非累积的，以便读者更好地理解。而科学家们确实对此进行了修改——见图 8-2（a），该图也是终版草稿的图 3（b）[我加上了笑脸（我之后会在第 9 章里解释）以及标记 A 和标记 B，稍后解释；同时会解释图 8-2（b）]。如今，左侧纵坐标代表简单的计数，而不是之前在迭代里使用的更加复杂的累积尺度。最终，我关于图的想法与社群一致。

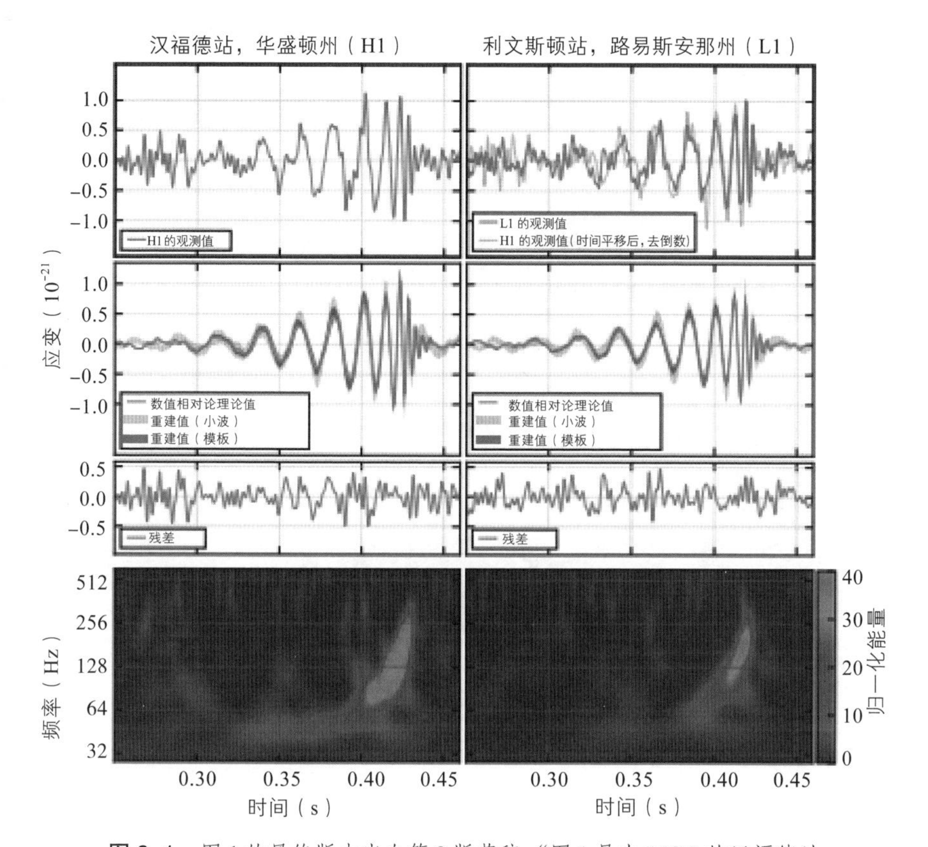

图 8-1 图 1 的最终版本出自第 8 版草稿："图 1 是由 LIGO 的汉福德站（H1，左）和利文斯顿站（L1，右）于 2015 年 9 月 14 日 09: 50: 45 UTC 观测到的引力波事件 GW150914。时间序列采用（i）35～350 赫兹带通滤波器进行滤波，过滤了探测器最敏感频带之外的较大波动，并使用（ii）带阻滤波器剔除了图 3 频谱中的强仪器谱线。第一行图，左图为 H1 应变，右图为 L1 应变。GW150914 首先到达 L1，约 7 毫秒后抵达 H1。为了更直观地对比两台干涉仪中的数据，右图中显示了经时间平移与去倒数（倒转，两台仪器朝向不同）的 H1 数据。第二行图展示了两台干涉仪在 35～350 赫兹区间段中通过数值相对论计算出的引力波应变（实线）[31]，以及两个 95% 的重建波形的置信区间（阴影区域），一种将信号重建为正弦高斯小波 [32，33]，另一种使用双黑洞模板波形重建信号 [34]。第三行图展示了从滤波后的探测器时间序列中减去滤波后的数值相对论波形之后得到的残差。最后一行图展示了对 GW150914 信号能量进行的时间-频率分解 [35]。以上图片整体显示了一个频率随着时间增加而变大的显著信号。"

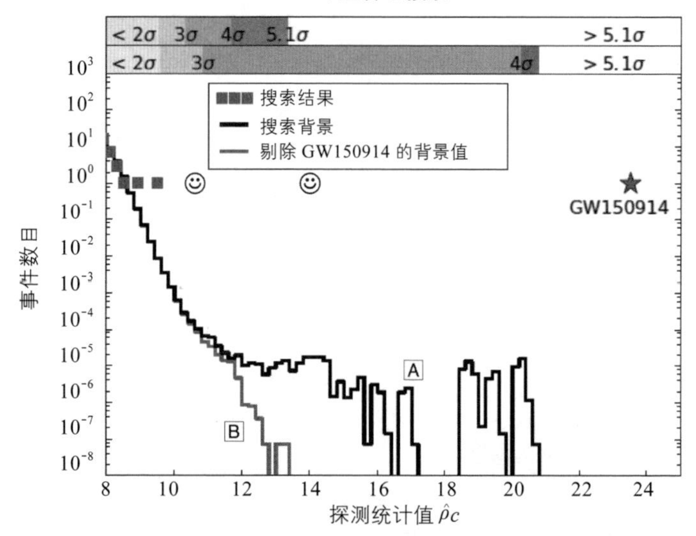

图 8-2（a） 图中添加了一些不太严谨的统计显著性图。

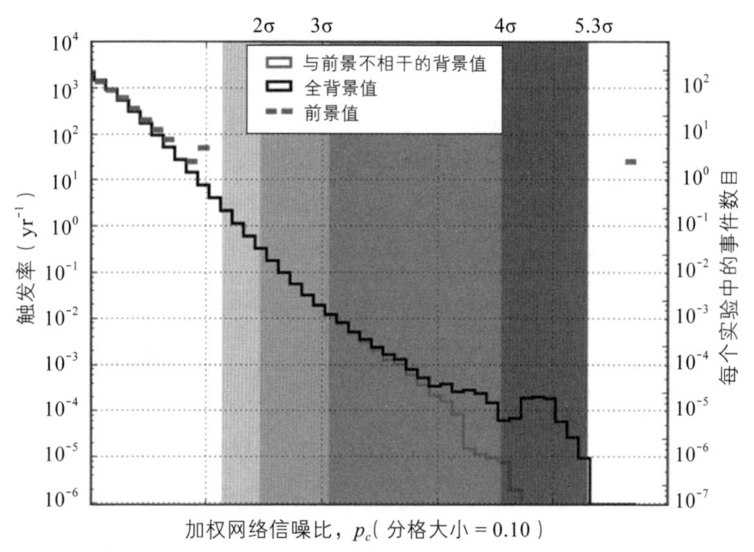

图 8-2（b） 右上角展示了“节礼日事件”（见第 9 章）的统计显著性图。

小犬悖论

现在，我们要暂时将图放在一边，聊一聊“小犬”（little dog）这个迷人的故事。如果不了解小犬，就无法准确理解图 8-2。实际上，《引力之魅与大犬事件》的读者可能会感到奇怪，为何小犬在本书中没什么戏份。

“小犬”是指在引力波数据处理过程中诞生的一个“津津有味”的悖论。其得名于发生在 2010 年 9 月的“大犬盲注事件”，是大犬事件的核心。如今，“大犬”已成往事，但“小犬”一直沿用至今。引力波领域里的每一个人都知道“小犬”的含义，对专家而言，这个名字近期不太可能会改变。不过，除了我的读者以外的圈外人并不懂得这个术语的意思。这个术语一定不会出现在任何已发表的论文里。在引力波物理学领域中，验证某人是不是圈内人的一个好办法，就是问他 / 她什么是“小犬”，因为这个名字一般不会出现在物理学语言中。虽然它最后也许会消失，但在此之前，它可能仍属于“手艺”的范畴。

小犬悖论出现的原因是时间平移操作，该操作计算了某一事件偶然发生的可能性。请记住，一个引力波事件通常被认为是来自两台干涉仪的一个符合信号——本次事件中，两台干涉仪指 H1 与 L1。一个真实的信号包含两部分——我们叫它们 H*S* 和 L*S*——每台干涉仪有一部分。为了解决背景噪声的问题，我们将其中一台干涉仪的数据进行时间平移，从而两个轨迹之间的明显符合（伪事件）只能是由随机效应引起的。伪事件可能是由仪器的小毛刺、Ha、坠落的反毛刺、Lz、Hb 下落反 Ly，或其他原因形成的。我们必须进行多次时间平移操作，以平均机会背景。当一个偶然事件的某个部分是原始推定的真实信号的一部分时，小犬就会形成。一个小犬可以包含Lc和HS，或者Hd和LS，诸如此类。可能存在多个小犬。问题在于，如果原始的HS+LS信号是真实的，那么HS和LS就不应该出现在背景计算里，因为它们不属于噪声；若将它们保留在背景计算中，则会夸大背景且使信号在噪声中显得不那么突出。反之，如果原始的HS+LS信号不是真实的，那么在时间平移分析中剔除HS和LS将会低估背景，从而导致误警。因此，在明确是否要将HS与LS从背景分析中剔除之前，先要确定HS+LS是否真实；若想确定HS+LS是否真实，则必须先清楚是否要将HS与LS从背景分析中剔除。这就是我说的，一个“津津有味”的悖论。

《引力之魅与大犬事件》叙述了诸多令人难以置信的关于此事的讨论，但这次情况简单得多。在本次事件中，HS和LS的等效物比干涉仪中的所有噪声都要强。这意味着HS+Lz永远无法和HS+LS相比（但在大犬事件中可以）。因此，对于本次事件而言，小犬悖论并没有出现。如彼得·索尔森在一封邮件中所说（11月9日，14: 27）：“由于上帝的神迹，我们无须开展此类辩论。”

那对于信号弱得多的第二个星期一事件而言呢？这么说吧，每个人都同意，在估算第二个星期一事件的背景时，与第一个事件相关的信号应该被删除。商榷后的分级流程如下：从最大的事件开始，计算包含小犬的背景，然后移除小犬，处理第二大的事件；第二大的事件将有自身特定的小犬，在计算事件的统计显著性时，这些小犬必须被包含在内；在对第三大的事件（如果有的话）进行背景估算之前，第二大事件的小犬则需要被剔除。以此类推。

如今，我们能更深入地理解图 8-2（a）了。标为“A”的黑线表示包含了小犬的背景，而标为“B”的灰线则表示剔除了小犬的背景。12 月 20 日的邮件（见本书 128 页）解释了为何小犬都被展示了出来，尽管这张图和移除“A”线后的图相比非常混乱。

一个啰唆的疑问仍然存在，其反映在了发生于 12 月初的一个简短的争论中——是否要删除“A”线来简化图片——这后来被称为“屠杀小犬”。第 7 版草稿中的统计显著性图已把小犬剔除，但在第 8 版中，小犬又回来了。

我将以个人的视角解释小犬的问题。即便有人认为，为避免造成数据操纵的印象应保留小犬，且删除它们无法改变生成它们的事件的统计显著性，但在认定事件为真之后还保留小犬，那就容易误导人了。本次事件非真即假，而一旦被认定为真，小犬就不应该是背景的一部分。图 8-2（a）是出自终版草稿的统计显著性模拟图，图中小犬似乎被保留在了背景里，但实际上，它们只是用于确定事件为真的背景的一部分。

我们现在可以理解图 8-2（a）的另一个特征了——图顶部的两个坐标轴。其中，较低的坐标轴展示了小犬，并计算了本次事件的统计显著性（用星星表示）；较高的坐标轴展示了剔除小犬之后的统计显著性，适用于计算第二个星期一事件的统计显著性（最右边的方形，接近 3 个标准差）。如我们所见，无论背景是否包括小犬，本次事件的统计显著性都远高于 5.1 个标准差，这就是为何本次事件的情况如此简单。然而，对于第二个星期一事件之类的较弱事件来说，小犬可能会引发激烈的争论。

另一种改变值得一提，如图 8-2（a）所示，根据 pyCBC 计算的本次事件的统计显著性同样高于 5.1 个标准差，但在前 7 个版本的草稿中，统计显著性只高于 4.9 个标准差。我们不知道统计显著性究竟是多少，只能设置一个下限，这个下限由时间平移操作中的可用数据量决定。而如今，将探测结果描述为“高于 4.9 个标准差”让社群感到不快，因为允许成果被表示成“发现”的统计显著性标准为 5 个标准差。社群认为，为了满足迂腐的批评者，本次事件的统计显著性最好能超过 5 个标准差。不幸的是，当探测器的“冻结”（或所谓的冻结）状态在采集了 16 日的数据后解除之时，0.2 秒的时间平移间隔只带来了 4.9 个标准差，而不是人们期待的 5 个标准差。因此，社群决定解决这个问题，提高本次事件的统计显著性，但社群又担心此举可能会被当作“事后数据操纵”。

有两种方式可以提高统计显著性：第一种，在现有数据的基础上，将时间平移的时间间隔缩减为一半，从而进行两倍数量的时间平移操作；第二种，等待 O1 的更多数据，然后将之加入已有的 16 日的数据里。一些讨论认定 0.1 秒的时间间隔在技术层面上是可被接受的。注意，就对事件真实性的信任程度而言，不存在威胁，目前每个人都相信这是一个真实的事件，将统计显著性的下限从 4.9 变为 5.1 并不会改变任何人对这个发现的信心。但这是为某种事物设定形式主义标准的常见问题，本次事件的本质是“发现”，而非“证据”。实际上，“发现”与“证据”之间的差别不是那么正式——它本质上是一个基于对“发现”的认知的决定。此处，“发现”的“图像”发挥了十分重要又不言而喻的作用。无论如何，即使**下限**仍然是 4.9 个标准差，**实际值**，如果可以知道的话，将会远超过 5 个标准差。然而，科学家们认为，能否对外公布“发现”或“观测”绝对是由 5 个标准差的标准决定的，即便提高统计显著性并不能带来任何新的“科学”成果。如一位发件人所言（我只能找到一份报告）：

——4.9 个标准差的统计显著性。我认为，这篇论文应该更清楚地说明，4.9 个标准差的下限就是如此（一个下限），它是对我们已分析数据的一种限制。然而，我始终担心这一点并不总是被人认可，而且本次事件将会被解读成一个统计显著性仅为 4.9 个标准差的事件。为什么不避免这种情况，只将下一段的数据也包含在内，让统计显著性达到 5 以上呢？

或者，正如一次电话会议里某个更“生动”的观点指出的那样：

看，正式的设定可在 4.9 以上——这他妈比 4.9 高了不少呢，足足有 5［如图所示］。有人认为，一些混球会引用 4.9 这个数据，然后强调那可不是 5。因此，我们得出了一个答案，它并没有太违反标准。如果违反了，我们就直接用 5.1 来替代 4.9，省得与那些混球废话。

至于深入 O1 并补充更多的背景数据，彼得 · 索尔森早在 9 月 22 日“游戏”初期就对我说：“我们当然会使用 O1 的数据来估算 GW150914 的统计显著性”（见本书 36 页）。但是如今社群已决定冻结仪器，并且只使用 16 日的数据。因此，尚不清楚回到 O1 中收集数据是否为正确的做法。一位合作组织的资深成员在 11 月底写道：

11月28日，03: 58

探测委员会同意我们应该明确4.9个标准差是下限，而且真正的统计显著性要高多了。如果没有那么难的话，能提高统计显著性的下限就太好了。一种方法是补充更多的数据；另一种方法是缩短时间间隔，以便在现有的数据集合上产生更多的时间平移。我们知道CBC组的一些成员正在尝试采用0.1秒的时间间隔，这将产生2倍的时间平移。结果即将揭晓。补充更多数据的方法在某种程度上存在问题。如今，分析所使用的数据是在探测器和站点处于弱冻结状态时提取的。在完成了16日的数据采集后，弱冻结状态被解除，因此，新增的工作需要进行探测器特性分析，新加入的数据也需要被审核。这并不是无法实现，只是很可能会导致一些小的延迟……[我们]还讨论了，增加观测时间或时间平移的数量是否显得社群对数据进行了过多的调优。可以这样说，因为我们对统计显著性只有一个限制，所以提高下限的额外努力不是为了改变统计显著性，而是为了完善我们对它的估算。然而，我们要非常谨慎。如果我们决定增加观测时间，或者增加时间平移的数量，就必须接受由此带来的任何结果，即使我们不喜欢新的数字。

最后，社群使用0.1秒的时间平移将统计显著性提高到了5.1个标准差。这看上去不像是调优，尤其是考虑到最后一句话中的警告意味，某个无情的批评家可能会借此制造麻烦。

一张图更清晰地解释了为何本次事件令人信服

我认为，像我这样的非专业读者无法清楚地理解论文中所有的图表，因此我邀请引力波科学家彼得・肖汉为本书绘制了一个特别版本的图 1（论文中的图号）。虽然许多人提供了各种版本的图 1，但他的版本最符合我的需求。他太慷慨了，应我的要求又修改了好几个版本。最新一版即为图 8-3[①]。

这张图是本次发现的关键证据，包含 6 个“特征”。特征 3 和特征 4 展现了由双黑洞旋近、并合和铃宕产生的预期

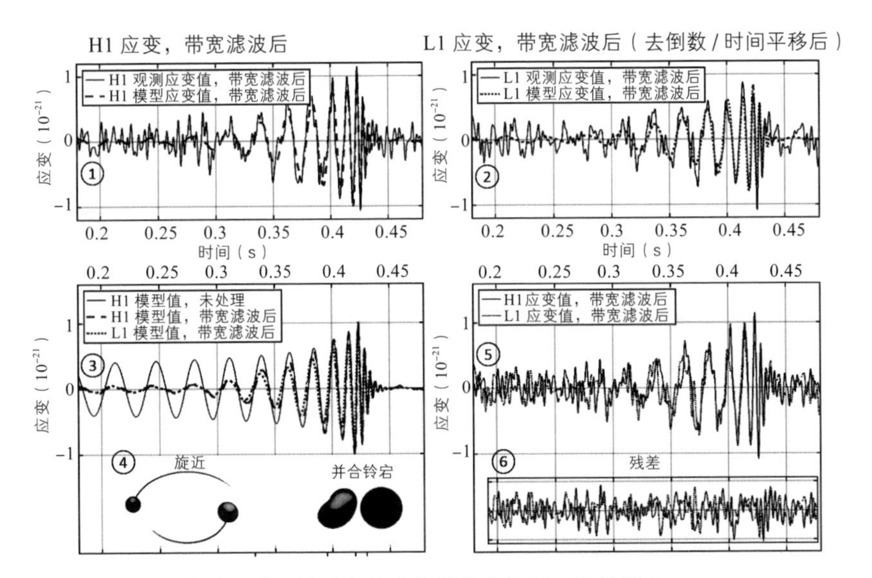

图 8-3　彼得・肖汉特别为本书绘制的论文图 1 的新版本。

① 彼得・肖汉写道：“我所做的绝大部分工作只是修改了斯特凡・鲍尔默（Stefan Ballmer）和乔希・史密斯（Josh Smith）（我猜是他）的 Matlab 脚本，补充了两张图片并修改了格式。”他认为斯特凡和乔希才应该是被感谢的人。一开始，斯特凡・鲍尔默也为我绘制了一些图。那些图原本收录在本书之前的草稿里，如今已被删去。谢谢你，斯特凡！——原注

波形。特征 4 是科学家们所说的“示意图”，其描绘了双黑洞旋近和并合阶段。特征 3 中的实线表示理论波形，另外两条（虚）线几乎重合，这两条线代表——在考虑了仪器朝向不同和信号抵达时间的情况下，两台干涉仪显示的波形。探测器无法捕捉全部波形，因为仪器的灵敏度在低频区间内会大大降低，这就是为什么干涉仪会错过理论波形左半部分的大量信息（对应双黑洞相对缓慢地旋转的过程），这也是特征 3 左半部分的虚线不同于实线的原因。此外，两个站点的预期也略有不同，因为两台干涉仪的建造细节和朝向存在细微的差别。（这恰恰是排除恶意注入的一个证据，见本书 20 页。）

特征 1 和特征 2 显示了叠加在（特征 3 所示）预期波形上的对探测器产生影响的实测波形。如我们所见，波形对应得相当好，这意味着本次事件在 H1 和 L1 上都能很清晰地看到。

特征 5 显示了由两台干涉仪测量的相互叠加的波形（尽管我们可以在特征 1 和特征 2 中看到它们的对应方式）。

特征 6 为特征 5 去除信号中与期望波形相对应的那部分后的剩余噪声。

原始图片为彩色，这样更容易分辨各种波形，观察它们之间的重合程度。变成黑白色的图 8-4（a）和 8-4（b）展示了放大后的特征 1、特征 2、特征 3、特征 5 和特征 6，放大是另一种我们查看线条之间令人信服的对应关系或对应关系缺失之处的方式。

顺便一提，最终的论文拥有 1 000 多位作者，其中 3 位已经去世，作者们来自 133 个科研机构。作者列表在某种程度上讲述了引力波的探测历史，但并不完整。以下是我挑选的几个未在列表之中的名字：约瑟夫 · 韦伯；鲍勃 · 福沃德

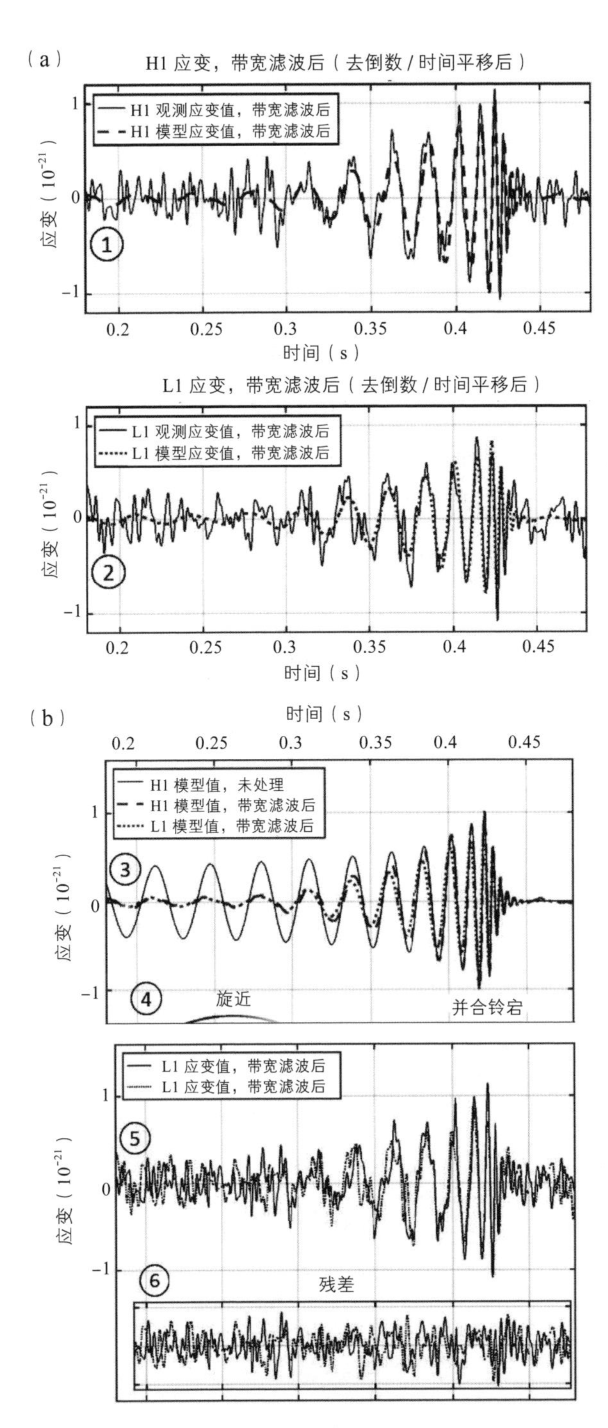

图 8-4（a）（b） 放大后的特征。

（Bob Forward），第一个建造以探测引力波为目的的激光干涉仪的人；圭多·皮泽拉（Guido Pizzella）与马西莫·切尔多尼奥（Massimo Cerdonio），低温棒探测器的领军人物；布赖恩·米尔斯（Brian Meers），关键的信号循环方法的重要贡献者；格里·施塔普费尔（Gerry Stapfer），整理了利文斯顿沼泽地区，为之后的引力波干涉仪站点打下基础的人；鲍勃·斯佩罗（Bob Spero），加利福尼亚理工学院（California Institute of Technology）40米原型机组的领导者；弗兰克·舒茨（Frank Schutz）和罗比·沃格特（Robbie Vogt），LIGO项目的前领导者；弗兰斯·比勒陀利乌斯，第一个解决了如何模拟双黑洞碰撞的难题的人。他们中的一些人要求撤回自己的名字，当然了，其中一些人的名字出现在了参考文献里。

第9章

12月，第12周至第16周：检验倒退、固执的职业精神及第三个事件

从诸多角度来说，12月都是多事之月。在上一章中，我们已经了解了针对“直接”的讨论。发生于12月的其他大事就是：由于包含起草论文过程在内的探测流程备受煎熬，引力波社群的氛围出现了变化的征兆。在我看来，这些流程正在变成一种版本的“检验倒退”——“我们要如何停止质疑呢？”（见下文）而且这似乎会阻碍论文的完成。此外，科学家们还探测到了第三个事件，这再次鼓舞了士气。不过，新流言的诞生又让每个人都感到压抑。

变化的氛围和“固执的职业精神”

如今，社群的氛围有几分不同，改变可能已经发生了一段时间，如今则非常明显了。起初，邮件热情且有礼貌。而现在，部分邮件中出现了不礼貌、吹毛求疵的言语。怨念之所以

会悄悄混入邮件之中，或许是因为整件事件已持续了太长时间。当分歧出现时，人们已不再尽力避免争执（这太消耗精力），而是放开膀子“当面”吵架。人们早已厌倦漫长的流程与保密的压力：“我感觉自己要崩溃了，因为我不能告诉别人为什么自己忽视了通常不会忽视的事情。我不得不依赖同事们的善意和信任度日，但显然我应该更好地完成自己的工作。他们在我没有解释发生了什么事的情况下，主动承担了一部分本属于我的职责。”此外，人们想要自由地谈论他们辉煌的成就。不过，时值年关，新闻发布会最早要等到 2016 年 2 月 11 日才能召开——这意味着，人们要继续紧绷地度过 6 个星期。我们知道本次事件的核心就是引力波，但从官方意义上说，在走完完整的探测流程之前，我们都不知道，也无法知道探测结果；在论文被提交与接收，以及社群举办新闻发布会之前，我们必须守口如瓶。同时，竞争似乎正在侵蚀社群：每个组与次级小组都想让自己参与的部分看起来举足轻重。如今，人们攫取这点荣誉的姿态，如同饥饿的人在争抢飞舞于空中的钞票。在引力波领域中，我们已经为科学的馈赠等待了太久。

问题在于，本次事件超出了所有人的预期，它强得让人吃惊，几乎从第一天起就被认可。因此，三个半月过去，人们毫无意外地感到扫兴且疲惫了。回顾事件的发展方式，在第 21 天即 10 月 5 日开启箱子之时，科学家们就确定这是一个可以公开发表的发现。随后，在第 45 天也就是 10 月 29 日的社群电话会议中，恶意注入信号的可能性似乎被排除，这一发现几乎毋庸置疑。可以说，在本次事件发生的一个半月后，认为它不是一个发现几乎是不可能的。最近两个月，科学家们忙着改善参数提取过程、撰写并检查论文，这是在为何事做准备？另一轮内部检查！

然而，一位资深的社群成员告诉我，这些程序是合理的。虽然他同意这个详细的探测流程是为了微弱得多的事件而设计的，但他认为完成整个流程是有价值的。他表示，这可能会导致统计结果发生微小改变——误警率可能会是每 11 万年 1 次，而非每 10 万年 1 次。我反驳道，这没有区别，特别是因为这都是基于随意的假设（探测器处于“相同”状态）。他回复，对社群来说，科学家们尽力实践自己的技能是很重要的。[①] 稍后，我们需要理解这种看待事物的方式，因此我们先给它起个名字。就叫它“固执的职业精神”（relentless professionalism）好了。有时候，固执的职业精神是迂腐的。

“检验倒退”及停止质疑的必要性

这篇论文的写作方法在某种程度上是文学创作中最卓越的创新。论文的草稿会被发送给 1 000 多人的团队审阅，并邀请大家发表意见。大约半数人发表了相关评论。正如合作组织的一位资深成员告诉我的那样，这种写作方法很好——论文可以“自我修正”。人们在检查每一个论断和每一个短语时投入了极大精力，内容即使出现了什么毛病，也会很快被修正。

不过，这种写作方法也存在缺点：那位资深成员表示，很多人都在尽力确保自己的特殊贡献被提及，这导致论文并不像它应有的那样简明。这份文字作品以激动人心的形式开始，如

---

① 0.1 秒间隔的时间平移意味着该事件每 20 万年才出现 1 次。（在搜索 3 个质量区间时，若没有考虑到试探参数的效应，则是每 60 万年出现 1 次。请参见第 10 章中关于节礼日事件开箱的讨论。）——原注

今却陷入了危机，它渐渐变得像由庞大的委员会所写的论文。由此看来，引力波社群过于民主且官僚主义盛行，不允许哪个人领导大家，统筹全局。相反，当是否将本次事件称为直接观测等问题陷入僵局时，人们就会投票表决——就一份历史性文字作品的措辞进行表决！

然而，一位通讯作者告诉我，我尚未透彻地理解论文写作流程，它并没有像表现的那样民主。他使用了一个很好的比喻——民主的外观如同斗牛士的斗篷。斗篷吸引了团队的注意，令他们安心，但在斗篷之后，作者及其亲密的顾问要确保论文言之有理。鉴于最终呈现的论文十分出色，这似乎是一种可靠看法。

从哲学角度来说，更有趣的是，允许任何成员质疑任何事情的这一机制，却让每件事都被质疑。迪昂–奎因论题（Duhem-Quine thesis，又叫杜恒–蒯因命题）、实验者的倒退（见 295 页，以及《改变秩序》相关章节）、托马斯·库恩（Thomas Kuhn）的“必要的张力”、普朗克的格言“科学是在一个接一个的葬礼中发展起来的”，以及基于 25 条“哲学判断”的大犬事件的声明（参阅《引力之魅与大犬事件》第 14 章）等案例显示，任何事情都可以被质疑，而且质疑的界限体现了科学团队的社会凝聚力。在某种意义上，这是科学知识社会学的核心前提，也是研究科学家如何得出成果的社会学课题的引擎。在整本书中，我们会一而再再而三地体会到这一点。实际上，当本次事件标志着双黑洞旋近这个观点被质疑时，我们已经看到了这一点的作用——有人质疑，旋近的物体也可能是玻色星，或者其他被足够聪明的物理学家创造出来的东西。我察觉到，当时的自己正在揪头发，因为我已经在局内人的角色上陷得太深了。我表示："行啦，按照物理学家的惯例，这就是双黑洞旋近事件，为什么还要质疑呢？"如果我能更努力地保持作为一名社会学家的"隔阂感"的话，我就会说："质疑的界限究竟在哪里，这并非逻辑问题，而是社会传统问题。这个实例真是太奇妙了！"由于该社会学/哲学驱动力将会多次出现，我要发明一个简单的术语来称呼这种现象——"检验倒退"（proof regress）。确保每件事都绝对正确需要太大的决心——太多固执的职业精神被用在需要决断的地方了——这会让物理学家的工作陷入停滞。因此，物理学家必须规避检验倒退。

因此，本次事件也可能是心理驱动效应的结果，它由上千人试图看见双黑洞旋近现象的巨大欲望，以及通过某种未知的交流渠道在潜意识里协同生成的波形所产生。但我们最好不要这么说，因为这超出了社会能接受的范围（参见《引力之影》第5章）。不过，我们知道，我们被允许认真对待恶意注入这种可能性，这是刚刚才被大家接受的事情，尽管我们仍不会公布这种可能性。检验倒退将会提醒我们，任何事情都可以在逻辑上受到质疑，但并非所有事情都可以在实践中被质疑，否则科学就会消失。

解除冻结的尝试

我现在完全陷入对另一个理所当然的流程的质疑中了，不过这还会继续下去。这种质疑始于我与一群科学家在12月4日举行的一个私人电话会议。那时，我们讨论了cWB和CBC在本次事件中所扮演的角色。cWB代表"相干波暴"，它是一个通过扫描数据来寻找引力波符合事件的“自动化数据处理程序”。在扫描过程中，对于引力波看起来应该像什么样这个问题，要尽量减少先入为主的观念。在本次事件发生之前，cWB 曾被称作“未建模搜索”，但质疑的过程导致有人指出，该自动化数据处理程序也存在一些假设。因此，称 cWB 为“未建模搜索”是一种误导，也让描述变得不准确。请记住，CBC 肯定是“已建模搜索”，因为它要将初始信号与 250 000 多个模板进行匹配。本次事件是通过 cWB 发现的，因为 CBC 的“在线”（即实时）探测算法被限制在了小质量双星上，而本次事件的源头是大质量双星，CBC 看不到这个信号。我想在电话会议中询问的是，虽然 CBC 没有实时发现事件，但它最终能否发现？每个人都向我保证，它一定会发现这个事件，因为所有数据都将被彻底扫描，只是这可能需要两个星期或者更长的时间。

然而，如今浮现出了一个好问题。还记得吗，在本次事件出现后，资深管理员决定将探测器的状态冻结几日，以便加强背景来生成足够多的时间区段，这样信号就能表现出“发现”（指创新成果）所要求的统计显著性——5 个标准差，或者说“5 sigma”。（开始分析时，0.2 秒的时间平移间隔让统计显著性达到了 4.9 个标准差；若将间隔改为 0.1 秒，则生成的时间区段的数量会翻倍，让统计显著性达到 5.1 个标准差——发表的结果——这就是另一个故事了。）为了获得必要的背景长度，探测器的状态被冻结了 5 个星期，导致设备在“科学模式”同步锁定状态下积累了 16 日的数据。“冻结”意味着负责运行仪器的人想要完成的重要修复工作被推迟了。

在 12 月 4 日的电话会议中，我针对冻结及其与 cWB 的关系提出了一种观点，重述了已经可以在电子邮件中发现的内容，比如：

11月8日，00:27

对于GW150914来说，cWB快速预警最重要的附加价值就是最终的决定和行动能够在短时间内展开：首先，冻结LIGO探测器的工作点（以便对观测时间做均匀积分，例如深误警率调查）；其次，将LV的注意力集中到特定时间上（包括触发和加速所有的数据分析/探测器特性表征工作，它简直变成了不可忽视的事实，而且我们其实知道，一些故障或技术上的不便很快就在其他自动化数据处理程序中被修正了）。

有趣的是，这封电子邮件补充道：

快速预警的重要性不只体现在社会学意义上：它确实会影响科学。

因此，与之对比，我持续了43年的研究项目从一开始就显得多余——我确信事情并非如此。

回到这次电话会议：我向科学家们指出，虽然CBC最终会识别出本次事件，但只要它尚未被cWB实时认出，探测器就不会被冻结，进而计算统计显著性所需要的背景长度就无法生成，本次事件也不会被对外宣布为一个“发现”。其他的发件人也表达过同样的意思：

10月11日

许多人会认为我们非常幸运，因为cWB能够迅速识

> 别出这一事件。要记得，第一个事件发生在O1准备过程的中间。这允许我们很快地做出反应并冻结仪器的状态，否则仪器的状态可能以某种不可预知的方式发生改变。如果不知道本次事件，离线分析就会在运行后期才给出结果（我们现在可能还不知道它呢！），并且很可能这几日的数据根本就不会被认真看待。

参加电话会议的一些社群成员的回答完全出乎我的意料：他们认为，因为设备的状态一直在变化，所以并不存在“冻结探测器”之类的操作。这个观点让我错愕，以致我认为那些科学家是在“蒙蔽我”，我回复道：“你的意思是，当［社群的某位权威人士］宣布我们不能在计算统计显著性时采用超过16天的背景数据，因为冻结已经被解除时，他搞错了？！”随后，有人便将此事敷衍而过。

电话会议结束之后，我即刻思考“自己本该说些什么”。我应该说：“我知道探测器的状态一直在变化，而且这对生成背景是个问题，但这不允许探测器的状态发生阶跃变化，也不允许以使用阶跃近端数据的方式使用阶跃远端数据。”换而言之，在我看来，探测器状态的改变会导致时间平移操作不完美，这是众所周知的。此外，科学家们早就意识到，长的时间数据不能用于生成背景，因为距离事件发生时间较远的数据不能再代表当时的情况（参阅《引力之魅与大犬事件》第225页及第14章中的第7条哲学判断）。不过，这是一个需要妥协来认识并处理的问题，而它并不意味着你可以使用任何你想用的数据。我将会发现，自己的观点与一些实验主义者相同。

我以为这件事会结束，但令我惊讶的是，至少有一部分科学家严肃地认为冻结的概念是站不住脚的。在 12 月 4 日的电话会议开始前，他们已经在我错过的一封邮件中讨论过。

> 10 月 11 日
>
> 我认为你会发现，不同意“冻结”仪器（甚至不赞同维护或者修理！）的人是必要的或值得钦佩的。事实上，部分组件开始出现故障，必须在预警后的一天以内修好。关于此事，我们可以持有自己的观点，但我们永远不知道不同情况下会发生什么。不管校准后的数据在哪里，CBC 都一定会计划分析完整的 ER8 并检视其结果。

再者，他们并未准备好放弃这个观点：

> 12 月 22 日，09: 24
>
> 顺便说一下，CBC 和 DetChar（探测器特性表征组）的一些人认为关于“冻结探测器”的讨论很荒谬。探测器始终在移动，如果它们偏离得太远，我们就必须将它们推回工作点，更不用说其中一台在 9 月 15 日遭受了严重损坏……即使我们想冻结，也做不到。

讨论开始变得令人不快，因为有人认为 cWB 早期发现的至关重要之处是向现场的操作人员预警，提醒他们必须竭力描述机器的状态——操作人员回复道，他们一直很努力，而且认为这种评论十分傲慢。

我已经意识到冻结的概念易受攻击，因为探测器是否被算作相同的状态是我的 25 条“哲学”判断之一，而此时它正被质疑。顺便一提，10 月 9 日，探测委员会主席在一份说明中表示，允许解除冻结状态。然而，冻结状态直到 10 月 20 日才被解除。该决定的意味与解除冻结的方式在以下邮件中得到了很好的体现，这封邮件回答了我在1月底向迈克·兰德里（Mike Landry）提出的后续问题：

1月30日

哈里：

你好，我很抱歉没有回复你的第一封邮件。如今，积压的信息和工作任务实在是太多了——我并非抱怨，只是陈述一下情况。

冻结的概念确实存在，而且我们也确实进行了冻结。布赖恩与我最初采取了硬冻结方法，取消了9月15日的周二例行维护，而且将所有修理工作都大幅延后了。不过，从长期运行的角度来看，这是个站不住脚的立场。LN2［一个液氮罐］需要补充，要打断这个过程很艰难，你不得不进行干预。

以5个标准差为目标的探测需要16日的双重符合数据。这只是估计，当时根本不清楚此类积累会让我们距离5个标准差的探测多近，至少在包括9月14日在内的CBC分析箱子被打开前一直不清楚。16日的计时由未被cat1 DQ flags否决的双重符合数据设置；探测器特性描述组的劳拉·纳托尔（Laura Nuttall）每隔几天就会给我们发送一个计数，告诉我们距离完成还有多久。

布赖恩与我会留意劳拉提供的关于背景数据的计数，以便评估何时可以进行我们认为可能会增加背景估计风险的改动，比如显著地改变瞬时突变率（大概会更好）。这样一来，我们再也不能将它用作GW150914的背景。

当背景进行积累时，我们进行了一些修复损坏东西的更改，从机器停机（9 月 15 日，LHO 终端补偿失败），到谱中出现瞬时突变（9 月 29 日，LHO 终端外放置在地面上的空气处理单元需要被重新隔离），再到 10 月 6 日，我们忘记关掉终端 EX、LHO 和波束分流器。

有趣的是，我认为我们在整个运行过程中未做任何会显著修正背景瞬时突变率的改变。……因此，这次硬冻结虽然是可以理解且保守的，但［不］需要让背景率和仪器中的自然涨落保持一致。

迈克

尽管如此，如迈克·兰德里与布赖恩·奥赖利（Brian O'Reilly）一样了解仪器的其他人则认为冻结是恰当之举。布赖恩对此解释道：

1 月 31 日

哈里：

我们在收集背景数据时，之所以选择“不干预”，还有一个老套的理由。接触探测器总是存在风险，你可能会严重损坏某些东西。我们感到，即使风险很低，我们也最好尽可能减少操作。此外，微小的改变也可能会让稍后的探测器特性描述、校准和分析等工作耗去好几个小时的时间，因为你必须验证，当你对配置进行（据称）最小的改动时，仪器未发生任何重大更改。

关于冻结延期：我查看了 10 月 9 日至今的探测委员会的备忘录。正如我所记得的，大家的共识是允许科研人员对仪器进行小的改动。实际上，迈克和我仍然全面掌控着可能发生的事情。我们依然在我们的方法中保持着保守的态度，以确保任何改变都是可逆的，而且我们明确不支持任何重大更改。我认为，这种保守主义使数据分析持续至 10 月 20 日的决定变得容易，即仪器的状态并未改变。CBC 箱子于 2015 年 10 月 5 日开启，社群使用了 5 日的数据。然而，分析小组已经考虑将 GW150914 箱子打开后收集的数据折叠起来（箱子覆盖了 9 月 12 日至 9 月 26 日的数据）。

"前景"，一个深奥的术语

关于本次事件引起人们注意的方式及论文写作机制的积极一面，争议较少也很有趣，这是另一条关键线程。11 月底前后，科学家们注意到了"前景"（foreground）这个词，其仅是引力波探测领域的一个普通术语，对于物理学和天文学的其他领域而言没有什么意义，或者具有不同的意义。更糟的是，在天文学的其他领域中，它意味着另一种干扰信号清晰度的混杂噪声。该用法已经过谷歌（Google）和 arXiv 核实。总之，能理解其意义的人只有引力波物理学家。这对于一篇预期会被各类物理学家阅读的论文来说是不利的。

11 月 26 日，11: 16

出于好玩儿，我在谷歌上搜索了天体物理学术语"前景事件"，而在首页的所有结果中，可能只有一个词条指向引力波社群。我意识到，引力波社群对这个术语的用法在天体物理学中并不普遍，而且（除非仔细描述）可能会混淆概念。

在 arxiv.org 网站上搜索“前景事件”时，出现的结果类似。“前景”这个词似乎用于 SN（超新星）搜索（通常没有定义），表示图像中物体的物理位置更靠近观测者——“平庸”的解释。

我的结论是，它是我们的行话，如果我们要在论文中使用它，就要先对其进行解释。

我猜测，“前景”一词在引力波物理学领域中是作为广泛使用的“背景”一词的对照物发展起来的，它表示需要从中提取信号的噪声。如我们所看到的，在引力波物理学领域里，背景是通过经验性地计算在多个时间平移中发现的噪声符合生成的。而所谓的前景是指未经过时间平移的实时符合。因此，在早期的草稿图中，社群用方块和星星来形象地表示结果的统计显著性，实时符合被称为前景。然而，越来越明朗的是，这种用法要么需要仔细解释，要么就得放弃。在“大犬事件”中，甚至没有人想到这点，这或许只能是因为盲注的可能性让科学家们的感受与写给更广大读者时的感受不同。

“FAR”是什么意思

发生的第二个改变关乎 FAR（false alarm rate，即误警率），其也是统计分析的基础。现在大家已知道，这篇论文将会被一个喜欢质疑的社群仔细核查，科学家们对文中每个单词反复斟酌的行为会形成一种新的思考统计数据的方式，这种方式让我讶异。唯一的安慰是，几乎我身边的所有人都没有注意到这个问题，直到社群的一名成员指出。

截至 2015 年 12 月 15 日，潜在的引力波观测——如秋分事件（《引力之魅》）、大犬事件（《引力之魅与大犬事件》）及本次事件——的统计数据都被解释为误警概率（false alarm probability, FAP）和误警率。在《引力之魅与大犬事件》中，我用几页的内容（从 220 页左右开始）解释了两者之间的关系。但现在，一位发件人争辩，我们根本就不应该提及 FAR，或者在使用它时须分外谨慎，我突然意识到他是对的。在《引力之魅与大犬事件》中，我就落入了他所警告的陷阱（220 页），我写道："如果 FAR 是每 4 万年 1 次，而仪器持续工作 4 万年，那么它很可能会看到 1 次错误的警报。"如今，我意识到这是一种不正确且具误导性的说法。

对此，我们需要回顾下生成背景噪声的时间平移方法。让我们使用与本次事件相关的数据。背景噪声分析基于干涉仪在半冻结状态下（冻结状态解除及仪器的部分特性发生变化前）运行的 16 日数据。将 0.2 秒用作时间平移操作的时间间隔，16 日的可用数据能够生成 10 万年的背景噪声。如果 10 万年中没有出现可与本次事件相比的事件，那么误警率要小于每 10 万年 1 次。我总觉得这是略让人生厌的讨价还价，虽然科学家们能形成利用 16 日的数据掌握 10 万年动向的想法，但我可从来没有足够强的头脑和信心将"不劳而获"的感觉坚持到底。相反，我相当于在说："这意味着，如果机器运行了 10 万年，那么我们会期待少于 1 次的误警。"然而，如今有人指出，这是荒谬的——你不可能通过 16 日的数据就知晓未来 10 万年内会发生什么。我向发件人回复道：

我们有16日的数据，从中可生成10万年的背景噪声。你提出的问题是，在只有16日数据的情况下，我们如何预知未来10万年内的事情——就像从帽子里变出一只兔子一样。（当然，我理解它的运作机制，但是按照我的理解，这并不是你提出的问题。）

这不就是答案吗：某人说，如果仪器严格保持这16日的状态，同时噪声具有相同的特性，那么我们能通过这些数据预测未来10万年的情况且不会在噪声中看到这种信号？

当然，这并不是在说一台运行了10万年的真实机器，只是虚构的。

我的表述正确吗？请务必简洁地回答我。

答复来了：

完全正确。（这个回答够简洁吗？）若每年1月1日都会出现一个看着像符合事件的软件故障，则10万年中会出现10万次误警，但现在我们对此并不知情。

因此，在尴尬地误解了误警率多年之后，我现在意识到，利用时间平移生成的背景的“年”根本不是真正的年，“年”只是表示结果的数字——本次事件中，代表16日700万个时间平移区间中的结果。“年”加起来可能是10万年，但其并非一分一秒走过的10万年，而且其几乎无法显示16日后仪器的状态。若要确定仪器的状态，你必须知道仪器的长期稳定性如何，但你无法从16日的数据中得出结论。

探测流程

那么12月底时，即探测到本次事件的3.5个月后，我们处于哪个步骤呢？前文中，我提到了标题为《探测流程》的文件（附录1）。文件的内容是几年前制定的。

目前，我们正进入步骤2的尾声。接下来应该是步骤3，正如预期，是复审。不过，本次事件不是已经被彻底审查过了吗？几周以来，上千人仔细检查了声明的每一句话。继续下去顶多是卖弄笔墨。不止我一个人认为，这份煞费苦心的《探测流程》是以第一个事件是临界事件为前提设计的。因此，如果要将事件转换成对外发表的声明，并考虑到引力波探测历史已创造了一种偏执文化这个前提，我们就不能过度检查。这就是我认为的大家将于12月底面临的问题：过早取得了太大的成功，这意味着我们还要花很长时间来证明一个已经被证明得很彻底的事件，这正在制造压力。

第三个事件

12月26日，也就是节礼日[①]，社群探测到了第三个引力波事件。信号源又是一对旋近的双黑洞，组成质量大约是20倍太阳质量与6倍太阳质量。在我看来，这不过是"第二个星期一事件"的另一版本，但社群比我预期的兴奋得多。

12月26日

今早我的圣诞树看起来很有趣，显然，我忘记了打开

① 节礼日（Boxing Day）一词出现于中世纪，当时，圣诞节前的教堂门口会放置捐款箱，圣诞节过后，工作人员会打开箱子，将募得款捐给穷人。因此，12月26日被称为节礼日。——译注

礼物，而它竟是一个引力波事件。;-)

社群对待它的方式似乎表明，它与第一个事件具有可比性。正如彼得·索尔森所言，它是大家一直期待着的“第二只落地的靴子”。

12月29日

科林斯（我）发给索尔森：不过，若这个事件是第一个发现的话，你是不会对外宣布的。

索尔森：或许，我们或许——不会立刻宣布它——会花费3～6个月核实真实性，但我认为这个事件足以让我们撰写第一篇发现论文了。几周后再问我吧。

看来是我误解了。起初，我认为自己对“第二个星期一事件”相比其他人更加狂热——我以为那就代表“第二只落地的靴子”，至少它是“一只足具分量的袜子”。而第三个事件于我而言只是“一只稍重的袜子”——它对我的意义比对其他人的意义小。

然而，第三个事件相当重要。首先，它比第二个星期一事件强，SNR约为11.7，而第二个星期一事件是9.7。这似乎有很大的差别。与第一个事件高达24的SNR相比，在我看来，11.7与9.7差不多。但从技术层面来讲，我未能理解两者之间的差别所蕴含的重大意义——我的交互式专业技能存在差距。[1] 这种差别已经重要到让社群向电磁伙伴发送预警了，而此前第二个星期一事件出现时，他们并没有这么做。[2] 我仍

① 参见“社会学与哲学注释”的XV，416页。——原注

② 不过，节礼日事件的低延迟特征也是鼓励社群向天文学家发送预警的一方面因素。——原注

然感到困惑，于是向他人咨询 GW151226 能否成为首个发现的宣告证据（我知道第二个星期一事件办不到），而我得到了一个强烈的答复——“也许”。有人告诉我，第三个事件的统计显著性将在 3.5 个标准差左右或者更高（与此相比，第二个星期一事件略高于 2 个标准差），这表示“证据”这个说法是合理的。我不太相信该观点，我认为我们看到的是另一种迹象——事情的规则发生了变化。依据我的观点，科学家们之所以相信它，是因为他们的思维方式已经改变。若不是有第一个事件作为基础，统计显著性略高于 3 个标准差的节礼日事件不会令他们如此激动。我理解并接受了一位科学家告诉我的观点——如果除了节礼日事件之外什么都没有探测到，社群就会发表关于它的论文。那将会很有趣，但我认为它无法说服任何人，包括团队自身。我不认为节礼日事件能够像第一个事件那样，仅凭信号本身就改变了事情的规则。

此外，假设节礼日事件是在包含第一个事件的 16 日背景数据中被发现的，且它处于相同的噪声“分格”之中（后文将详细介绍），则图 8-2（a）中左侧笑脸大致对应着节礼日事件的位置。由于它并非发现于 16 日的背景数据中，若我们恰当地操作，背景看上去会不同。不过，笑脸的位置依然清晰地指示了该节点上节礼日事件的意义。对我来说，用此种方式表示的节礼日事件看起来与第二个星期一事件并无不同。图 8-2（a）存在的另一个问题是，包含小犬的背景图对节礼日事件而言是错误的。图 8-2（b）在技术层面上是正确的，它展示了节礼日事件的最终表现形式。

人们激动的原因不只如此。第一个原因是发现节礼日事件的方式。我理解得很慢，关于第一个事件的低延迟声明的大部分热度是由对分析和建模的回顾性设计的担忧引起的。要记得，团队对开箱提取数据后冻结自动化数据处理程序持偏执态度，但这意味着，如果箱子通过cWB之类的低延迟自动化数据处理程序直接开启，社群得到了源参数的初始估计（例如，源是一对具有确定质量的双黑洞），那么离线分析人员在全面优化他们的技术前会感到束手束脚。正在进行的一项任务即关于此事，某些CBC的拥护者希望cWB从未做出任何分析（我推测，这就是为何某些分析人员认为将探测器状态冻结这个想法是个伪命题）。也就是说，与其说这是小组间的竞争，倒不如说这是关于开箱和回顾性分析的意义的争论。这是另一个哲学难题，即一个迂腐的解决方案可行，但行不通（再一次，参见《引力之魅》中讨论的“飞机事件”）。

我现在知道了由大质量系统产生的信号的特征，以第一个事件中约40倍太阳质量的双黑洞为例，信号的持续时间非常短——并合发生得非常快。这意味着，科学家们容易将它们跟“短时脉冲干扰”（干涉仪中的噪声爆发）混淆，短时脉冲干扰通常也很短。一个较长的信号会有足够长的时间（大致1～2秒）展示其与短时脉冲不同的特性，而一个短信号只有不到1秒的时间（第一个事件为0.2秒）来展示自身的特性。因此，在线模板匹配程序受到低质量截点的限制，无法看到第一个事件。CBC不希望在对一个潜在的大质量发现进行彻底分析前被太多信息约束。不过，这种看法已经改变，而且“GstLAL”（一种低延迟模板匹配程序）已经去除了质量上限。正是GstLAL探测到了节礼日事件。cWB没有探测到节礼日事件，也无法探测到它。根据设置，cWB只能看到相当强的事件，因此cWB也没有看到第二个星期一事件（它太弱了）。

从而，合作组织对于 GstLAL 的判断十分自信，于我而言，这为节礼日事件增添了一定的魅力。

更重要的是，至少第一眼看上去，节礼日事件是“进动”（即旋进）的。也就是说，两个黑洞在互相绕转，而且由于它们在自转，整个系统在旋近过程中倾斜，偏心率在变化，这使整体信号的幅度发生振荡；在信号持续期间，似乎发生过几次此类调制。我向建模专家马克·汉纳姆（Mark Hannam）咨询这个进动是什么样的，他非常慷慨地为我制作了一小段彩色动画，展示了此类双星系统中可能会发生什么。图 9-1 是动画中的一组截图。

顺序为从左至右。第一张图展示了一个黑洞围绕另一个黑洞旋转的旋转平面，转轴几近垂直。在接下来的几幅图中，旋转平面如运动的转轴指示的那样振荡。引力波向地球辐射的强

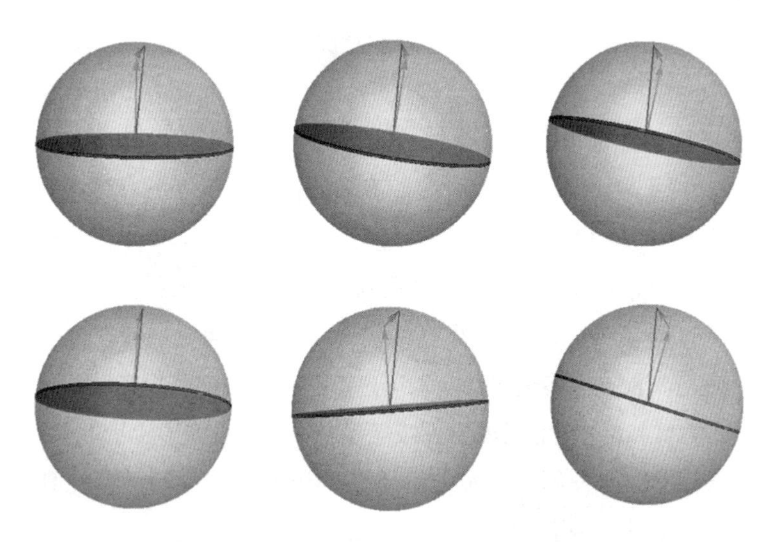

图 9-1 马克·汉纳姆的动画展示了一个进动系统。

度依赖于旋转平面的指向，因此引力波的强度会随方向变化而改变。

如果以上信息均被确认，则意味着节礼日事件本身就是一个发现——虽然双星系统的存在已被理论化，但节礼日事件将成为双黑洞系统首次观测的代表。这使节礼日事件更为迷人了，由于我在天体物理学方面了解得不深入，直到其他人为我指出该点，我才意识到其重要性。我的专业知识与引力波和引力波探测器之间的相互作用有关。节礼日事件前后的“相互作用”让我明白，社群中的许多成员都以与我不同的方式陷入天体物理学问题中了。比如，这里有一封来自社群中某位天体物理学家的邮件，其中再一次引用了“N 词”（即 Nature，大自然）。

12 月 27 日，04: 01

这看起来太美了……当意识到这是大自然的馈赠时，我不得不掐自己一下。

我们还可以推测，信号包含的意想不到的丰富内容会让其看起来更加真实，如此前未被寻找过的信号之上的调制。遗憾的是，经过一阵争论，小组似乎认定信号的信噪比太低，无法确保双星系统真的在进动。

我给一些物理学家写信，咨询他们问题出在哪里——既然第一个事件已经允许我们在此前不会接受引力波的地方看到信号，那么到底是我还是合作组织戴着有色眼镜看待问题？其中一个回复清楚地表明，我尚未领会节礼日事件和第二个星期一事件在强度上的差别，我不得不承认这一点。此外，一位十分资深、极具经验且有些谨慎的物理学家回复，他认为这个事件还远不能缓解社群对探测不到更多相似事件的担忧。但该物理学家还主动表示，节礼日事件绝没有强到可证明第一个发现的声明。因此，我的理解似乎不太准确，但社群的“眼镜”依然带有一些颜色。事情的规则正在发生改变。

12 月流言

如今，我们听到了一组新的流言。12 月底，一封来自 LIGO 发言人的邮件发出了严肃的警告。

> 12 月 16 日，19: 37
>
> 亲爱的全体成员：
>
> 我们已经注意到了关于 LIGO 探测到 GW 的新流言，这些流言显然是从近期的会议与其他消息来源开始传播的。请勿与非 LSC 成员的人分享任何结果。
>
> 你们可能已经看到了 GW150914 探测论文的写作进度；我们将于明日讨论细节——再次强调，请确保草稿不会被泄露给 LVC 之外的任何人，否则将会导致严重的后果。（例如，在我们完成审稿前，外界出现了一篇包含本次事件图表的论文！）
>
> 如果我们得知 LSC 成员为流言的源头，我们就将采取严厉的措施。请解决问题，而不是制造问题！
>
> 请参考以下回答方式，也可以建议提问人联系戴夫·赖策（Dave Reitze）或者我。
>
> 若您有任何疑问，或是被问及令人不安的问题，或者听到了任何流言，请与我们联系。

次日，回复如下：

12月17日，02: 24

亲爱的LSC同事们：

我想强调一下之前加比发送的邮件的重要性。我们最近听说了诸多流言，其中大部分流言在我们的同事或科学界的熟人之中传播，也有部分流言来自新闻记者和科学作家。在我们于今天获知的一个流言中，记者掌握了关于LIGO-Virgo新发现的详尽信息。

任何人都不应与LVC外的人交流相关信息，即使对方是信任的科学界同事也不可以，记者得到的信息可能会给我们带来严重的后果。一旦某个论文或杂志发表了相关故事，并且其中包含详细又可靠的信息，那么除了匆忙准备发布会之外，我们别无选择。如果不这么做，媒体就会按照他们想要的方式来介绍我们的故事。

目前，我认为我们尚未准备好对外公布探测成果，因此我并未夸大邮件的重要性。根据我们咨询过的媒体关系专家的建议，我们想修正关于媒体问询的指导意见。**如果有记者联系了您，那么请将所有问题转达给加比、富尔维奥或者我。感谢各位的协助。**

……距离提交论文还有至少几周的时间，因此，**如果各位被问及O1中的任何信息，您就应该告诉他们真相："我们还在分析与审查结果，在万事俱备后我们会分享这些信息。"**

……我们已经证实，部分LVC成员（包括资深成员）已将许多细节分享给了科学界的"密友"。……那些"密友”自然会把信息告诉其他朋友，并询问其他的 LVC 成员。这将我们置于一个非常尴尬的境地。……

对于记者而言，若信息经多个来源得到了证实，那发表故事便是水到渠成之事。他们可能会告诉您，他们已通过其他来源获知了新闻（他们已经读过了流言！），只是请求确认。

如果几周后刊出的某个故事提到“几位 LVC 成员向我们确认 LIGO 已探测到一例 BBH，质量为 XX、自旋为 XX、发现日期为 XX”，我们就不得不草草筹备新闻发布会。界时，发言人和相关人士会表示：“我们尚未确认探测结果，有消息时我们会通知你们的。”这将会对引力波合作组织产生恶劣影响。（他们在隐瞒什么？他们已经知道了，为何不说呢？）此外，更糟糕的情况是媒体的故事与我们将要发表的内容有所出入（他们已经在第一个月内探测到了两个强事件，而且已经探测到了一个同时发生的短伽马射线暴，他们只是因官僚主义而隐瞒消息——这些说法我已经听过了！）……

若大力资助我们的基金会被抢夺了发表好消息的机会，这将会非常糟糕——可能会影响引力波领域的经费。请解决问题，而不是制造问题！

此后，网上并未出现新的消息，但我设法深入了解这些流言。它们的源头是德国的一个或一些小组——部分资深人士告诉了基金会等机构的其他资深人士。他们认为，为了引力波领域的未来，他们必须如实相告（我知道此类事情仍在继续），而那些人又不小心说给了其他人听。迄今为止发生的最糟糕的事情是，有人已在arXiv上发表了一篇论文，预言干涉仪将很快发现与第一个引力波事件类似的事件。另一人也公开发表了相似的预言，因为这关系到某些大资金研究项目的未来。因为没有人预言双黑洞会在双中子星之前被发现，而且科学家们也未曾预言在aLIGO达到设计灵敏度的头几年内能够看到任何东西，所以两个预言看起来均基于对第一个事件的了解，尽管这并不明确。然而，德国天体物理学团队的闲谈也表明，探测结果已是板上钉钉。发布的时间和包含的细节强烈显示，所谓的“预言”基于第一个事件，而且事实比小说更离奇。一些迹象显示，作者（不得不这么说）在本次发现诞生之前就形成这类想法了，他可能想获得“神预言”的荣誉！［在之后讨论《天空与望远镜》（*Sky and Telescope*）的流言时，我们会了解更多关于过早发表的论文的故事。］人们为以上情况感到忧心忡忡和沮丧，他们感觉被信任的同事辜负了。

第10章

1月和2月：LVC范围会议与论文提交

1月3日，20: 16

出于这些原因，在与合适的成员商议之后，**富尔维奥和我决定，社群进入探测流程的步骤3**。这一步骤包括，命令探测委员会客观地调查LIGO-P150914中出现的探测事件。

压力已经产生，因此即使探测流程的步骤2尚未完成，团队领导者仍决定在假设步骤2的剩余部分（也就是已完成检查的部分）无问题的基础上转入步骤3。该步骤是对探测委员会在论文中制订的声明进行客观全面的审查。预期该项工作将很快完成，从而LVC范围会议将决定是否在1月18日所在的那一周提交论文。这个日程表比原定的10月9日推迟了约5个星期，艰难的5个星期。现在看来，当时距离召开新闻发布会还有6个星期，其间主要解决手续问题。然而，请注意，这使得提交论文到举行新闻发布会之间的时间缩短为 4 个星期——似乎十分紧迫，但《物理评论快报》为该过程铺平了道路。

与此同时，即将于 4 月在美国盐湖城（Salt Lake City）举办的美国物理学会（American Physical Society，缩写为 APS）会议的通告正在四处流传。如果一切顺利，那么我将出席，观察那些声明是如何被认可的。社群自然想在 APS 会议上宣布第一个引力波事件，但是提交论文摘要的截止日期为 1 月 8 日。这意味着，科学家们必须在不“泄露信息”的情况下提交摘要。“足够模糊”的摘要开始流传。以下为一例：

> 高新 LIGO 近期完成了首次观测运行，其于 2015 年 9 月至 2016 年 1 月期间，以前所未有的灵敏度收集了引力波数据。高新 LIGO 的主要目标之一是探测并描述来自瞬态源的引力波，比如由中子星或恒星级黑洞组成的致密双星的并合。我们将会报道应用于过去与未来高新 LIGO 候选体的特性描述工作。

有人警告摘要的另一位作者，让他将“成功”一词从“高新 LIGO 近期成功完成了首次观测运行”中删去，因为“成功”似乎暗示着探测器看到了新的发现。这就是“化圆为方”（解决两难之局）——每个人都知道他们将要讨论第一个事件，但当前阶段中不能吐露真情。以上事情发生于 1 月 4 日左右。这些迹象不过是冰山一角，成员们发送了大量类似的邮件以提醒其他人某个术语或者短语暗示了太多，并提供了修改建议。一位语言或情报方面的专家或许能在分析信件的过程中找到乐趣。

1 月流言

1 月 11 日发生了两件事。首先，9 月 26 日前后我与之前交谈过的《自然》杂志记者（见 66 页）通了电话，他谈及的新流言引起了我的注意。他听到了一些新鲜的流言，想听听我对这些传闻的看法。这些流言令人吃惊，其中一个表示，信号发生于盲注程序开始前的工程运行阶段，因此它不可能是盲注。显然，有人说漏嘴了。

我说："我从未听过那些流言。"从字面意义来看，这是真的——我还没有听过那些流言，因此我并未撒谎，但我显然是在欺瞒，我希望自己不必这么做。那场电话会谈持续了大约半个小时，尽管我们的大部分谈话围绕引力波领域的早期历史和罗纳德·德雷弗（Ronald Drever）对干涉仪的贡献等内容展开，我本质上还是欺骗了他半个小时。这是不对的，我感觉自己很恶劣。我让记者直接与 LIGO 的发言人加比·冈萨雷斯聊一聊。

我给加比写信，告诉她发生了什么，并且表示记者可能已经猜到了我的欺瞒行为，因为依据我在这一领域的资历，如果不是已经知道了流言背后的事实，那我本应该相当激动。我表示自己怀疑她能否"守住底线"。她的回复表明，她决心这么做，并指出探测结果甚至尚未进行内部审核。我想其中出了问题，科学家们更关心如何用最戏剧化的方式来宣告发现，而不是介绍真相——这本是他们在社会中的基本角色。诚然，结果还没有进行内部审核，但社群里的每个人都知道信号是真实的。为什么不能直接告诉世界："我们已经发现了一些东西，但在完成内部审核程序之前，我们尚不能确定——还记得 BICEP2 事件吗？我们看好本次事件，但直到 2 月 11 日我们才会对外宣布我们认为的可靠的结果。科学不仅仅是直觉与希望，我们需要数月才能证实这类复杂且新奇的发现。”再一次，我深感，针对临界事件设计的探测与公布流程给这个奇迹般的显著发现带来了麻烦。

然后，就在我写完本书上述段落之后（1 月 12 日，08: 45），我接到了居住在伦敦的儿子的电话。他告诉我，英国广播公司电台第四频道（BBC Radio 4）报道，劳伦斯·M. 克劳斯表示，他确信引力波已经被发现。我儿子非常兴奋，并且他觉得有必要打电话告诉我广播节目的事。虽然他完全不知道我在过去 4 个月内经历了什么，但他显然知道引力波探测是我的课题。幸运的是，他正在上班的路上，我们不必谈论太久，我更讨厌欺骗他。我原以为当晚他会打来电话，那对话将会很难进行，但还好他有其他事要做。

LIGO 官方说法的底线是：“我们正在分析 O1 数据，准备好之后就会分享信息。我认为，保持耐心是最明智的做法。”不过，这难道不是暗示着数据正在被分析吗？我是否不需要再假装自己什么都不知道？我现在可以说自己已经观察了分析过程好几个月，每天浏览上百封电子邮件了吗？当我的家人们从广播中听到这件事时，我不想对他们说谎。当然，我会守住 LIGO 的底线，解释事件仍需要被确认，但是我不认为自己可以一直装作无事发生。然而，我做到了。

在接到我儿子的电话之前，我收到了一封罗列了当时流言的邮件：

1 月 12 日，02: 01

由于某种原因，自昨天开始出现了一系列关于 LIGO

探测的新流言：

https://wiki.ligo.org/EPO/GW150914Rumor CollectionPage

戴夫、我和其他几人今天已与很多记者联系过了[《科技内幕》(*Tech Insider*)、《新鹿特丹商报》(*NRC Handelsblad*)、《新科学人》(*New Scientist*)、《自然新闻》(*Nature News*)、《商业内幕》(*Business Insider*)、《卫报》(*The Guardian*)、《科学新闻》(*Science News*)……]，他们询问了我们对流言的看法。我们已经表示，社群仍在采集数据，分析、解读和审核结果要花费几个月的时间——这全都是真的，**我们[尚未]审核 GW150914 论文中的各个结果。**

这种压力对我们的工作极具破坏力，尤其是当我们不仅试图让探测论文的结果通过审核，而且应该将注意力集中在相关论文预期展示的结果上时。所提问题表明，记者掌握的信息来自了解内情的人（工程运行阶段、大质量黑洞、非盲注等）。请勿与任何非 LVC 成员的人聊及初步结果——在公布结果前，我们不仅要进行内部审核，还须进行同行评议，然而这两项任务我们尚未完成。

请注意，第一个在推特上发布流言的克劳斯表示，自己有“引力波项目”内部的线人。不恰当地将结果与非 LVC 成员的人分享的行为，不仅严重缺乏道德，而且极大地破坏了合作组织的规则。

再强调一次，解决问题，而不是制造问题！！！

克劳斯于 1 月 11 日发布的推文让流言甚嚣尘上：

我之前发表的关于 LIGO 的消息已被多个独立来源确

认了。敬请期待！引力波可能已被发现！！令人激动。

当日晚些时候，克劳斯写道：

回复LIGO。此前提到的警告——他们在工程运行中插入了盲注信号来模拟探测。有人告诉我并不是。

克劳斯的推文被采纳，并成为《卫报》上一个长篇报道的基础。

《自然》杂志的记者为了感谢我与他进行了长时间的交谈，将流言的一个消息来源发给了我。那是一篇来自捷克的消息灵通且具备科学素养的博客。它声称：

一位已知姓名的评论员告诉我们，已有两个事件……被LIGO探测到了。我昨天获知的一个新流言表示，LIGO已经“听”到了两个黑洞并合成一个更大黑洞的过程。（我不确定这个事件是否为本段第一句中提到的两个事件之一……据悉，这两个恒星级黑洞的质量为3～50倍太阳质量。http://motls.blogspot.co.uk/2016/01/ligo-rumor-merger-of-2-black-holes-has.html.）

该博客似乎未被媒体广泛转载，但《自然》杂志的网站对此进行了报道。

这组新的流言在报纸和网络上掀起了巨浪，但引力波合作组织坚守底线，除了表示他们仍在分析数据以外，拒绝透露任何事情。令人吃惊的是，此举基本上成功了，流言几乎消失。有关流言的报道可以在英国广播公司电台第四频道的《或多或少》（*More or Less*）节目中找到，那期节目面向全球播出，但很快就从英国广播中被撤下[1]。

不过，若仔细阅读当下的流言，你就能了解到几乎所有你需要知道的事。流言表示，社群已探测到两个事件（其流传于节礼日事件出现前，因此是准确的），其中至少有一个事件源自双黑洞（捷克流言），而且第一个事件发生在观测运行前的工程运行阶段中，因而它不可能是盲注（克劳斯流言）。对这些流言的总结，详见《自然》发表的第二篇相关文章[2]。其中一位"流言大师"是美国宾夕法尼亚州立大学的物理学家斯坦·西格森（Steinn Sigurdsson），1月13日的《天空与望远镜》引用了其言论，看来《自然》错过了这个流言。他使用了战争中指挥官判断敌人意图的技术（如第2章26页中所讨论的）——观察与部队和物资集结有关的活动模式：[3]

> 西格森指出，本周arXiv上出现了一系列论文，文中的细节丰富到令人讶异。西格森表示，天文学家"发布了一些不同的方案来解释双黑洞的形成，所有方案都碰巧预测了几乎完全相同的最终位形，他们还表示：'天哪，我们的模型预测，这种极其特殊的事物最有可能是LIGO探测到的事物。'"

此外，《天空与望远镜》还引用了另一位天文学家的推文："难道如此具体的GW［引力波］图像会是无中生有的吗？"

---

① 请参阅 http://www.bbc.co.uk/programmes/p03fm6b8。感谢格拉汉姆·沃安（Graham Woan）为我指路。——原注

② Davide, C. 2016. Gravitational-wave Rumours in Overdrive. *Nature*, January 12.——原注

③ 由香农·霍尔（Shannon Hall）引用。Shannon, H. 2016. About the LIGO Gravitational-Wave Rumor. *Sky and Telescope*, January 13.——原注

西格森想出了更准确的证实方法，他称之为“深夜里五角大楼的比萨外卖情况观察”，以此获知何时有重大事件发生。

> 当几位合作者（恰好都是 LIGO 成员）由于新任务时间重叠而退出日后的会议时，事态愈发明朗。基于他们取消行程的日期，西格森预言社群将于 2 月 11 日公布探测结果。

这种说法，毫无疑问是准确的，而且公布声明的日期提前一个月就被确定了。

电磁伙伴问题重现

2016 年 1 月，关于电磁伙伴的问题再次浮出水面。节礼日事件须以警报的形式发出，但这种做法通常会将电磁伙伴引向 GraceDB。问题在于，节礼日事件如第一个事件一样，对仪器运行阶段而言过强，无法对外告知——它看起来太像一个新发现了。警报需要说明的，只是干涉仪已发现一些超出警报阈值的事物（误警概率为每月一次），因此，社群必须修改 GraceDB，以免透露过多信息。以下是一名成员的答复：

> 12 月 4 日，14: 57
>
> 我认为，我们必须找到一个更好的解决方案来与我们的天文学合作者交流，而不是修改 GraceDB 记录。……在数据库中伪造一个不同数字的想法令人毛骨悚然：不论是对我们的内部交流来说……还是对我们的科学“形象”来说。（如果对探测结果持怀疑态度的评论家发现我们有

几本编号不同的实验室手册，那将发生什么？）

因此，我强力主张寻找一种更好的向外部人士传达部分信息的方式，那种方式既不会改变社群内部记录的数值，也不会导致不同地方同一标签的数值相异，不论是公开，还是私下。

向电磁伙伴报告的下限内容足以使天空搜索合理化，而不暴露“发现”。不过，也有人认为，电磁伙伴应该要知道他们要寻找什么，因此我们在尽可能详细地报告天空位置的同时，也应稍稍向他们暗示信号源的性质。随后，由于劳伦斯·M. 克劳斯等流言传播者表示自己的线人并非来自合作组织，合作组织的一些成员开始相信，流言的来源只能是电磁伙伴。有人暗示，电磁伙伴在这一发现中的利害关系不大，因而他们在公共场合发表的言谈可能更不谨慎，指示着 LIGO 已经发现了一个与双黑洞旋近一致的触发信号。即使他们未表明这是一个发现，也足以形成之前传播的大部分流言了。

如今，对电磁伙伴隐瞒信息的举措引发了另一种焦虑。我于 1 月 17 日收到的一封私人邮件如是说道：

实际上，与 LVC 惯有的沉默之墙相比，我更担心我们面对电磁伙伴的不诚实态度及缓慢发布数据的行为。他们是努力做与我们一样的科研的世界级专家，拥有和我们相同的 MoU [Memorandum of Understanding，理解备忘录]，但他们被欺瞒（由于我没有想到的原因），得到的信息比那些使用 LIGO 数据做课程项目的本科生还要少，那些本科生都可以收到 LVC 的所有邮件且查看 GraceDB 等信息。

随着探测事件接近尾声，一种更为真实的紧张关系出现了。社群的目标已变成发表一篇早期论文，详细介绍电磁伙伴配合触发数据进行的所有搜索。截至 1 月底，这篇论文的草稿已准备好分发给电磁伙伴们——他们将成为共同作者。这篇草稿及投稿信都经过了仔细检查，不会泄露过多信息——未断言已有发现，只表示进行了一次基于某些不确定触发因素的大搜索。摘要的前几句话是：

> 2015 年 9 月 14 日，高新 LIGO 探测器记录的数据辨认了一个可能的引力波瞬现源。通过预先的整理，初步估计的事件候选体的时间、统计显著性及在天空中的位置，被分享给了涵盖射电、光学、近红外、X 射线和伽马射线波段的拥有地基与空间设备的 62 组观测团队。

然而，流言的爆发及社群在新闻发布会前坚守底线的决心导致这篇论文的传播中止。做出这一决定的委员会的一名科学家在一封邮件中对社群成员们解释：

> 1 月 21 日
>
> ……我参加了讨论，看到大家在论文和投稿信的润色方面表现出色，我很满意。这样既不会泄露多余的信息，又很好地传达了论文终稿的结构。如果每个收到那份草稿的人都能遵守诚信，我就全无顾虑了。改变我对传播论文草稿这件事的想法的，是对近期流言时间线的反思。美国东部标准时间 1 月 11 日凌晨 05: 20，新的误警率被发出，而当天上午，克拉斯［原文错字］用一条新的推文“确认了”之前那条臭名昭著的推文。自那以后，［我

学校］的人每个工作日都问我关于流言的事。（我不知道克劳斯在去年 9 月发布的推文是否基于某位电磁伙伴的报告，但我对此并不会感到意外，因为他否认与 LSC 内部的人聊过。）

由于合作组织与天文学界之间的良好关系对引力波领域的未来至关重要，此时的状况就显得微妙。不过，请注意，因为发送给电磁伙伴的通知必然会提到日期，而且官方观测开始的时间无任何秘密可言，所以盲注这个选项可从推论中被直接排除，这指示该事件可能源自双黑洞。因此，怀疑泄密者来自电磁伙伴不无道理，尽管其并非蓄意如此。电磁伙伴也许认为自己没有泄露任何特别敏感的信息，因为无人说过这件事是真的，大家只称它为“触发信号”，而过去所有此类触发信号都被证明是假的。然而，那些推文的内容仍可能是从无辜的讨论中“搜刮”而来的。让我补充一下，记录了望远镜指向的日志是公开的，而且据此可推断出诸多信息。

一位发件人认为流言源于别处：

1 月 25 日

更戏剧化的泄密无疑来自内部。我个人知道一些 LVC 资深成员与 LVC 之外的同事分享了我们的计划细节，这让我处于一个十分微妙的境地。……此外，显然［一家重要的资助机构］知道了我们要宣布成果的计划，消息已经传到了［重要物理学机构］主任办公室，副主任联系了我们的……电磁伙伴征求意见。这和我们与电磁伙伴的直接接触**完全**无关——“泄密者”来自美国资助机构的最高层。

泄密者可能不止一个。毫无疑问，越来越多的人被告知了这一发现，因为越来越多的人需要提前知道基于该事件的决定和计划。我知道若干机构的部门领导人被告知此事，也知道一些资助机构被告知此事。就连我也不得不在严格保密的条件下将消息告诉一个外人，因为我们二人共同参与的一个项目因我在引力波项目中投入的时间而受到了影响。如今，由于我无法得到英国新闻发布会官方负责人的任何准确回复，我只能告诉住在伦敦的儿子，我**可能**会在 2 月 11 日的公务旅行中与他和他的妻子待在一起，**也可能不会**，但我还不能告诉他准信——令人费解！若他下一次问起，继续搪塞就会显得太奇怪了（特别是他已经从广播中听到了流言），我将不得不要求他宣誓保密（还好他没有问）。

我知道更多的家庭成员及相关人员正在被告知此事。如果一个人在日常生活中不断受到干扰，这个人就会开始显得古怪或粗鲁。随着时间流逝，知情者的数量在迅速增加，膨胀的压力如同快要爆炸的锅炉。再次强调，保密和掩饰不可避免地带来了麻烦，在这种情况下，最严重的结果可能是引力波科学家与天文学家之间的关系破裂。此时，保密不仅仅会危及社群的气节，甚至会危及科学。

1 月 11 日：第二只靴子终于落下

同样是在 1 月 11 日，屋漏偏逢连夜雨，彼得·索尔森写邮件告诉我，节礼日事件的箱子已被开启。根据新的分析结果，节礼日事件的统计显著性达到了 5 个标准差。

1 月 11 日，18: 59

亲爱的哈里：

我们刚刚打开了最新的箱子（分析阶段 8），节礼日事件被证明是另一桩 5 个标准差的事件！

以下是开箱结果页面：

https://sugar-jobs.phy.syr.edu/~bdlackey/o1/analysis8/analysis8-c01-rf45dq-v1. 3.4/7._open_box_result/

……因此，即使这个信号不像［第一个事件］那么强，其本身也可被当作一个发现。大事一件。

如今，人们开始担心 / 意识到，我们将很快（在 O2 运行期间）越过“4 个探测事件的门槛”，从而进入开放数据时代。生活变化得太快了。

图 8-2（a）右侧的笑脸用一种技术上不正确的方式显示了第三个事件的位置，而且其统计显著性也以这种方式增加了。其强度远不及第一个引力波事件，但它的统计显著性在神奇的 5 个标准差之上。如果它是目前唯一的信号，那它足以支撑起一篇独立的发现论文。这将带来重大的差别。如今，它看似是对第一个事件的真正确认——我们现在已摆脱了孤证的局限，可以忘掉 Ω 粒子了，更重要的是，可以忘记磁单极子了。这对于科学与社会学（我将在下文中论证）均具有非凡的意义。图 8-2（b）展示了节礼日事件真实的统计显著性，背景图中包含事件对应的“小犬”。可以看出，它的统计显著性超过了 5.3 个标准差。

为什么我在介绍统计显著性的改变时说“屋漏偏逢连夜雨”？这有什么不好？其中涉及两件事情。首先，统计显著性提高到 5 个标准差以上使得无人再怀疑引力波的真实性，这意味着谎言将更加明显——距离审核全部结束还有几个星期，那种不确定性让人压力倍增，就普通物理学家所知，这种可能性已经消失。此外，由于节礼日事件仍须在新闻发布会后保密，那些会议也将是虚伪的。其次，回顾本书 32 页的观点："我竟暗中期望不要再发生新的类似事件了，否则探测会显得过于容易，事件背后的**社会学**意义将会大打折扣。"如今，节礼日事件的统计显著性已高到使之成为"首个引力波探测"的程度，作为一名社会学家，我的职业生涯似乎变得更加艰难。我再次感到愧疚，因为我未能与同事们一起兴奋地跳起来，而是失落地注视着这一转变。于我而言，1 月 11 日是充斥着愧疚感的一天。这个问题将会在本书第 13 章中得到解决。

顺便补充一下，"4 个探测事件的门槛"是合作组织内部达成的一个协议——当合作组织确认探测到了 4 个引力波事件时，科学家们将不再把引力波观测当作秘密，而是会在数据生成后，面向天文学界和天体物理学界公布全部信息。当然，这是规则改变的另一个征兆——经过 4 次确认之后，引力波将变为普通现象，不再需要额外的谨慎对待。

我发现，自己开始向彼得咨询一些技术性问题——节礼日事件的统计显著性如何从 4 以下跳到 5 左右。最初的 4 个标准差的估计基于以下假设——背景如图 8-2（a）所示，即第一个事件的 16 日背景。在我看来，只有当针对节礼日事件设置的背景与 16 日的背景不同时，统计显著性才会改变。干涉仪的噪声突然变少了吗？这对"冻结"的概念有影响吗？如果它是真的，就会产生影响！同样的问题也出现在了彼得的脑海中，但他告诉我（我既愧疚又愉快），他也不能理解它，甚至怀疑，他可能不得不改变乐观的态度。据此，他研究了一下。

答案很有趣。节礼日事件比第一个事件更“轻”，双星质量之和约为25倍太阳质量，而第一个事件中的双星系统重量约为65倍太阳质量。这意味着，当节礼日事件与模板匹配时，由于信号的频率更高，它会落入不同的“分格”（共有3个分格）。高频信号较长，因此噪声与高频信号具有相同表现的可能性较小，也就是说，高频区域更加安静。这就是节礼日事件如此显著的原因，即便它的能量较低，信噪比仅有一半。重复一遍，在高频分格中，与引力波信号表现形式相似的纯噪声符合明显减少，因此信号由噪声造成的可能性降低。该差异直到相应的时间平移的箱子被开启后才会显现，这就是节礼日事件的统计显著性突然上升的原因。

最后一次会议：1月19日和1月21日

1月19日已被预留，用来召开合作组织范围的会议，最终被证明是盲注的秋分事件与大犬事件也曾举办此类会议。在会议中：首先，社群必须决定将要发表的论文是否已做好提交的准备；其次，社群须决定是否已准备好打开“信封”——信封包含盲注的秘密。以往的合作组织范围的会议是盛大且愉快的，每一次都让来自全球各地的人们会聚在美国加利福尼亚州的宾馆内。阳光明媚、棕榈树摇曳、香槟四溢——尽管香槟盛装在塑料玻璃杯里（非常适合盲注）。

这一次不再是集中型会议。TeamSpeak 电话会议系统似乎运行得很好，因此不必额外排放使地球变暖的尾气了。每个人都熟识其他人，所有工作已通过电话会议开展了数月，于是科学家们认为，即便与会人员散布在地球各处，也不会影响这个至关重要的会议。因此，纵使我想深入探究事物的核心，也无法找到它。在 1 月 19 日之前，我一直规划着如何及在哪里度过开会的那个下午。

在面对面会议中，显然只有少数人可以发言，但在电话会议里，没有什么能阻止每个人做出自己的贡献。为了将潜在的讨论点减少到可控的数量，领导层已经要求与会者按地区组成团队，并且事先决定**团队**想要讨论的点。可以说，此举再次引入了面对面交流的一些限制。我本可以专注于自己的研究，但我决定问问加的夫大学（Cardiff University）的引力波物理学团队，看他们是否愿意接纳我，让我体验一下气氛。然而，伯明翰大学（Birmingham of University）团队已经决定在英国召开一次会议，而加的夫大学团队也同意加入。因此，我给伯明翰大学致信，并计划与加的夫大学的引力波物理学团队一起乘坐火车前往伯明翰。我们很幸运，阳光明媚，不过天气实在是太冷了，而且伯明翰没有棕榈树。糟糕的是，在会议当日的早晨，领导层解释，因为存在太多未解决的问题，所以关于论文的决定无法在当天做出，他们将于次日准备好最新的草稿（版本 10）供大家审阅。此外，合作组织范围的会议将在 1 月 21 日举行。总之，我们一路来到伯明翰，参加了一个预先就知道会扫兴的会议。那是一次不错的旅行，但毫无实质进展。

更糟的是，会议再一次显露了保密带来的弊端。请记得，在欺瞒一事之中，我并非疏离的观望者。不论愿意与否，我都是彻头彻尾的参与者。对我来说，关键的讨论涉及论文是否应提到节礼日事件。探测委员会持肯定意见，我想委员会考虑到了节礼日事件在建立科学家们的信心方面扮演的重要角色：他们现在知道，他们处理的不再是单一事件，磁单极子的案例可以被抛在脑后了（这似乎是集体观点，即第二个星期一事件没有那么重要）。然而，反对声音越来越多，因为合作组织尚不能确定节礼日事件能否像第一个事件一样，在数月的分析过程中“生存”下来。该理由证明了对第一个事件保密是合理的（即使每个人都知道，若它非真，那才令人震惊），而如今，这个理由被用于决定节礼日事件是否也要进行同样的信息管制。

关于该问题的分歧很大。有人想要在发现论文中简要提及节礼日事件；有人认为，它即使未出现在发现论文中，也应该出现在新闻发布会上，供学界讨论；有人建议，如第一个事件，节礼日事件也应被掩饰。对于后者而言，规则尚未改变，他们试图将欺骗的逻辑推演至无限的未来，这种逻辑在重大发现诞生的情况下是可以被理解的（请参阅第 13 章）。以下这个例子陈述了一个极端观点：

> 我认为，在发现论文中提及节礼日事件是个坏主意。我们没能对它做出强有力的声明，但在论文中放入较弱的声明会弱化这个非常好的结果，并且会分散大众对主要事件的注意力。我们会被问到是否已看见了更多的事件，而这个问题持续出现在过去的 4 个月中，我们对此给出了自洽且一致的回答——社群仍在分析数据，准备好就会告诉大家。我们只需要继续这么做——我看没什么问题。

于我而言，此类言论证实，欺瞒在社群中已成为很自然的举动，社群如同查尔斯·狄更斯式学院，而我们则是巧妙的骗子。

粗略计算

因此，重要的日期变成了 1 月 21 日。介于 1 月 19 日与 1 月 21 日之间举办的讨论会，可能会让我们对事情的走向有所了解。社群的一位领导对论文进行了简短的分析，解释了为何第一个事件看似来自双黑洞。完整的证明过程将是十分漫长且复杂的（这是参数估计小组的工作），而且我们已经看到，第一个事件总是容易受到“它可能表示玻色星”等反对意见的攻击。然而，这位成员采用一个漂亮又简单的方式说明了事件肯定源于双黑洞。这只是简单地计算两个旋转物体之间距离的问题，答案可以从旋转频率中推导出来。结果表明，双星非常重且非常近，却依旧没有触碰到彼此，这意味着两者必须非常致密，双星只可能是黑洞。其他任何事物都会显得过大。若其中一个物体为中子星，那另一个物体的质量必须极大，模型会变得不合理。以下为第 9 版草稿中表达该论点的开头句：

> 对 GW150914 基本特征的粗略分析表明，信号由两个黑洞并合产生——两个黑洞轨道的旋近与并合，以及最终的新黑洞的铃宕。

不过，这是一个关于事件合理性的论证，而非绝对的证据。正如我们在上述关于节礼日事件的评论中所见，部分合作组织成员认为，所有仅看上去合理的言论必然会降低科学论文的可信度，还记得吗：“在论文中放入较弱的声明会弱化这个非常好的结果，并且会分散大众对主要事件的注意力。”这是“固执的职业精神”的又一例子。

而后出现了 30 余封讨论该论证过程是否应该出现在论文

之中的邮件，如果应该，那论证过程是否应被称为“粗略计算”。以下是一些可供参考的意见：

1 月 20 日，01: 23

当我第一次读到这个论证过程的时候，我对使用“粗略计算”一词来描述论文中的所有分析的做法怀有相当强烈的负面情绪。它似乎削弱了接下来内容的可信度。人们会认为这是一个妥帖的声明吗？似乎，不说那些会暗示我们未做仔细分析的话会更好，即使它不是完整的 GR/NR 分析。或许“初步分析……”这种说法好些？

1 月 20 日，08: 40

那些话很重要，否则许多共同作者会被误导，认为这是精确的计算，他们会一直希望得到精确的数值。那些话似乎是表达论证是粗略计算的最可靠的方式。

1 月 20 日，08: 50

*概念*很重要，但我同意“粗略”这种措辞对论文来说并不恰当。应该指出，计算过程是基于原理的顶级论证。

1 月 20 日，13: 03

我个人不喜欢整个段落。计算过程确实漂亮——别误会我的意思。然而，它不属于这篇论文。原因如下……

*粗略计算很危险！即使逻辑中存在严重缺陷，这种计算也可以得出“正确”的结果。……我们之所以会进行完整的计算，是因为细节至关重要！

*将这个计算放在论文中如此靠前的位置，似乎意味

着它代表了我们确定信号源的方式，以及我们对参数估计的理解。它看上去很业余。这不是我们进行参数估计工作的方式。我们做了大量的测试来验证该信号是广义相对论预言的双黑洞，而不是其他事物。我们不是业余的！……

*计算假定了它想要证明的大部分内容："对双星系统演化过程最合理的解释是，两个绕轨道运动的质量为 m_1 和 m_2 的物体由于引力波辐射而旋近。"你真正的意思是，在该信号"像啁啾"的情况下，它一定源自双星旋近，因为我们想不出能够做到这一点的其他物体；而以双星旋近为前提，引力波源势必由两个黑洞组成，因为我们可以通过 PN[①] 估计物体的质量，由于质量太大，该双星系统不可能包含 NS（中子星）。

我们可以在这个论证中找出许多漏洞。它并非无懈可击，我们也不期望它做到这一点。然而，论文中的其他信息都是无懈可击的，而且我们期望如此！

1月20日，16: 30

奇怪的是，我感觉目前有关排除 NSBH（中子星黑洞系统）可能性的论证*倾向*使用"粗略计算"这种措辞。

这段文字的重点**并非**明确地表示我们已经看到了黑洞，那是论文剩余部分要阐述的内容，我们也会继续发表大量的相关论文来坚持这个观点。该论证是为了帮助"普通物理学家"直观理解正在发生的事情。

① 后牛顿近似方法（Post-Newtonian Approximation Method，简称 PN）最重要的用途是从理论上计算双星系统辐射的引力波的波形。——编注

1 月 20 日，17: 13

这就是我一直在较劲的事情。我认为论文的这一部分应是一个简单的“证明”，论证信号一定来自 BBH——这就是它看起来想说的。听上去，它要么尽可能地讨论或诠释这个信号，不必尝试用基本的论据证明引力波源一定是 BBH；要么应该在适当的地方指出，详细的分析（此处未介绍）提供了证明这个论点的关键环节。

最终，“粗略计算”一词被删去，但那段话被保留了下来。在提交的论文版本中，该段第一句话如下：

GW150914 的基本特性表明，信号由两个黑洞并合产生——也就是两者轨道的旋近与并合，以及最终的新黑洞的铃宕。

LVC 会议落幕：1 月 21 日，实时

因此，1 月 21 日下午晚些时候，真正的签署会议终于要举办了。它将决定（除非出现严重错误），这篇论文是否可被提交给《物理评论快报》。《物理评论快报》已准备好接收这篇长达 15 页的论文，并将在一周之内对其进行审阅，以便为后续修改预留时间。该期刊会在新闻发布会前做好发表这篇论文的准备。为了完整记录这段历史，我会将 21 日合作组织的邮件如实呈现给大家：

非常非常感谢论文协调组，小组在参考 LVC 成员的评论及采纳探测委员会提出的关于 GW150914 探测事例

表述的建议方面，表现卓越。

正如周二宣布的那样，我们将于 1 月 21 日周四上午太平洋标准时间 08: 00（距现在约 9.5 个小时）召开 LVC 范围会议，讨论与将论文（https://dcc.ligo.org/P150914-v10）提交至《物理评论快报》有关的任何异议。论文团队的联合主席将会对文中的最新变化进行评论，会议也将询问探测团队的联合主席，是否对论文中探测事例的表述存在异议。

我们将使用 TeamSpeak 开会，LVC 全体会议频道，没有密码。加入频道前，请先将您的 TeamSpeak 话筒设置为静音，而且仅在您需要发言时取消静音。请勿在聊天区中输入评论或者问题，这极易让人分神，也是对正在发言的人的不尊重。若有问题，请输入“关于……提问”及两三个与问题主题相关的词语。

我们将不再考虑任何关于文本的建议，请仅在反对成为论文的共同作者，抑或对论文团队或探测委员会存在具体问题（非建议！）时发问。

我们将向 LSC 8 月 15 日的作者列表及 Virgo11 月 15 日的作者列表（https://dcc.ligo.org/LIGO-M1600003）中具有作者资格的人提出如下问题：

您是否赞同在提交给《物理评论快报》的 LIGO-P150914-v10 论文中以共同作者身份加入您的名字？

如果在会议结束前投票截止之际（不晚于太平洋标准时间上午 09: 30），收到的票绝大多数（>2/3）为“是”，我们就会提交论文。请注意，我们不会从论文中删去投反

> 对票的人的名字，但根据个人意愿，成员可在论文发表前的任何时刻“选择退出”。
>
> 期待与你们所有人相见！

我将在自己的书房中参加这次会议。

发生了什么

这个会议太奇怪了，以至于我直到现在才能将它写出来——翌日早上。随着时间推移，一些暗藏的麻烦出现了，令人感到不安的是，论文草稿的版本 9 与版本 10 之间存在个别改动，但这些改动并未获得最初负责相关段落的人或者探测委员会的适当批准。两部分内容造成了麻烦，但我们只着眼于其中一个，因为它日后变成了一场巨大争论的焦点。这两个麻烦都是固执的职业精神的表现。

我们将重点关注的改动是对一个段落的精简，这个段落讲述了如何基于已得到的观测估计宇宙中双黑洞并合的事件率。这种估计是天体物理学家的保留地，天体物理学家在计算天上有多少或多少种物质时，采用近似值。几个月以来，社群对仅依据孤例来估计事件率是否明智的问题进行了多次讨论，天体物理学家认为有意义，其他人则认为此举很奇怪。此外，只要知道了引力波源的性质（距离、两者的质量等），任何人都可以计算事件率，而事件率小组在准备相关论文方面走得最远，小组想要将相关论文与发现论文同时发布。因此，事件率小组必须对版本 10 满意，同时必须让版本 10 涉及的内容与他们在相关论文中所写的内容保持一致。

我认为，那个星期四下午（英国时间）的几个小时里发生的事，说明了许多关乎物理学与物理学家的问题。因此，我们将会花些时间来讨论一下。首先，请看以下段落——长篇幅来自版本9，而短篇幅来自版本10。

> 结合观测结果与对探测灵敏度的估计，我们可以限制局部宇宙中的恒星级双黑洞并合的事件率。指向与定位俱佳、其他性质像GW150914一样的双星系统，在光度距离是2.4 Gpc（$z = 0.42$）时，在单台探测器中的信噪比显示为8，灵敏度如图3所示。假设宇宙中所有的双黑洞都具有与GW150914［107］相同的质量和自旋，并且采用每100年1次的误警率阈值，我们就能推断出，90%的事件率范围为2～53 $Gpc^{-3}yr^{-1}$（在共动坐标下）。我们在整合所有的双星并合搜索结果时，正确地考虑每个事件的天体物理学或地球起源的概率［108］，并对质量分布做出更为合理的假设［109］，我们得到了6～400 $Gpc^{-3}yr^{-1}$这个更高的事件率估计范围。这些估计值与［109］中预言的事件率的大范围相符，仅排除了预言事件率的低端值（<1 $Gpc^{-3}yr^{-1}$）。
>
> 观测结果限制了局部宇宙中恒星级双黑洞的并合率［108］。我们估计的事件率范围是6～400$Gpc^{-3}yr^{-1}$，与［109］中提到的预言事件率的范围基本相符，同时排除了更低的事件率。

应注意的是公开的估计值的性质和根据。估计结果是以空间体积为单位的每年发生的事件数：“$Gpc^{-3}yr^{-1}$”意味着每立方10亿秒差距的年事件率，这对应着一个边长约为30亿光年的立方体。

如果估计值仅基于第一个引力波事件，那么得出的结果为每单位体积每年2～53个事件，注意这个宽泛的范围——2～53。不过，若考虑第二个星期一事件，同时对其不确定性做出认定，估计值将达到每单位体积每年6～400个事件。长段落解释了以上两种可能性，而短段落只提及了第二种可能性。之所以做出改动，是因为论文的修改者们认为长段落似乎包含了指示结果存在不确定性的诸多复杂计算。

有人暗示，这一改动会在会议召开的前一天带来麻烦。约10封电子邮件指出，精简该段落的行为未遵循恰当的流程，而且就目前来看，这是一种误导。该行为回避的流程包括与负责编写该段落的各方人士进行核对，以及由探测委员会确认改动内容。但这一切都发生在一天之内，论文修改者们的声音被数千条评论淹没了。

会议在被抑制住的兴奋感中悄然开始了，但上述问题逐渐变得明显。会议的主席明确表示，不赞成对版本10做任何修改，因为会议的主要目的是让论文的1 004位共同作者投票决定论文是否已做好提交的准备，而且投票已经开始，一些人已经就这篇论文的现状进行了投票。因此，选择受到了限制。人们可以投票支持或者反对提交，但主席明确表示，投反对票的人有权要求将自己的名字从作者名单中删除——令人迷惑的是，因为投票是匿名的，所以这无法实施。还存在一个问题，由于某些技术上的原因，作者名单上的小部分人不得不手写投票意见，他们无法匿名。投票的极端性愈发明显（要么赞同这篇论文，要么将名字从上面撤下），而主席仍拒绝修改论文的任何一个字，争论变得越来越激烈，也越来越根深蒂固。

最终，大部分人倾向于删减段落的内容并修改措辞，但天体物理学家们坚称，当前的论文是错误的：事件率不应该是每单位体积每年 6～400 个（该结果将第一个事件与第二个星期一事件列入了考虑），而是每单位体积每年 2～400 个。他们要求修改这个结果，但是主席始终拒绝对版本 10 做任何修改，因为这是投票的基本条件。

激烈且相当不愉快的讨论持续了至少 45 分钟，随着越来越多的人赞同修改，参与写稿的人们希望取消投票，并希望在当天晚些时候重新进行投票，其他人纷纷支持这一动议。不过，主席解释道，该动议不可接受。与此同时，投票的截止时间逐渐逼近。按照规定，若想提交论文，必须有超过三分之二的作者投支持票。

距离投票截止还有几分钟时，主席终于表示，在审稿过程中，可再次核查这些数字。这使得一位原本坚决反对提交论文的天体物理学家更换了立场。他认为，在此种情况下，为这篇论文投支持票是可行的。至少在这一点上，我非常担心本次投票会失败，论文无法被提交，那么紧张与封闭的可怕日子将会延长。我感到，自己并非唯一一个这样想的人。

静下来想了一想，于我而言，整个插曲实在是疯狂。让我们忘掉程序上的问题，只考虑利害关系。利害攸关的问题是，估计值的上限为 400，那下限究竟是多少？下限应该是 2，还是 6？谁在乎呢？在这个伟大的发现之中，这完全是个无关紧要的问题。我们知道，不论选择哪个数字，都是错误的，因为估计值并未考虑节礼日事件。它不能列入考虑，因为社群受到了“缄默法则”的限制——节礼日事件不能被提及，因而它不能用以调整计算。此外，我们知道，当干涉仪探测到更多相似事件时，估计值每隔几周就会发生改变。

一方面，对引力波的首次直接探测开创了天文学的一个全新分支；另一方面，每个人都知道不确定性如此之大的估计值的下限肯定是错的。我们知道，在未来几年之内，随着越来越多的引力波事件被探测到，估计值的范围将会缩小，因此人们会意识到自己所看的是一个转瞬即逝的事物。但探测论文是会流传的，其创立了天文学界的新常态和全新的生活方式。如此短暂的事物怎么会影响如此长久的事物呢？

答案，当然是学术界的本质，即物理学的文化及**固执的职业精神**。2 和 6 之间的差别对世界而言并不重要，但对须在同行面前为结果辩护的天体物理学家的自尊来说极为重要。我认为，这是学术界的一种病态思维。由于物理学以数学为基础，这个数字的重要性被夸大了。在我看来，这似乎类似（如果没有那么极端）关于“飞机事件”的争论（请参阅《引力之魅》，第 27～32 页）。我们将在本书第 13 章中回顾这一点。

顺便一提，几周后（2 月 5 日），当社群讨论应在更易接受的形式中加入哪些关于本次发现的事实时，一位发件人表达了同样的观点：

> 我不确定是否要加入并合率，因为该数据（很快）会被淘汰，而留下的将会是我们第一个孩子的宝贵照片。

时间一分一秒地过去，越过 05: 30 的截止时间。社群开始清点票数。投票原本是“走过场”，但实际的感觉并非如此，我想每个人都焦虑不安。结果出来了——587 人赞同，5 人反对！有人开始欢呼。也许只有我一个人注意到，412 位作者弃权或未投票。根据不同的计票规则，距离“三分之二的票数”还差 80 票。没关系——就在一瞬间，阴郁的气氛发生了变化。以下是 TeamSpeak 聊天窗口显示的内容[①]：

<17: 31: 32>［就在结果出来之前］“Sathya1”：我们需要振作，拜——托——了

<17: 31: 49>［就在结果出来之后］“valeriu”：欧洲歌唱大赛！

<17: 31: 50>“vicky1”：Sathya，我们仍要用香槟庆祝

<17: 32: 06>“Alan Weinstein”：日本流行音乐

<17: 32: 08>“Peter Shawhan”：哇！

<17: 32: 12>“llya”：万岁！

<17: 32: 15>“Jo van den Brand”：极好

<17: 32: 19>“gmendell”：耶！

<17: 32: 21>“DanHoak”：祝贺大家！！！！

<17: 32: 26>“Fulvio Ricci”：太棒了！！！

<17: 32: 29>“vicky1”：咱们走！！！！

<17: 32: 29>“Daniel Holz”：了不起！祝贺每个人。

<17: 32: 31>“Keith Riles”：妙极了！

<17: 32: 31>“stan whitcomb”：哇！好险！

<17: 32: 33>“Sathya1”：太——棒了

<17: 32: 34>“Gianluca”：万岁

<17: 32: 35>“Nergis”：万岁。祝贺加比和每个人！

<17: 32: 36:>“AndrzejKrolak”：干得好

<17: 32: 38>“pai_arch”：太好了

<17: 32: 48>“Dorota Rosinska”：太好了

① 为体现韵味，此处我们保留了发件人的原始英文名及发言形式。——编注

<17: 32: 48>“LHO MPR”：万岁！

<17: 32: 51>“arunava”：祝贺每个人

<17: 32: 52>“Federico Ferrini”：啊啊啊啊呀

<17: 32: 52>“neilcornish”：现在喝香槟有点早

<17: 32: 54>“Lionel London”：@Alan，日本流行音乐，很棒了

<17: 32: 56>“vicky1”：感谢大家的耐心与艰苦的工作

<17: 33: 07>“AEI Potsdam”：香槟已经打开。AEI 发来祝贺！

<17: 33: 11>“EGO Seminar Room”：祝贺……！！！

<17: 33: 12>“Tom Carruthers”：祝贺所有人！

<17: 33: 15>“sanghoon.oh”：向每个人表示祝贺！！！

<17: 33: 19>“Garilynn Billingsley”：干得漂亮！

<17: 33: 25>“Eotvos”：了不起，祝贺！

<17: 33: 26>“Collin Capano”：达斯・维德刚刚加入了对话

<17: 33: 31>“Dave Reitze”：哇！！

<17: 33: 31>“Claudio Casentini”：祝贺！！！！

<17: 33: 34>“RaRa”：祝贺所有人！

<17: 33: 34>“John.Oh（吴廷根）”：祝贺！

<17: 33: 46>“Leo Singer”：斯德哥尔摩你好，我们来了！

诸如此类。

然后，4 个月来，邮箱头一次变得安静，安静到我不得不一直检查自己的网络连接是否存在问题。网络没有问题——所有人都出去庆祝了。在论文提交后的 3 日内，也就是周五、周六和周日，我收到的邮件数是 71，而前 2 周相同的 3 个日子里的邮件数分别是 273 和 271！

再一次，我独自坐在书房里，同时错过了实际上与概念上的庆祝。我想，那种兴奋的情绪已经被几天前会议的取消，以及最后提交论文时的争论所消耗。无论如何，在社会科学中，你从不会为论文的提交而庆祝——那只代表麻烦的开始。伤心的是，你也永远没有如此轰轰烈烈的事件可庆祝。我们将会在本书第 13 章中再次讨论物理学与社会科学之间的差异。

审稿工作

仅仅一周后（1 月 28 日）审稿人的意见就出来了，并被转发给了合作组织。言辞间满是赞美。

> 这些结果显然将创造历史。
>
> 这篇论文是引力科学领域的重大突破与里程碑。……它毫无疑问可以在 *PRL* 上发表。
>
> 非常荣幸有机会审阅这篇论文。毫不夸张地说，这是我读过的最令人愉悦的文章。作者们清晰地描述了实验和探测过程，而且展示了本次探测的统计显著性和历史意义所需的证据。此外，论文的文笔也十分出色。论文将面向广泛的读者发布，并将鼓舞新一代的物理学家和天文学家。我毫无保留地向 *PRL* 推荐这篇论文。我期待它成为有史以来被引用最多的 *PRL* 论文之一。

此外，还有几个技术问题与评论，社群相信可以在这周结束前搞定。大家认为，一周前引起巨大争议的问题也将得到解决。在重新提交的草稿中，事件率将从每单位体积每年

6～400 个降到每单位体积每年 2～400 个，而且社群将会补充一两句话来介绍对双黑洞自旋的估计。仅有一个稍显突兀的评论——其中一位审稿人希望声明能够强调本次事件是直接探测。不过，编辑们建议，这方面不应做任何改动。这周末前，我们将会得到论文终稿，版本 13，一位审稿人坚持最后再审读一遍终稿。除非这位审稿人仍不满意，否则新闻发布会将于 2 月 11 日召开。

发现论文——科学家们完成了什么

如今，我们得到了最终的论文草稿，它写得非常好。尽管这种有 1 000 多位共同作者参与的写作方法十分荒谬，写作团队还是成功了。甚至，之前的各种投票也行之有效。请看标题：

《对来自双黑洞并合的引力波的观测》
(*Observation of Gravitational Waves from a Binary Black Hole Merger*)

我曾经希望在标题里加入“直接”，并认为“LIGO”出现在标题中会更准确。然而，我错了，标题应简洁明了。我不知道其他人读起来如何，但对于为了这一刻等待了 43 年的我来说，它令我激动得战栗。[①] 此外，“直接”在摘要的最后一句

① 《纽约时报》(*The New York Times*) 报道：“《物理评论快报》的主编罗伯特·加里斯托 (Robert Garisto) 表示，自己在阅读 LIGO 的论文时起了鸡皮疙瘩。” (Overbye, D. 2016. Gravitational Waves Detected, Confirming Einstein’s Theory. *The New York Times*, February 11.) 我认为，若想知道一个人是否理解了科学发现的情感意义，那就一定要问问其在阅读科学论文时是否会产生这种反应。——原注

话中适时地出现，并在结论的最后一行里再次出现：

> 这是对引力波的第一次直接探测。

摘要的第一句话也明确提到，进行观测的设备属于 LIGO：

> 2015 年 9 月 14 日 09: 50: 45 GMT，激光干涉引力波天文台（LIGO）的两台探测器同时观测到了一个瞬现的引力波信号。

这篇论文保留了草稿版本 1 的历史性语气——不算太夸张，因为这是人类在认知宇宙的历史上的一件大事。在试图将故事简化成一个测量与计算问题的情况下，历史元素经受住了考验。在本次事件中，人们切实做出了成绩，而不仅仅是事情发生在了他们身上。下面这句话的必要性直到 1 月 19 日仍存在争议，不过它依然被保留在了版本 10 里。不幸的是，后半句被删除了：

> 爱因斯坦认识到，引力波的振幅将会非常小，~~并认为这对物理学不具有实际意义。~~

即使如此，这篇论文也是艺术品，它被塑造成了引力波本身的标志。这篇论文是职务的象征——镶满宝石的权杖，意味着国王的权力。对已完成的引力波探测工作来说，这篇论文是熠熠生辉的标志，更令人兴奋。让我们问问自己，它究竟代表什么。

在此之前，长达半个世纪的努力从未获得科学上的回报，引力波探测工作一直通过坚定的决心、高超的管理技术，以及对预言它终会成功的理论的信心来维系。第一批设备仅建立在希望的基础上，当时的计算表明，它们永远无法探测到引力波。尽管每一个成功的技术世代都没有相信自己会看到任何新事物的科学权利，越来越多的改进还是提高了仪器的灵敏度。至少从如今的优势来看，高新 LIGO 是第一个理应成功的设备，而此前建造一代又一代的设备时，希望必须胜过计算。从韦伯的共振棒到高新 LIGO，探测引力波通过时产生的挤压与拉伸应变的灵敏度提高了约 10 万倍。这种数据只能靠猜，早期的测量并不精确，而随后几代人的目标是不同种类的天体。不过，忘了这些复杂的事情吧，由于探索空间量的方式随着灵敏度的提高而变多，从约瑟夫・韦伯时代初期到现在，看到宇宙事件的可能性增加了数千万亿倍。虽然没有科学上的成功（这与粒子物理学形成了鲜明对比，在粒子物理学的发展中，每个时代都建立在成功的基础上），但是这项科学事业已持续了半个世纪。

结论为“对来自双黑洞并合的引力波的观测”，再怎么复述这点也不过分。探测通过具有非凡灵敏度的仪器实现，仪器可直接与引力波互动。引力波在探测器中产生的可测量的变化，相当于地球直径的尺度上质子宽度的变化。这必须通过干涉臂长度的变化来感知，干涉仪的臂长只有 4 000 米，这意味着探测到的变化相当于质子直径的 1/10 000。这就好比我们看到了 1/1 000 滴水在加的夫湾（Cardiff Bay）的 1 平方英里（约为 2.59 平方千米）海域中造成的海平面的变化。[①]

在爱因斯坦的广义相对论诞生 100 周年之际，这一发现是

① 我曾在《引力之影》中写为 1/100 000 滴水，这是错的。——原注

对该理论最严格的验证。它是电磁波谱之外天文学中一个全新领域的开端，引力波探测是“看见”黑洞的唯一方法。不可思议的是，黑洞如今能被“看见”了！而且黑洞**已经**被看到——一对黑洞互相旋近，最终并合为一个。全新的天体物理学事实已经出现——两个黑洞可以构成双星系统，并且该双星系统能够辐射足够多的能量，让自己在宇宙年龄内衰减与并合。这是直到现在我们才知道的事情。

这个已被看到的事物很难理解。在不到 1 秒的时间里，3 倍太阳质量已完全转化成能量，并以引力波的形式释放出来。与此相比，在人类制造的威力最大的爆炸中，转化为能量的物质质量是——第一颗原子弹约为 1 克，目前威力最大的氢弹约为 2.27 千克。几分之一秒内，在能量上，旋近的双星系统比宇宙中的所有星星都要亮，尽管其距离我们 13 亿光年之远（1 光年约为 9.46×10^{12} 千米）；若其以光的形式释放能量，亮度会超过满月。如果两个黑洞在并合时处于太阳的位置，且两者以光的形式辐射能量，太阳系就会消失。为了描述看到引力波的难度，我想请你假设自己穿着宇航服飘浮在太空中的样子，你与引力波事件的距离等于太阳与地球之间的距离，除了引力波让耳骨发出的嘎吱声，你不会有任何感觉。

彼得·伯格在其于 1963 年出版的《社会学入门》中解释道，社会学家必须要在研究对象的世界观与分析者疏离的世界观之间“转换”。以上章节显示，我不仅吸收了研究对象的世界观，而且为之自豪，我有幸与你们分享这 50 年来的美妙经历！现在，随着剩余章节缓缓展开，作为分析者，如同在获胜的罗马将军耳边低语的奴隶[1]，我必须提醒大家，我们所看到的一切只不过是表示作用在镜子上的应力的几个数字，而且上述事件代表一种结构，其基于信任及关乎某种意义的庞大且错综复杂的社会协议。关键在于，要看到事物的两面，不要认为其中一面会削弱另一面。这个诀窍能让彼此变得充实，并且让我们尽己所能去学习。

① 古罗马人为防止将军被胜利蒙蔽，会让一名奴隶在凯旋的将军耳边谆谆告诫："你只是凡人，不是上帝。"奴隶还会手拿一颗头盖骨，提醒将军：如同其他人，将军也难逃死亡的命运。——译注

第 11 章

最后的涟漪：从新闻发布会到美国物理学会，再到世界各地

2 月 5 日，我从《自然》杂志的记者那里听到了一则流言。《科学》（*Science*）杂志发表的一篇文章证实了该流言，如今整个探测故事已经流出。他们发布了一张推文图片（见图 11-1）。

最终发表在《物理评论快报》上的论文是：B. P. 阿博特等，《对来自双黑洞并合的引力波的观测》，2016a。（Abbot et al.，2016a）网址为：http://journals.aps.org/prl/abstract/10.1103/PhysRevLett.116.061102。

主要的新闻发布会将在美国的华盛顿召开，而卫星会议将在世界各地举行——引力波研究的各工作地点。届时，数十场会议将会同时举行，其中大部分会议除了转播华盛顿会议以外，也会有自己的议题。图 11-2 展示了几张会议照片。

我参加了伦敦会议，结果会议低调得令人失望，组织者选择了一个小会场，似乎是担心人群会过于拥挤。于是，组织者

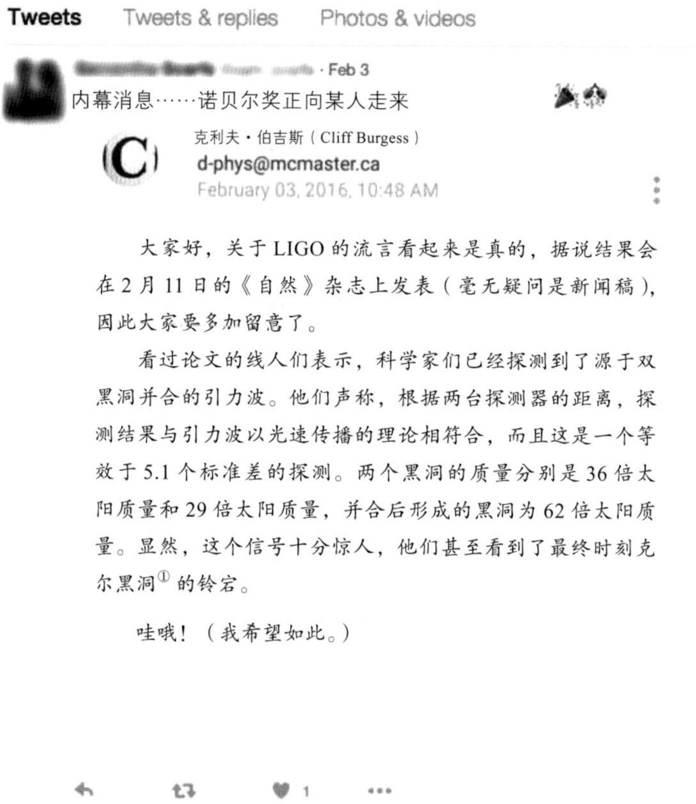

Tweets Tweets & replies Photos & videos

· Feb 3

内幕消息……诺贝尔奖正向某人走来

克利夫 · 伯吉斯（Cliff Burgess）

d-phys@mcmaster.ca

February 03, 2016, 10:48 AM

大家好，关于LIGO的流言看起来是真的，据说结果会在2月11日的《自然》杂志上发表（毫无疑问是新闻稿），因此大家要多加留意了。

看过论文的线人们表示，科学家们已经探测到了源于双黑洞并合的引力波。他们声称，根据两台探测器的距离，探测结果与引力波以光速传播的理论相符合，而且这是一个等效于5.1个标准差的探测。两个黑洞的质量分别是36倍太阳质量和29倍太阳质量，并合后形成的黑洞为62倍太阳质量。显然，这个信号十分惊人，他们甚至看到了最终时刻克尔黑洞[①]的铃宕。

哇哦！（我希望如此。）

1

图 11–1 包含引力波事件信息的推文。

索性将人们拒之门外。但实际情况与预想大相径庭——会场只有几十个人。令人印象深刻的华盛顿会议则顺利举行，人们能体会到参与感，并会在戴夫 · 赖策发表首次声明时感到无比自豪："我们探测到了引力波。我们做到了！"

---

① 克尔黑洞又称旋转黑洞（rotating black hole），是具有角动量的黑洞。相比于静态的施瓦西黑洞（Schwarzschild black hole），克尔黑洞更接近于实际物理上的黑洞。——编注

图 11–2　2 月 11 日及之后的新闻发布会与 2 月 24 日的国会听证会（图片由 LIGO 提供）。

第二道涟漪

在华盛顿的演讲台上，除了戴夫，还有代表 LIGO 创始人的赖纳·魏斯与基普·索恩（Kip Thorne），以及加布里埃拉·冈萨雷斯。我很高兴约瑟夫·韦伯被提及为引力波领域的奠基者［他的夫人天文学家弗吉尼娅·特林布尔（Virginia Trimble），在听众中十分突出］，现在罹患阿尔茨海默病的罗纳德·德雷弗也被介绍为 LIGO 奠基者之一。华盛顿的新闻稿将索恩、魏斯与德雷弗描述成 LIGO 的创始人。[①] 我在新闻发布会上发现了一个值得注意的缺席事件，这个人不但未出现在

① 若想深入了解 LIGO 创立的非凡故事，请参阅《引力之影》。——原注

现场（他当时正在日内瓦的 CERN[①] 举办研讨会），也未被特别提及，这个人就是巴里·巴里什，其与加里·桑德斯一同将 LIGO 和引力波天文学从坟墓边缘拯救了回来。[②]

在我看来，另一个令人不快的地方是，当被问及数据中是否存在其他事件时，答案依然具有欺骗性。节礼日事件是非常重要的科学事实，它对消除科学家们认为第一个事件可能是另一个“磁单极子”的恐惧意义重大。然而，观众并未被告知相关内容。

当天晚上，这一发现占据了英国所有新闻广播的主导地位，绝大多数报道展示了华盛顿会议的摘录和图片，以及对英国科学家的专访。新闻报道与科学发现一样引人注目，令人印象深刻。我和一些来自加的夫大学物理系并出席了伦敦新闻发布会的同事坐在酒吧里，观看了 18: 00 的 BBC 新闻，互相击掌庆祝。之后，我与儿子及他的同伴一起观看了更多披露细节的新闻快报。我为参与了这一正在发生的大事感到自豪。

如今，我的工作是收集新闻。我仔细地聆听了伦敦新闻发布会和华盛顿新闻发布会中的问题，没有人对科学家们所做的工作表示怀疑，他们只是询问了更多的细节。几天之后，我听了由巴里什主持的 CERN 研讨会的录音。会上，科学家们准备再制造一点儿麻烦。

有人对高达 5.1 个标准差的统计显著性及其实现方式产生

① 欧洲核子研究中心（European Organization for Nuclear Research）创立于 1954 年，现坐落于瑞士日内瓦的西北郊区，其拥有世界上最大的粒子物理学实验室。——译注

② 请参阅《引力之影》来了解完整记述。《引力之影》的读者应该会注意到，罗比·沃格特的名字没有出现在发现论文的 1 000 多位作者之中。早期的草稿中是有的，但他坚决要求将自己的名字移除，我想他或许仍在为失去主管的工作感到气愤。——原注

了质疑。有趣的是，巴里什在介绍问答环节并就可能会出现的问题提供建议时，用如下方式引导了关于统计显著性的讨论：

> 我知道这里的人对统计数据及如何得到足够高的统计显著性之类的工作很感兴趣。

巴里什含蓄地指出，发现的定义"因地而异"，他向大家解释了粒子物理学家对这个定义的特殊思考方式。一位与会者问，如果社群分析了 O1 剩余的数据，并且得到了更多可用于处理 GW150914 的背景，那么统计显著性将会达到多少。这个问题从未得到很好的回答，科学家们只是表示剩余的数据尚未被分析。这样回答的原因可能是讲台上的人都不想引发关于机器的"相同状态"代表何种含义的讨论，这会让 O1 剩余数据的背景可与 16 日数据的背景做比较（可能导致潜在的重大问题，包括冻结是否具有意义，以及背景是否足够稳定以证明统计数据的合理性）。这些问题可能会为统计计算的可靠性带来十分不利的影响。

一系列相关的问题提到了发生相似事件的可能性，这似乎反映了大众对单一事件的不信任，不过这种不信任从未浮出水面。此时，强制性的托词显露身手——据说 O1 中可能存在另一个事件，但分析尚未完成。再一次，会议中没有人知道，大部分物理学家对第一个事件的信心，来自迷人的节礼日事件。节礼日事件是这个发现的一部分，纵然它没有出现在统计数据中。信心背后存在证据支持的事实被掩盖了。

随后的一些问题关注，科学家们是如何认定引力波以光速进行传播的。不过，尚未有独立的证据表明引力波确实以光速传播，当某个被探测到的事件同时发出光和引力波时，我们可以通过比较两者到达地球的时间来获得证据，但那需要更高的定向灵敏度及超好的运气。目前，若想回答该问题，须将所有证据融合起来：爱因斯坦的理论认为引力波的速度是光速，同时爱因斯坦的理论还生成了已看到的波形；若引力波的速度与光速不同，波形就很难对应得上。例如，波形会被扭曲，而且一台探测器的信号在进行时间间隔小于光在两台探测器间传播的时间的时间平移操作后，与另一台探测器的信号吻合，如果这仅仅是噪声导致的符合，那统计显著性不可能达到 5.1 个标准差这么高。我想，这个问题与科学哲学有关。这一发现在很多方面都依赖于引力波以光速传播这个假设（比如，在速度不同的情况下，所有符合与时间平移方法会崩溃）。然而，这个论证是反向的——我们实现引力波探测依赖于以上假设，若非如此，我们就不可能做出这一发现！该论证具有说服力，但其中的逻辑有些蹊跷。科学家们用一种近乎幽默的方式继续讨论着这个论证。但随后，某人发表了决定性的言论（要记得，这可是 CERN）：

> 我认为，如果与会者继续提出此类问题，我们很快就会得出希格斯粒子还没有被发现这类结论。

有人再次指出，人们总能找到怀疑的理由。

于是，到目前为止，就第二道涟漪而言，第一个事件似乎表现得相当不错，粒子物理学家们准备要相信它了。的确如此，几天后，巴里写信给我：

> 到目前为止，科学界毫无异议地接受了这个结果。若在舆论影响减弱之后还没有质疑者发言，那将着实令人惊

讶。但我现在怀疑还有更多的事件，一旦节礼日事件或者其它 O1 候选事件显露出来，这就是毫无疑问的。

我担心，在你付出了多年的耐心来追踪 LIGO 之后，科学界相信 LIGO 实现了引力波观测这个过程的戏剧性与微妙之处，只会被视为“灌篮”。因此，你将不得不分析科学界为何能如此迅速地被说服！！对我这个科学家来说，这太棒了。而对于你，一名社会学家，我猜它没有那么有趣。

《物理评论快报》的编辑本想给论文写作小组写邮件：

真正令我震撼的，是论文发布后最初 24 小时内的点击量，*PRL* 上你们的摘要被点击了 38 万次，而且该页面上论文的 PDF 被下载了 23 万次。点击量远高于过去任何一篇 *PRL* 论文，最终下载量也异常之高。数十万人真的想阅读全文！这太了不起了。[由 LIGO 提供。]

来自那些能很好地融入主流科学界的科学家们的接纳，到此为止——就 CERN 而言，它已融入主流科学界，因为巴里·巴里什曾是 CERN 的一名粒子物理学家。当 4 月的美国物理学会召开时，我希望能发现更多有关主流物理学家的信息，而这些信息离物理学的核心远一点儿，但我们已经可以从网上看出事态的发展：《自然》《科学》《纽约时报》在自己的网站上宣布了探测结果，对引力波事件进行了大范围的报道，并为最好的图片和引述竞争——官方人士未表示出任何怀疑。

我违背了自己的一条原则，向整个合作组织发送了一封邮件（此前，我只在无意间这么做过），询问是否有人知道关于这一发现的批评意见。斯蒂芬·J. 克罗瑟斯（Stephen J. Crothers）的一篇论文吸引了我的注意（见下文），但他并非主流圈的人。另一篇论文四处流传，文中声称引力波探测的真实性不存在问题，而是黑洞的质量算错了——应为报道的一半左右。这篇论文来自一位退休的主流物理学家，合作组织的一位成员告诉我，如果这篇论文能被发表，他会感到讶异。除此之外，完全没有批评方面的报道。一两个人写道，他们已经进行了很多次演讲，尚未遇到任何质疑。

擅长在高能物理学中应用统计学方法的老前辈路易斯·莱昂斯（Louis Lyons）在 2013 年的论文中表明，由于试验因子和先验期望，基于 7 个标准差以上的统计显著性的探测才是可靠的。然而，如今没有人再提起这件事，包括莱昂斯。我询问莱昂斯，依据他 2013 年的研究，他是否认为 GW150914 的探测不可靠。3 月 21 日，我们进行了长时间的电话交谈①，莱昂斯解释，他认为两台探测器中信号的相干性极具说服力。另一件事在这场谈话中变得清晰，科学家们总是关注“5 个标准差”，却没有真正理解以下两件事的区别：一件是收集许多弱信号，直到总体的统计非似然度达到阈值，进而生成 5 个标准差；另一件是寻找信号，越来越复杂地分析背景，以表明这个单一事件不太可能在背景（16 日数据）中偶然出现。一个坚定的批评家可以在这个问题上挑刺，但在主流科学界，甚至粒子物理学这类领域中，不存在坚定的批评家。

5 月，2 项大奖揭晓。300 万美元的“基础物理学突破奖”

① 莱昂斯的论文为《讨论 5 个标准差的重要性》（*Discovering the Significance of 5 Sigma*），arXiv:1310.1284 [physics.data-an]。电话中，莱昂斯清楚地表示，他只想将讨论当作一般性的指导方针，并警告人们不要将 5 个标准差当作教条。——原注

（Fundamental Physics Breakthrough Prize）由“LIGO 创建人”罗纳德·德雷弗、基普·索恩、赖纳·魏斯与“该发现的 1 012 位贡献者”获得。这 1 012 个人涵盖论文的作者，以及另外 7 人，包括弗兰斯·比勒陀利乌斯、蒂博·达穆尔和罗胡斯·沃格特（Rochus Vogt，即罗比·沃格特）等。100 万美元被前 3 人平分，200 万美元则被其余 1 012 人平分。同一个月，德雷弗、索恩和魏斯分享了“格鲁伯宇宙学奖”（Gruber Prize in Cosmology）的 50 万美元奖金。5 月的最后一天，德雷弗、索恩和魏斯被授予了 120 万美元的“邵逸夫天文学奖”（Shaw Prize in Astronomy）。6 月伊始，这 3 人又赢得了 100 万美元的“科维理天体物理学奖”（Kavli Prize for Astrophysics）。

科学系统似乎出了问题。为什么这些人需要如此多的嘉奖呢？他们已经因在引力波探测中做出贡献而享有名气，除了诺贝尔奖，任何奖项都不会使他们更为出名。正如经济学家会说的那样，这些奖项的边际效应接近于零（或许对捐赠者而言，并非如此）。

然而，由于引力波探测是一个团队成果，还存在一个问题。“物理学突破奖”嘉奖了整个团队，但它明显为三位大人物保留了显著地位。其他奖项反复提及“三巨头”（参见《引力之影》），像是为孩子们重复着一个熟悉的睡前故事一样。事实不是这样的。《引力之影》并不打算成为一本历史读物，但鉴于这些奖项正在社会性地构建伪历史，它的历史价值正在增加，它是这段能在科学课本中找到的家喻户晓的历史的一种更加示意性的版本。若将三巨头中的任何一位移走，探测可能就无法实现，而三巨头也绝不可能独自做出这一发现。LIGO 必须从小科学转变为大科学。德雷弗甚至不能在大科学的环境下工作；索恩在面对德雷弗与魏斯的分歧时束手无策；魏斯是唯一理解大科学的人，但是没有证据表明他能够管理规模如此大的项目，即使他可以，他也很有可能会做出错误的技术选择——如决定光在干涉臂中的传播方式。沃格特是最先将某种规则引入科学之中的人，而巴里什与项目管理者桑德斯才是真正让规则生效的人。之所以获得以上荣誉的是LIGO，而非Virgo（一个类似的大型设备），是**因为**巴里什把事办成了。在他离开后，其他人接手并完成了一项伟大的工作，但此前，巴里什通过卓越的技术判断，克服重重困难，证明为这个垂死的项目提供后续基金是合理的，是他的远见卓识让一切步入正轨。当然，还有许多功臣会让你觉得“没有某人，就没有引力波的发现”。然而，这些奖项把科学变成了童话。

彼得·索尔森对此做出了更加乐观的解释。如果没有童话，就会存在无穷无尽的争论，诸如谁的贡献更大、谁是可有可无的而谁不是，等等。童话减轻了每个人的负担——这就是它的功能。

现在，我们需要从另外两个方面来看待这个问题：一方面是公众（已经被规模惊人的新闻报道所代表）；另一方面则是远离主流的科学家们。

主流之外

我给曾经联系过我的《自然》杂志记者达维德·卡斯泰尔韦基发邮件，为自己的欺瞒行为道歉。他表示理解，因为必要的欺瞒是“游戏”的一部分。此外，他引导我看了《自然》网站上大量且全面的报道。在杂志的博客上，我们发现了代表着不相信探测结果的科学家的人。我必须先对那些言论进行分类，因为有些观点太诡异了，以至于像我这样思维开放的人都无法采纳。搞定这一步，剩下的部分评论对我们追问“为何大家相信本次事件”是有用的！我们有什么证据表明那些不相信的人是错的吗？如果我们不接受社会运作的特定模式，那么答案就是**没有**。跳出这个模式，批评者们定义了一个边界，并迫使我们思考，存在于边界内的到底是什么。以下邮件展现了此种氛围：

彭乔·瓦列夫（Pentcho Valev）

2 月 12 日，13: 12

证明引力波不存在

这是一条显然成立的论证：如果引力时间膨胀不存在，那么引力波也不存在。前者是正确的——不存在引力时间膨胀。科学家们测量了引力红移，但他们告诉容易被骗的世界，他们已经证明了引力时间膨胀，这是爱因斯坦于 1911 年编造的不可思议的效应：……［下附含参考文献的解释性段落］。

“引力红移不是由固有钟速的改变引起的。在引力存在的情况下，它是由发生在正穿越时空的光信号身上的事物造成的。”

扎·亚（Ja law）

2 月 13 日，15: 33

我察觉到了**欺诈**。我们有上千名科学家，他们在岌岌可危的生计中寻找某样事物，在过去的 15 年间花费了上百万美元的税金，却一无所获。此外，我们正处于爱因斯坦坦预言的100周年纪念期间。再考虑到诺贝尔奖的奖金及名声，他们就拥有了欺诈与共谋欺诈的完美动机。他们想让我们相信，他们已经找到了我们付钱让他们寻找的东西，但这不符合奥卡姆剃刀原理[①]，也就是说：（1）他们探测到的是地震引起的变化或（2）意在欺骗的盲注。（3）有人注意到这个假设的距离吗？碰撞的两个黑洞之间的假设距离远超过系统假定的能“看”到引力波的距离。是的，我闻到了欺诈的味道。目前为止，每一个假定的引力波发现最终都没能经受住仔细审查。我没有看到科学界或者媒体对此进行仔细审查。我看到，有人在擦额头上的冷汗（哇，我们保住了工作），有人拍着他人肩膀，有人在恭维地鼓掌，还有人来了趟银行之旅。真正的科学家在哪里？那些旨在发现真相而不是谋求续签合同和诺贝尔奖的科学家在哪呢？

孤独：坏·朋友：好！（Alone: bad. Friend: good!）
2月13日，06:02

迈克尔逊–莫雷过去玩干涉仪玩得很开心。这些新人也在使用干涉仪，我没有在他们的论证中发现任何明显的错误。可是，我认为事情实际上不像他们所想，他们并不知道自己正在探测的是什么。不过，这不重要——它将被接受，成为另一个科学支柱，即使它是错的……

① 奥卡姆剃刀原理（Occam's razor）由英国的奥卡姆的威廉（William of Ockham）于14世纪提出，他认为空洞无物的普遍性要领都是累赘，应被无情地“剃除”。即在符合数据的模型中，简单模型优于复杂模型。——编注

克里斯·布莱克（Chris Blake）

2 月 12 日，22: 16

我想知道，这些研究者究竟是如何在无法用三角法测量信号及不知道所谓的波从何而来的情况下，声称这个事件是由两个质量严格为 36 倍太阳质量和 29 倍太阳质量的黑洞产生的？

韦尔纳·奥尔南（Verner Hornung）

2 月 13 日，02: 38

……老实说，我不知道他们是如何区分真正的事件与那些会导致路径长度不断改变的不可避免的振动的：它们不可能被控制到 10^22 分之一，而且仅持续四分之一秒的 250 赫兹的单一事件似乎不足以像粒子加速实验那样使用统计学方法提取噪声。

我给已经联络了一段时间的物理学家雷格·卡希尔（Reg Cahill）发了邮件。他在澳大利亚弗林德斯大学（Flinders University）的物理系工作。卡希尔不相信相对论，他提出了另一种关于光的理论，该理论排除了 LIGO 能够探测到信号的可能性。我问他对引力波已被探测到这个声明有何看法，他回复道（2 月 17 日）：

那个“实验”就是欺诈。

他引用了《纽约时报》的报道：

LIGO 团队包含一组制造盲注信号（伪造的引力波证据）的人，他们的工作就是提醒科学家们时刻保持警惕。

> 虽然每个人都知道是哪四个人，但他们说："我们不知道注入的是什么，何时注入的，以及有没有注入。"……

卡希尔认定，这个"假"信号是被故意注入的，以支持爱因斯坦的理论。

> 不同的人使用不同的技术探测引力波的行为，由来已久。……绝大多数实验的目的是探测光速 / 电磁波速的各向异性——观测结果与爱因斯坦的 SR［狭义相对论］相矛盾。在这种情况下，结果体现的是非爱因斯坦理论的引力波。这些实验还表明，真空迈克尔逊干涉仪无法探测光速的各向异性或者引力波。一名使用射频同轴电缆的实验员罗兰·德维特（Roland De Witte）——死于"自杀"。斯蒂芬·马里诺夫（Stephan Marinov）曾经研究引力的替代理论，却在发表成果的前一日，死于"自杀"。还有更多"与引力相关的死亡事件"。而且，之前一个伪造的实验阻止了物理学家研究引力钻孔的异常。议程就是说服学术型物理学家不要挑战爱因斯坦的引力理论，不要理会它的无数失败——钻孔异常、引力常数 G 的实验测量、漩涡星系的旋转曲线、宇宙的膨胀率（红移后的超新星数据显示了一个均匀膨胀的宇宙。爱因斯坦的引力理论无法做到这一点，因此暗物质和暗能量这种胡说八道的东西才会被引入）。将来，这些未被观测到的东西会预言目前宇宙不可观测的加速膨胀速率之类的事。诺贝尔奖已被颁给了这个胡说八道的加速度"发现"。诺贝尔奖也将被颁给 LIGO 的"发现"。

卡希尔与那些向《自然》杂志发送评论的人，并不认同主流的假设，即你应该相信谁，应该在哪里停止质疑。他们准备质疑到探测结果不再可信为止。那便是第二道涟漪传播到的地方之一——我们不得不说“第二道”涟漪，因为其中一些人受过科学教育，有的人甚至是非常有成就的科学家。实际上，几天之内，预印本服务器“viXra”上就上传了至少两篇完整的论文，其中一篇来自卡希尔，这些论文认为引力波发现是假的。viXra 是什么？本书中曾多次提到 arXiv 这个电子论文预印本服务器。viXra，即反向拼写的“arXiv”，是为了应对所谓的 arXiv 过于严格的发布政策而发展起来的服务器，那些被 arXiv 拒绝的科学家们可以在 viXra 上发布文章，viXra 几乎没有发布限制。[①] 其中的第一篇论文（viXra：1603.0127）发布于新闻发布会当天，被作者斯蒂芬·J. 克罗瑟斯广泛传播，是几天前发布的一篇文章的改进版。文章篇幅很长，克罗瑟斯认为这一发现绝不可能是真的，因为其根本理论就是错误的。卡希尔于 3 月 15 日发布了一篇论文（viXra：1603.0232），文中充斥着数学运算，他使用了丰富的数据来论证这些研究成果与科学家们渴望的东西不同，他提出了一个全然不同的引力波理论，并声称信号必须持续 4 秒，而不是几分之一秒。以下为摘要的一部分：

> 实验证明，真空模式干涉仪［如 LIGO］对引力波信号的灵敏度为零。在过去 100 多年里，引力波实际上已被其他技术探测到了。最新发明的一种技术利用了反向偏压二极管中量子势垒下的电子隧穿电流涨落。……这种技术

① 请参阅“社会学与哲学注释”注释 XVII，本书第 420 页。——原注

来自量子引力探测器（QGD）。恰好存在一个此类探测器的国际网络，网络上的数据在LIGO事件发生时显示了一个值得注意的事件，但该事件持续的时间超过了4秒。早在2014年，这种量子引力探测器就探测到了由地球共振产生的引力波，其频率可利用地震学手段获知。有人认为，LIGO的发现可能是由地球生成的引力波事件，其被LIGO测量系统和记录系统的电子器件探测到了。而早在2014年，人们在由位于澳大利亚和伦敦的示波器记录到的数据中，利用时间延迟关联涨落发现了该效应。

因此，物理学中还存在一个完全不同的引力波和引力波探测器“宇宙”。主流科学家们会简单地忽略此类事情，如果不想科学消散，他们就必须这么做，而政策制定者和社会学家则必须找到处理这一问题的方法。显然，政策制定者的决定必须基于国家资助机构及相关出版机构的支持。在这种情况下，政策制定者必须将引力波视作大型干涉仪的探测目标，而探测成果已于2月11日在华盛顿的新闻发布会上被宣布，关于成果的描述可在《物理评论快报》的相关论文中找到。既然只有核心成员才对科学有着深刻的理解，甚至他们也必须相信自己所知道的大部分知识，那我们还有什么选择呢？社会学家必须找出一种方式来描述边缘与主流之间的区别，以便在说明引力波物理学家做出的选择的根本是社会本质，以及引力波社群之外的人做出的选择完全是社会本质时，这种方式仍能将主流维持在决策的中心。①

① 请参阅“社会学与哲学注释”注释XVII，本书第420页。——原注

第三道涟漪

与此同时，引力波正面向公众传播。大量的电视新闻报道未表现出怀疑，引力波只是“被探测到了”——激动人心，但人们对该发现的怀疑程度还不及登月事件。目前的情况是，引力波正在被“驯化”，如同黑洞与希格斯粒子。每个人都知道黑洞是什么（它是嵌入“语义学网络”之中的每个人日常生活的一个特征，这个网络还包括“宇宙”“大爆炸”“斯蒂芬·霍金”“天才科学家”“爱因斯坦”“太空”“平行宇宙”“时间旅行”“虫洞”“天文系”“火箭”，以及“被吸入某个事物中”），但事实是，在本次事件出现之前，除了理论推断，没有人观测到黑洞。就像希格斯粒子，每个人都知道它是由 CERN 庞大且杰出的团队发现的，但没有人知道它究竟是什么。我知道它是被称为标准模型的粒子“动物园”拼图的最后一块，但我拥有的不过是“啤酒杯垫知识”，适合回答常识性问题，仅此而已。[①] 再者，我们能想象到在玩“打破砂锅问到底”之类的问答游戏时遇到关于黑洞和希格斯粒子问题的场景，这是它们变得真实的原因之一——所有熟悉的知识都让事物变得真实。请注意，登月事件对每个人来说都是真实的，但如同本次事件，登月事件也存在阴谋论。此时，你必须偏离主流才能找到那些阴谋论。

周五，我收集并挑选了大量的英国报纸，它们是驯化过程的重要贡献者。《卫报》是面向左翼自由主义中产阶级的大报，其新闻版面多达 38 页。它让引力波故事成为第 11 页的主角，并在周三用第 3 页的整个版面讲述了基于流言的故事。周

① 请参阅“社会学与哲学注释”注释 VIII，第 405 页。——原注

六，《卫报》的常规政治漫画（第31页）将叙利亚和平谈判描绘成某种滑稽的天体，标题为："不是引力波动而是引力求救"（Not gravitational waving but gravitational drowning）[1]。于是，引力波就这样被传播到了日常语言之中。

《独立报》（*The Independent*）的读者群与《卫报》类似，其尺寸较小，厚达72页。它用第1页、第6页至第8页报道了引力波的故事，认为这是"人类历史上最伟大的成就之一"。

《每日电讯报》（*The Telegraph*）也是大报，新闻版面有38页。这是一份面向受教育人群的右翼爱国主义报纸。引力波作为第1页的第2个故事登场，开头为：

> 一位英国科学家在引力波探测项目中发挥了关键作用，但他无法和同事们一起庆祝这一重大发现，因为他罹患了阿尔茨海默病。

这位英国科学家当然是指罗纳德·德雷弗。此外，这份报纸也用第10页与第11页报道了引力波的故事。

皇家天文学家（Astronomer Royal）马丁·里斯（Martin Rees）为《独立报》和《每日电讯报》撰写专栏。他认为本次发现与希格斯粒子发现同样重要，而大多数评论人士认为本次事件比希格斯粒子事件重要得多。引力波物理学家一直认为，里斯对这一事业没有热情。

《每日邮报》（*Daily Mail*）是一份92页的"英格兰本土"小报，服务于持有强烈右翼观点的人群。它用第10页的一半

---

① 源于史蒂维·史密斯（Stevie Smith）的诗歌《不是挥手而是求救》（*Not Waving but Drowning*），指溺水者"挥动手臂"不是在打招呼，而是在求救。——编注

版面报道了本次事件，但文中错误地声称，爱因斯坦预言碰撞的恒星会产生可在地球上探测到的引力波，实际上，他认为引力波仍完全无法被探测。

《每日镜报》（*Daily Mirror*）是一份左翼小报，共 80 页。它用第 21 页的大部分版面报道了引力波故事，但报道表示 LIGO 是由索恩和魏斯创建的，未提及德雷弗。

《太阳报》（*The Sun*）是一份 60 页的小报，前身为臭名昭著的《第三页》（*Page 3*，现已停刊），以刊登半裸模特照片发家。我唯一能找到的科学信息位于第 15 页底部，占三分之一版面，标题是"顶尖教授死时身着橡胶衣，脖子上系着狗项圈"。这名"顶尖教授"看起来并不是引力波团队的一员。

2 月 12 日，《卫报》的网站上刊登了一篇滑稽的漫画——来自《月球上的第一只狗》系列，它预料到了我社会学论文的主要选题之一。漫画的第 4 版块发表了如下观点：

> 显然，我们看不到这些波——我们确定它们真实存在的唯一方式，就是使用一种灵敏度极高的仪器来监测科学家们的兴奋感。

或许，科学家们因引力波形成的兴奋感，可用奶酪沙拉三明治作为标准蜡烛产生的微弱效应进行校准。

之后，我会发现，自己关于社会构建的主要选题已被完全预料到了：部分人会认为科学家们未看到引力波，只是将几个数字**解释**成了引力波，例如 https://www.youtube.com/watch?v=7w05W0sOkEQ（YouTube 上一个奇怪却平凡的频道，它似乎将阴谋论当作一种艺术形式）。该频道声称，科学家们没有看到引力波，他们的仪器也没有看到引力波，整件事只是仪器产生了很多异常噪声，科学家们就从中挑选了一个，并将它**解释**为引力波。

LIGO 团队的一名成员收集了来自世界各地的报纸头版。而且，仿佛是要给即将被视为理所当然的这种奇异现象的本质留下不可磨灭的印记，在美国，《周六夜现场》(*Saturday Night Live*）和《今夜秀》(*The Tonight Show*）都报道了这一发现。此外，2 月 13 日周六，幽默的美国广播节目《牧场之家好做伴》(*A Prairie Home Companion*）花了约 5 分钟的时间讨论引力波。引力波来了！

图 11-3 世界各地的报纸首页（由 LIGO 提供）。

物理学家们继续做着“我的工作”，他们正在收集更多的引力波被驯化的迹象。2 月 16 日，一个法国网站（大概是幽默的）规范化了时尚潮流中的引力波，其呼吁——政府应禁止使用引力波并向大众发放防护头盔（http://www.tak.fr/pour-un-moratoire-sur-les-ondes-gravitationnelles/）。以下是我用谷歌翻译法语原文后编辑的内容：

中止引力波

聚集了数百位独立研究者的“中止引力波团队”（Collective for a moratorium on gravitational waves，简称 COMOG）向我们发送了以下文件。我们将**原文**发表在专栏中：

近几日，高调的“引力波”持续占据新闻头条。每个人都欢迎这个所谓的“科学突破”，探测结果发表在了《物理评论快报》那个被核电游说团体控制的杂志上。

如今，我们的团队由独立的研究人员组成，成员们出于私人原因希望保持匿名。我们的团队对引力波的明显毒性感到担心。

目前，尚未有认真的研究能够确定这些波的实际安全性。这就是我们提出 4 点行动计划的原因。

点 1：首先，我们回想一下，时空弯曲的振荡会带来**健康风险**，特别是对长期暴露在引力波环境中的员工的神经系统而言。在这种情况下，我们应该呼吁政府严格执行《劳工法》，限制暴露在引力波环境中的工作时间，并为员工配备防护头盔。

点 2：这些健康风险通常会像环境因素那样，**对经济产生不良影响**。时空的弯曲很可能导致恼人的不便，尤其是在交通和旅行领域。例如：如果某人正从巴黎前往波尔多，而时空在错误的方向上弯曲，那么根据我们的估计，旅途会花费 25 个小时以上。引力波会将法国经济置于不可低估的严重危险之中。

点 3：看来引力波的形成需要**惊人的大量物质和能量**——黑洞、中子星、洗衣机等。我们要求某个独立机构评估引力波对法国环境和气候造成的影响，并尽快确定其碳足迹。

点 4：我们要求负责气候国际关系的环境、能源与海洋部部长塞格林·罗雅尔（Ségolène Royal）执行**宪法的预防原则**，并通过法令采取《里约环境与发展宣言》（Rio Declaration on Environment and Development）第 15 条原则中规定的和建议的有关措施。在我们看来，中止引力波项目是法国的当务之急。

如果政府不遵守这些基本预防措施，那么主张和平的 COMOG 团队将被迫直接采取行动。6 个月之内，我们将陆续系统地拆除引力波天线。我们的志愿者收割队会根除被时空弯曲污染的植物。最后，我们甚至会无视地方行政长官的建议，毫不犹豫地离开巴黎，建立半人马座比邻星**防御区**。

我们呼吁同胞们加入战斗。至于引力波，不，谢了！

2 月 18 日，《哈德斯菲尔德每日监察报》（*Huddersfield Daily Examiner*）（哈德斯菲尔德是位于英格兰北部的城镇，有一个足球俱乐部——“哈德斯菲尔德镇”——报纸上全是关于英格兰地方性的内容）刊登了一篇关于“哈德斯菲尔德镇支持者协会”（Huddersfield Town Supporters Association，简称 HTSA）的故事。原文如下：

我们的“HTSA 专栏”上周谈及的主题，是地区支持者团体与其在宇宙范围内崛起的人气。激光干涉引力波天文台（LIGO）也许能证明，人气的崛起是否由发生在贝克里斯希斯（Bexleyheath）上空的黑洞碰撞造成。

此外，巴拉克·奥巴马（Barack Obama）于 2 月 11 日发布了一条推文：

> 爱因斯坦是正确的！祝贺 @NSF 和 @LIGO 探测到了引力波——这是我们在认知宇宙方面的巨大突破。

在即将到来的美国物理学会（APS）会议上（见下文），LIGO 的主管戴夫·赖策将播放一张幻灯片。该幻灯片展示了一名穿着波形图案裙子的女士、一名泳帽上印着波形的澳大利亚游泳选手，以及一则纽约的公寓广告。

3 月期间，我参加了两个会议——在加利福尼亚理工学院举行的广义相对论 100 周年纪念会议与在帕萨迪纳（Pasadena）举办的 LIGO-Virgo 合作会议。如今，秘密已经公布，因此加利福尼亚理工学院会议的一个重大议题即为引力波事件。我跟着巴里·巴里什走上讲台，他描述了技术细节，而我谈论了小科学与大科学共同创造这种可能性的方式（巴里什带来了必要的转变），以及如此突然和确定的科学成果对我这样的社会学家来说意味着什么。两场会议中都未出现批评的声音，LVC 正在销售大量印有或绣有本次事件波形的 T 恤和 Polo 衫——波形正在成为一种文化标志！在 4 月的 APS 会议上，还会出售更多此类服装。

在 3 月的 APS 会议（比我将要参加的 4 月会议规模更大）上，一群与 LIGO 或引力波无关的物理学家们演唱了一首改编自尼尔·戴蒙德（Neil Diamond）和门基乐队（The Monkees）的《我是一名信徒》（*I'm a Believer*）的歌曲。歌词如下：

图 11-4 深入生活的波形图样显示了引力波的进一步驯化。

我是 LIGO 的信徒

作词：马里安·麦肯奇（Marian McKenzie）；作曲：尼尔·戴蒙德，原曲为《我是一名信徒》（由马里安·麦肯齐提供）

我曾以为引力波是童话——对门外汉而言是很棒，但对我来说不是。

搜寻何用？

噪声将是归处。

我不想糊里糊涂——

［合唱］：而后我看到了信号图——如今，我已是信徒！

你尽可嘲笑我，对我熟视无睹。

但我坚信，哦，我是一名信仰魏斯、赖策、德雷弗、冈萨雷斯与索恩的信徒！

爱因斯坦谈到了引力波的传播。

韦伯尝试在月亮上寻找波。
BICEP2 宣告了成果，
“不要介意”，他们说。
——你是否想知道我并不想这么做？
［合唱］［乐器演奏］重复上述歌词。

若想收听完整的歌曲，请移步：https://www.youtube.com/watch?v=GN2sFasYCr0。

引力波在社交媒体上的表现如何呢？谷歌趋势（图 11-5）显示，根据谷歌网页上的点击量，人们对引力波的兴趣于 2 月 11 日新闻发布会前后得到了显著提升。遗憾的是，我们只有归一化的趋势，标度最高为 100，而非绝对数字。

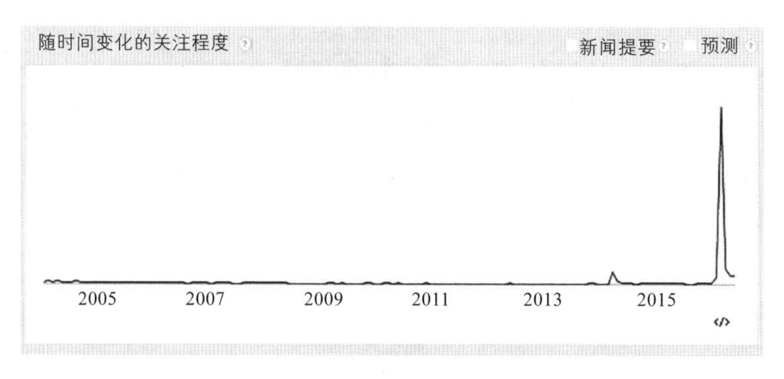

图 11-5　2 月 11 日之后，人们对引力波的兴趣激增。

然而，引力波并未占据大众的想象。图 11-6 对比了谷歌上引力波的点击量与电视明星金·卡戴珊（Kim Kardashian）的点击量。引力波的“巨大”峰值只有卡戴珊峰值的 2% 左右，并且前者的平均值仅有后者平均值的 5%。除去峰值，引力波的平均值与卡戴珊的平均值相比，基本为零。

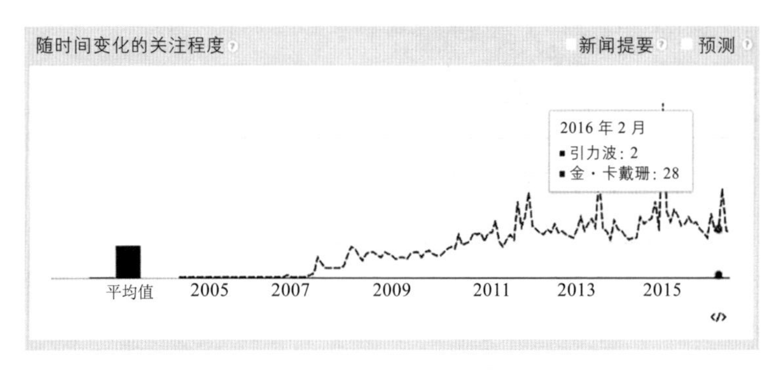

图 11-6 关注度激增的引力波与金・卡戴珊之间的点击量对比。

隐瞒节礼日事件

4 月的 APS 会议即将到来。社群曾希望届时公布节礼日事件，但该想法如今已被排除，这个决定是在帕萨迪纳的 LVC 会议上做出的。我认为，这种做法是错误且有害的。导致缄默法则横行的正是固执的职业精神。当时（该部分内容写于 3 月 30 日），关于如何准确计算本次事件的统计显著性仍存在争议，GstLAL 与 pyCBC 给出了不同的结果，而且由于团队决定在完成计算之前对仪器进行更精确的校准，参数估计工作尚未完成。此外，团队想在将结果公之于众之前，再发表一篇论文。

在某些方面，这是值得赞扬的；在另一些方面，这是疯狂的。极为重要的是，科学家们已经看到了另一个事件，而且没有人怀疑它的统计显著性，即使他们不确定准确的数值。这对社群的信心、社群以外的人对引力波的看法和采取行动的方式，都产生了巨大的影响。例如，虽然社群不太担心这件事，但若是雷格・卡希尔知道了这个消息，他可能会改变对引力波的想法；而像我这样的社会学家则认为他不会，但科学家们必须将这想象成一个机会，如果他及其同事知道还存在第二个事件且必须给予解释的话，他们就会放弃引力波宇宙的替代版本。尽管我在与雷格·卡希尔通信，我还是不能询问他这个棘手的问题，因为根据官方发布的消息，尚不存在节礼日事件。隐瞒真相这个决定越来越容易带来麻烦。此时，距离新闻发布会已过去 6 周，除了内部科学家，无人知道这一发现的真实情况。自去年 12 月底以来，3 个月期间，其他科学家的行动并未被已知的信息所告知。

既然开创性的发现已被公布，那么继续隐瞒的做法有何道理可言呢？人们可以理解其中的逻辑——除非科学家们在统计显著性的准确值和最终参数上达成一致，否则他们不可能让一篇须经过同行评议的论文被接受。然而，这种固执的职业精神难道不是失控了吗？这就像是，在爆炸的精确当量被计算到小数点最后一位之前，三位一体核试验始终对决策者保密。此刻，统计显著性的准确数值及节礼日事件的具体公布方式都已不再重要，重要的是其他科学家应在决策中前进，因为他们需要知道本次事件并非孤例，而是可重复的。而事件细节可于稍后安全地公布。现在须说明的就是——第二个事件存在，而且确切的数据将会得出。

顺便说一句，我已经看过了节礼日事件（GW151226）的论文初稿，我不喜欢它。我感到，与第一个事件的论文相比，这篇论文的说服力不够。由于 L1 波形和 H1 波形重叠，第一个事件是令人信服的，但节礼日事件中未出现类似的现象。这个事件更像是每个人都期待最先看到的结果，如此一来，说服外界相信不可能的事已经发生会困难得多。原因几乎是反常识的：旋近的双星更轻，质量分别是 14 倍太阳质量和 8 倍太阳质量，而不是 36 倍太阳质量与 29 倍太阳质量。而节礼日事件具备统计学优势：与第一个事件相比，节礼日事件处于更轻的质量区间，具有更少的大噪声偏离，且信号持续得更久——大约 5 秒，而不是 0.2 秒（不过在提交的论文草稿中，数据是 1 秒，这也说明了节礼日信号有多不明确）。由于以上原因，虽然节礼日事件的统计数据与 GW150914 一样好，但信号远不及 GW150914 强，也未形成令人震惊的可见波形。在发现论文的原稿中，图 1 十分瞩目（与之等效的初稿见图 11-7），大家都认为“只要看到它，你就会知道事件是真的”。该图对应着节礼日事件论文初稿中的图 2。可以看到，结果图中并未显示清晰可见的信息，而提取的表观信号则是通过某种方式重建的。同样的道理似乎也适用于难以令人信服的波形。

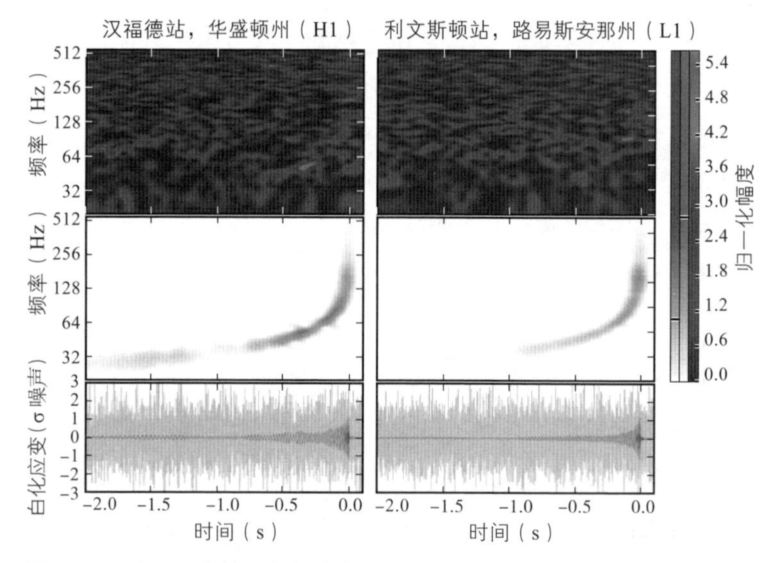

图 11-7 节礼日事件论文初稿中的图 2。

讽刺的是，物理学家们一直不走运。正如彼得·索尔森于4 月 3 日发给我的邮件中所写：

> 现在我们已经有了 GW150914，但这也成了一个负担，因为大家都已习惯了（而且，更重要的是，让我们的“大众”习惯了）在简单的数据示意图中看到信号。这在一般情况下是不成立的，本例亦然。

在 4 月份的 APS 会议上，我将与彼得进行一次长时间的交谈（见下文），我终于开始理解，为何这一发现会以如今的形式呈现。我也终于明白了，为何我所不屑的结果图会如此受到物理学家的喜欢。原因是，来自天空的不同信号的时域轮廓和强度相差很大，以至于人们永远无法提前确定何种类型的图能够最有效地展示它们（我怀疑科学家们直到现在才充分意识到这一点），而我则是在节礼日事件的论文草稿发布之后才如梦初醒。物理学家一直用结果图来判断假定信号是否为噪声。如果常规噪声的偏离够大，那它就会在时间–频率扫描中显示出来，匆匆一瞥就能发现那不是信号该有的形状，这省去了很多麻烦。引力波信号必须具有特殊的香蕉形状——从左下向右上弯曲，向右凸起（这就是“啁啾”）——经过自动生成波形所需的最仔细的滤波和预处理后，信号就会出现在时间–频率扫描之中。因此，结果图对于一个响亮的潜在信号来说，如同初审法院。在本次事件中，它确实表现得响亮且清晰，这让物理学家们十分高兴。然而，较弱的信号不会在结果图中显现，这就是节礼日事件所发生的情况。我预想到了这一点，但我未料到类似的情况也适用于波形本身，因此，对于节礼日事件（或许，对于未来会被看到的大多数事件）的真实性而言，唯一公开的证据就是统计数据。如今，大众（包括更广泛的科学界）在被第一个事件“装满糖果的聚宝盆”“宠坏”之后，必须接受训练，才能仅相信统计数据。

在引力波事件中，社群的运气很好吗？从正面来说，是的，波形如此令人信服，没有任何争议，因此新闻发布会引人注目；从反面来说，不是，如今需要一种全新的公共教育活动。如果情况相反，节礼日事件先出现，那将会产生惯例的争论和质疑，但随后会发生重大事件，并成功压制异议，这样可能会更好！

事实上，节礼日事件的论文将会在第一个事件掀起的巨浪中翻涌。我认为，如果下一篇论文关注的是整个 O1 观测，而不仅仅是 GW151226，会更好。下一篇论文应该是引力波天文学的开端，其核心内容应该类似于我们正在看的论文初稿中的图 1——参见图 11-8。我之所以使用“类似”一词，是因为我相信这张图也应该涵盖 GW150914。在这样一篇论文中，人们已经看到且能更清楚地看到一条由事件组成的“线”，它从左侧的噪声延伸到右侧具有统计显著性的事件。我们可以清楚地看到图左侧的两个方块，在 2 个标准差以左的区域中，最右侧的方块代表第二个星期一事件，而最左侧的方块似乎代表大量非常弱的事件。或许，这是另一个指示我不是真正物理学家的迹象，因为我发现那条线真的很有趣，即便左侧方块的统计显著性并不显眼。与社群的绝大多数人相比，我总是对第二个星期一事件这类较弱的事件更兴奋。

一位颇有影响力的发件人认为，为左侧统计显著性极低的符号纠结是没有意义的，因为不久之后我们就要研究许多来自 O2 的统计显著性很高的结果。但我所看到的，特别是最左侧非

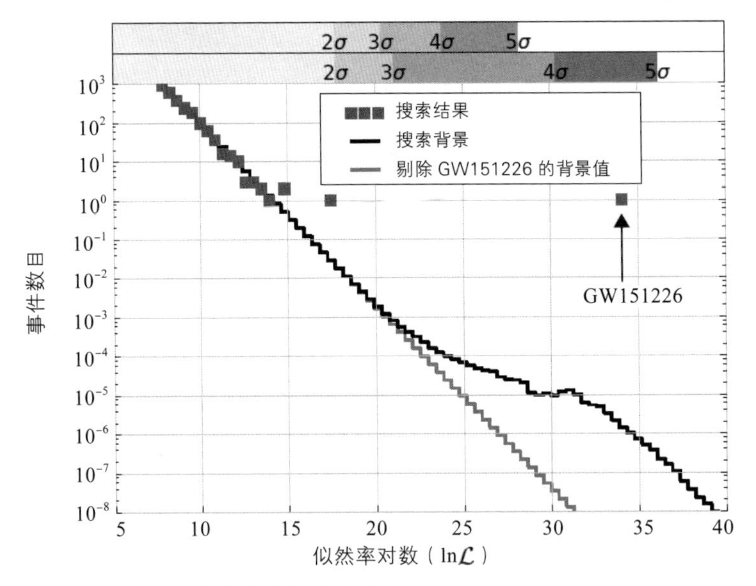

图 11-8　节礼日事件论文初稿中的图 1。

常弱的某个或某些符号，正如我之后学到的那样，或许代表了 8 个位于噪声附近的事件，这就是约瑟夫 · 韦伯所说的“零延迟过剩”（zero-delay excess）。如果符合事件比非符合事件多，前者就可被当作引力波存在的证据；它们代表了理论上必须击中探测器，但未强到具有统计显著性的大量引力波事件存在的证据。这个观点带给我的兴奋感比节礼日事件还要强烈。我认为，人们关注的问题应该是那条**线**的统计显著性有多高，而不是每个事件的统计显著性有多高。或者，他们至少该问问那条线有多**有趣**，以及即使那条线上的每个元素都不具有统计意义，它仍意味着什么。也许，这说明我不是一个正统的物理学家；也许，物理学家们被固执的职业精神束缚了，他们渴望从礼帽中变出兔子，而不是“手工创作”，这通常会（有时也可能不会）带来有趣的东西。

美国物理学会会议

在从盐湖城机场出发的酒店班车上，我发现自己与四位将要参加 APS 会议的物理学家坐在一起，他们正在讨论 LIGO。我询问他们，是否存在任何怀疑这一发现的理由。其中一位表示，关于 LISA（将于 21 世纪 30 年代发射到太空中的引力波探测器）的资助决定将要出台，而且正值爱因斯坦广义相对论诞生 100 周年，一切似乎顺利得令人难以置信。然而，他已经仔细研究了那篇论文，并未发现任何错误。这几位物理学家都没有提到第二个或第三个事件。

吃早餐时，我与一位来自美国弗吉尼亚州的粒子物理学家进行了交谈。他告诉我，他之所以来这里，是因为 LIGO 的发现触动了他的灵魂。他评论道，本次事件与希格斯粒子没有可比性：如果希格斯粒子没被发现，那会更有趣；而 LIGO 的成果是相当惊人的，他为此感动。他，与其他人一样，对于这个结果没有批评意见。

APS 会议上将出现许多的 LIGO 论文，而且组织者为引力波发现安排了位于日程最后的全体会议。它必须被放在最后一刻，因为在组织会议之初，第一个事件还是个秘密。我与活动的组织者聊过，他说确实如此。他还告诉我，在今年的会议上发表反对言论的人极少，几乎没有，而 APS 也没有为持非正统观点的人安排专题分会。作为一个社会学家，听到这个消息时，我感到很遗憾。他认为我能做的最好的事，就是旁听引力波会议的问答环节——这就是我的想法。我参加了第一个会议。会议中没有人提出刁钻的问题，但节礼日事件被坚决隐瞒了——没有人知道第二只靴子已经落地。我参加的其他会议也是如此。

全体会议的会场挤满了人。我猜得有 700 名物理学家出席，活动组织者证实了我的猜测。两场精彩的汇报令各种领域和水准的物理学家惊叹不已，与此同时，他们狼吞虎咽地吃着比萨。随后是简短的提问环节，但与之前一样，未出现难以应对的问题。

最后，一位和我在走廊里聊天的引力波科学家提到，他偶然间看到了一份似乎合我心意的预印本——对这一发现的严肃批评。文章来自达沃尔·帕勒（Davor Palle），谷歌搜索显示，他是一位富布赖特计划[①]的学者，在物理学期刊上发表过几篇论文。他在 arXiv 上发表过许多文章，而从未在 viXra 或其他公认的边缘期刊上发表过文章。帕勒声称，爱因斯坦的理论不能证明引力波的存在，引力波事件可能是由作用在两台探测器上的潮汐引力导致的。问题在于，正如我的线人所言，帕勒没有解释波形，因此这个观点看起来缺乏根据。不过，它是有意义的，只是似乎并没有在 arXiv 上发布。

撇开这一点不谈，于我而言，从对第一个事件的反对角度来讲，APS 失败了。没有任何阻力——一点儿也没有。APS 已经证实了我们一直以来所看到的事情——每个物理学家都渴望引力波的到来，而所有疑虑都已被关起门来解决了。这是一个巨大的成功，但罗伯特·默顿（Robert Merton）著名的"有组织的怀疑主义"（批评的意愿应该让科学保持公正）体现在哪里呢？好吧，其实它已被组织化了——经过 5 个月的自我怀疑，被有组织地消除了。

① 富布赖特计划（Fulbright Program）由美国参议员 J. 威廉·富布赖特（J. William Fulbright）提出，该项目由美国政府资助，是世界上最负盛名与最具竞争力的奖学金项目之一，目标是"增进美国和其他国家之间的文化交流"。目前，该计划覆盖 160 多个国家。——编注

第 12 章

改变中的规则：一声长叹

20 世纪 60 年代后期到 20 世纪 70 年代早期，约瑟夫·韦伯声称自己用实验室尺度的室温共振棒看到了引力辐射。然而，截至 1975 年，他的主张已经失去了可信度，因为他看到了太多的辐射，这在理论上讲不通，并且人们都同意将他的研究结果归入不可复现的类别。不过，当时他的工作仍然受到一些人的尊敬——并非每个人都认为那是疯狂的。实际上，他的工作很少被认为是疯狂的，以至于基普·索恩仍预言引力辐射的发现即将到来，而且美国国家科学基金会资助了新一代的探测器，也就是灵敏度提高至 1 000 倍的低温棒。然而，若根据现在我们所相信的，约瑟夫·韦伯大约每 100 万亿年看到 1 次事件，那么不得不说，我们生活的世界并不是我们所以为的我们生活的世界。更准确地说，它是我们认为的我们**过去**所生活的世界，但**现在**，过去的世界已是不同的世界。这就是变化的本质。

这种变化是逐步发生的，科学家们逐渐习惯了将新事物当作常态对待。约瑟夫·韦伯是整个引力波故事的英雄，如果他没有做出创新之举（建造他的共振棒），那么关于理论上能否探测到引力波的争论可能仍然存在。[①] 不过，韦伯从未成功将共振棒建立为新的常态——他的理论总是备受争议。当基金转而支持在接近绝对零度的温度下运行的低温棒时，共振棒及相关研究活动就渐渐消失了。

在经历了一场相当激烈的斗争之后，干涉仪接替了低温棒。虽然这场斗争在日后回顾时看起来离奇有趣，但它在当时是一件非常严肃的事情。我们已经看到，历史正在被改写。人们从没期望前几代 LIGO 能看到任何东西，而人们一直认为高新 LIGO 可以做到，但如今这两件事情都不是真的。有些事很难挽回，那就是对整个干涉仪事业的反对，以及来自内外双方的对科学产生影响的质疑。40 多年来，我一直在社会学研究中发掘这些质疑，主要目的是用它们来展示科学声明的“诠释弹性”——同样的数据可以根据不一样的论证方式得出不同的结论。但我的问题是，我现在似乎遇到了一个没有任何诠释弹性的事件——（几乎）每个人从一开始就相信它的真实性，而且“(几乎)每个人”也包括我!

要想在某个领域中工作如我那么久，你就必须热爱它。我认为，2 月 11 日报道的引力波事件是有史以来最伟大的科学发现之一，而且是和平时期中从未有过的关于坚持不懈的最震撼的篇章之一的巅峰。通过我在事件宣布的两周后从戴维·默明（David Mermin）那里收到的几封邮件，我

---

① 若想了解其中的理论争议，请参阅丹尼尔·肯尼菲克（Daniel Kennefick）所著的《传播，以思想的速度》(*Traveling at the Speed of Thought*)。我不确定丹尼尔在多大程度上赞同我的观点，即韦伯的行为结束了这场争论。——原注

可以洞察事情是如何变化的。默明是康奈尔大学（Cornell University）知名的固体物理学家，他对量子理论和相对论有着深刻的思考和阐释。他早就知道我对引力波感兴趣，但还没有意识到我参与得有多深，他于2月25日写邮件说：

> 亲爱的哈里：
>
> 你一直享受着最新升级的LIGO带来的惊人新闻吗？这是我科学生涯中最大的惊喜。我从未想过它真的能做到，更不要说发现如此非凡且令人信服的事件了。

几十年来，我与默明一直乐于友好地争辩科学知识社会学的项目与成果［参见拉宾杰（Labinger）和我所写的《独一文化？》（*The One Culture ?*）］，而他在大约20年前告诉我，LIGO永远不可能做到，别的不提，单单巨大的真空系统就永远不可能造出来。他认为整件事是对科学基金的误导。

我于2月25日回复了他的第一封电子邮件，解释了自己参与这一发现有多深入。过了一会儿，他回复道：

> 亲爱的哈里：
>
> 当丹尼斯·奥弗比的文章出现在《纽约时报》的头版上时，我才知道［关于探测］的这个消息。于我而言，存在两件很讽刺的事情。
>
> 一件事是你竟然是他们中的一员。当你告诉我你将要以LIGO为研究课题时，我抱怨你选择了一个旨在证明科学发现永远（当然指的是有生之年）被不确定性所笼罩的项目。
>
> 另一件讽刺的事是关于我在康奈尔大学物理系的同事

> 索尔·图科斯基（Saul Teukolsky）的，他将自己和许多学生的大部分职业生涯都花在了英雄般地计算两个正在并合的黑洞释放的引力辐射上了。虽然那些计算非常出色，但我仍觉得遗憾（我从未告诉过他），它们描述的是一些永远不会被观察到，甚至不太可能存在的现象。而如今，那些计算是认证 9-14-15 事件的基础，也是提取从事件中推出的大量信息的途径。
>
> 正如我在出版于 2005 年的相对论那本书[①]的最后一段里所述："发现一个人此前的信仰是错误的这个过程……正是科学工作如此迷人的原因。"

因此，我们要解决的问题是——这个非凡的成就是如何在面临默明这样深刻的思想家的质疑时被接受的。我还得应对自己的物理学家朋友彼得·索尔森提出的戏弄性问题：

> 11 月 23 日
>
> 我猜，咱们下次喝啤酒时要讨论的是：回到过去，你想教给这个世界的课程要点是（我认为），创造新的科学知识是一个困难（且社会性）的过程。显然，有时的确如此。但这里，我们有一个教科书式的例子，实现从几十年的奋斗到已确定的知识的转变，只需要看一眼图 2［如今是发现论文中的图 1］。

重申一遍，在近半个世纪的时间里，我一直在研究寻找引力波的过程，以证明科学发现具有无穷无尽的解释性与争议

① 指《是时候了：理解爱因斯坦的相对论》（*It's About Time: Understanding Einstein's Relativity*）一书。——编注

性。那我要如何应对几乎无可争议的“发现”呢？——这个奇妙的“尤里卡时刻[1]”带给我的震撼与它带给引力波科学家的一样多。过去，我仿佛是在享受一场不经意的“哲学按摩”（故意选择适合我论点的例子）。如今，这位“按摩师”给了我致命一击，我该怎么办？

新常态

彼得·索尔森，12月29日电话：你知道，根据一些科学定义，一项发现诞生的日期就是提交其论文的日期。因此，我们热爱并相信的一条传统就是，只要尚未向期刊提交论文，就不能对外宣布这一发现。再者，是的，人们是从［9月14日］下午开始相信本次事件的，对吧？因此，你的意思是，对于事件是个“发现”的认同是逐渐凝聚的，而且存在一个描述何时可宣布做出发现的时间区间。科学家们在事件发生后的几分钟到几小时之内就开始相信它，而当我们将论文提交给期刊时，所有人都会相信它是个发现。

在第5章中的第4周伊始，我认为正在发生的事情并非“啊哈”时刻，更像是“啊——哈——哈——哈——哈——**哈**！”这些“哈”目击了非凡事件诞生的过程，包括检查信号是否为盲注测试、两台探测器中信号的相干性让恶意注入的可能性减少，以及箱子被打开。但那仅仅是事情的开始——我们

① 尤里卡效应，又被称为“尤里卡时刻”（eureka moment），指灵光一现或顿悟的时刻。——编注

仍处在探测流程的步骤1（参见附录1），距离步骤2还有2个星期。当然，这3个星期的工作与50年的引力波研究（如果从广义相对论提出时引力波的最初概念算起，也可认为是100年）相比是微不足道的。

在本章中，我将再次回顾科学发现诞生的过程，并以我于1985年出版的《改变秩序：科学实践中的复制与归纳》为基础。书名表明，这是一项将科学改变视作社会改变的研究。这个想法基于路德维希·维特根斯坦（Ludwig Wittgenstein）在其于1953年出版的《哲学研究》（*Philosophical Investigations*）中建立的“生活形式”（form of life）的概念，以及彼得·温奇（Peter Winch）于1958年出版的小书《社会科学的观念及其与哲学的关系》（*The Idea of a Social Science and Its Relation to Philosophy*）中的相应阐释。托马斯·库恩的《科学革命的结构》（*The Structure of Scientific Revolutions*）出版于1962年，书中似乎采用了温奇-维特根斯坦提出的生活形式的概念，并将其应用于科学，贴上了新的标签“范式”（paradigm）。我们可以通过阅读温奇的书中（第120页前后）的短短几行来理解生活形式/范式的意义。温奇让我们思考新型细菌的发现与疾病细菌理论的发现之间的差别。一种新型细菌的发现很可能是一项重大的科学发现，但疾病细菌理论的发现不止如此——它意味着人们生活方式的改变。例如，外科医生不能再穿着溅满鲜血的马甲做手术，必须注意卫生。正如温奇所说，一个人不可能在知道疾病细菌理论的情况下肮脏地做手术，也不可能在不知道疾病细菌理论的情况下进行术前清洗、穿上卫生长袍——这说不通。换而言之，新概念与全新的生活方式是紧密相连的——当一个概念被正确理解时，这就是生活形式或范式。[①] 科学发现不只是对问题的思考，也不只是测量或者观察，科学发现在制造行动和存在的新方式。科学发现是社会性的改变——它改变了事物的社会规则。这就是为什么广义相对论在某种意义上已于100年前被“发现”了，我们现在仍然在发现它。

我将把引力波探测从“不可能”到“可能”的改变当作生活形式的改变，就像温奇看待疾病细菌理论的发现一样。可能有人会争论，引力波事件不涉及任何重大的理论变化，因此两者很难进行比较。然而，首先我可以证明，引力波事件确实包含我们“生存方式”的一个重大变化；其次，我将记录它正带来的所有变化，并尝试预测它将要带来的一系列变化。关键在于，温奇提出的疾病细菌理论和新型细菌之间的对比过于尖锐。如果你是一名研究胃溃疡的科学家，并突然发现了引起胃溃疡的细菌，那这虽然不是细菌理论的发现，却是你所生活的科学小宇宙之中的一场革命。不妨想象一种分形模型，模型顶部为整个细菌理论，其包含许多缩小的形式类似的事件——单个细菌的发现。引力波的首次成功探测属于那些科学改变（我们科学生活形式的改变），但它仅比“广义相对论物理学”分枝的顶点低一点儿。

维特根斯坦之所以形成了生活形式的概念，是因为他想弄清楚词语是如何获得意义的。他逐渐意识到，词典中的定义只是将问题推后了一个阶段——对于每个定义，人们都可以询问它的组成词是如何获得意义的。维特根斯坦总结，用途是词语意义的基础——“询问用途，而不是意义。”“细菌”这个词的

① 请参阅“社会学与哲学注释”中的注释 IX，第 407 页。——原注

意义可从外科医生洗手的方式中找出——我们没有看见细菌，只看见了清洗，但这种清洗告诉了我们细菌的存在。清洗在消灭细菌的同时也在“创造”细菌，因为它创造了事物的规则。不过，维特根斯坦没有讨论意义改变的方式，只讨论了意义是如何维持的。我为自己于 1985 年出版的书起名为《改变秩序》，因为我想观察意义改变的方式，这也是我观察科学的原因——科学是研究“意义改变”的完美实验室，因为构成科学变革的大部分活动都位于有限的相对容易观察的空间之中。试想一下，研究艺术、时尚或者政治方面的改变得有多难。

社会学研究是时代的产物。20 世纪 70 年代至 80 年代期间，科学家们需要做的是，阐明科学变革本质上并不是理论和实验合理搭配后“自动”生成的产物。当时，科学的权威性太强——它似乎高高在上，其发言人如同身着白袍的牧师，乐于就广泛的科学话题发表高谈阔论。需要揭示的是，科学变革更像是一种有规律的社会变革，而并非像人们以为的那样——将科学描述成公式，将科学家描述为“电脑”般的天才。[①] 我的关键发现是，仅仅观察哪个实验结果可复现而哪个不可以，是无法决定哪种方式能够改变规则的，因为实验技能存在诸多默认的成分。这意味着，如果有人提出负面意见，实验或实验者的水平总是会受到挑战。反过来，复现不仅仅是做实验，它意味着认同谁是有能力的实验者，而谁不是，这使得复现的过程看起来更像是社会变革。关于约瑟夫 · 韦伯早期发现的讨论，

① 当时，计算机科学家正试着开发能够进行科学研究的程序，其中一个非常知名的程序是“培根”（BACON）。据说，该程序能够推导行星运动的开普勒定律——只需提供完美数据。然而，物理学不仅是从数据中提取方程，更多的是从噪声中提取数据。参见“社会学与哲学注释”注释 X，第 408 页。——原注

提供了可用于研究的完美案例。[①]

我之前所写的关于引力波探测的三本书，主题相同——科学家们是如何得出结论的，以及他们达成共识的本质是什么。事实证明，这种共识总是包含大量的判断，而其中哪些判断可被当作可靠的判断是关乎社会环境的问题，涉及诸多社会因素。因此，在《引力之影》中，我展示了共振棒支持者的主张被驳倒的过程，以及，从逻辑角度出发，它如何能拥有另一种结局。《引力之魅》和《引力之魅与大犬事件》的内容都是关于，在假设信号并非盲注的前提下，科学家们为了得到盲注包含什么信息的结论而进行的艰苦测试。《引力之魅与大犬事件》的第 14 章展示了典型的事例，决定大犬事件是否为真的要素在何等程度上以 25 个“哲学”或社会学判断为基础；相较之下，计算和测量因素占多少分量。同样，哲学判断与社会学判断也存在于引力波事件之中，但其他因素如今也在发挥作用。新的情况是，在过去几个月里，我们看到了比我之前的研究中的变化都要大得多的变化。[②]

撰写《改变秩序》一书的动力是将 TEA（Transversely Excited Atmospheric，横向激励大气）激光与引力波探测（以及一点儿超心理学）进行对比。前者无人质疑，是确定的科学，而后者则是备受争议的科学。以 TEA 激光为例，科学家们可根据预期出现的结果知道自己是否成功复制了设备——生成一束足以让混凝土冒烟的红外辐射。科学家们都认为，这

① 我认为自己的研究是这类研究的先河（关于科学争论结束方式的实证研究），但很快就有其他人建立了这种思考方式。参见“社会学与哲学注释”注释 XI，第 409 页。——原注

② 当然，我的研究并非独一无二，但我尝试讲述自己正在研究的事情。参见“社会学与哲学注释”注释 XI，第 410 页。——原注

是制造于 20 世纪 70 年代初的正常的 TEA 激光应该做到的。TEA 激光等价于在现有的疾病细菌理论的框架下发现的一种新型细菌，若是 TEA 激光器没能发出红外辐射，那么每个人都知道该怎么办——继续努力。引力波物理学则全然不同，因为没人知道正常工作的引力波探测器应该探测到什么：当高通量出现时，它应该探测到引力波吗？还是，在那种能量下，它不应该看到引力波？因为该问题尚无答案，所以关于哪些设备建造得更好的争论无法通过观察设备的输出结果来解决。我称之为“实验者的倒退”（experimenter’s regress）。关于引力波探测的争论，就像是关于确立疾病细菌理论的争论，而不像是关于发现新型细菌的争论。在过去的几个月里，引力波探测以惊人的速度从一门具争议的科学转变成确定的科学——如今就像 TEA 激光一样。从现在起，我们能够通过引力波探测器所探测到的事物，解决仪器的组装是否恰当的问题——如果它没有探测到旋近黑洞的波形，那就是出问题了。这是一种新的转变。

在整本书里，我多次提及“扫兴的结局”。在此类社会改变之中，扫兴的结局一直与发现的乐趣相伴。一方面，惊人且奇妙的发现会引发强烈的情绪，人们得“掐自己一把”以提醒自己它是真的；另一方面，一个崭新而又平凡的世界诞生了。这并不表示引力波天文学这一新兴科学创造的新世界不美好，但是，重复一遍，我们现在能做的只是“发现新型细菌”，而不再是发现新的疾病细菌理论。如果我现在重写《改变秩序》，引力波探测就会扮演与 TEA 激光相同的角色。要想解释这种更确凿的改变，我们必须考虑引力波事件发生后即刻产生的共识。为了解释这一点，我们不得不回到过去，回到 9

月 14 日之前，此外，我们必须记住第三个事件被发现（第二只靴子落地）时的感受。依据狭义的科学术语，第三个事件是一个至关重要的事件，尽管我们无法在发现论文中找到它的身影——实际上，当我写下这段话时，它仍然是秘密。

或者说，它是美妙的秘密！赖纳·魏斯已对《纽约客》（*The New Yorker*）透露了一些我认为不应该说的话：

> 自 9 月 14 日出现信号以来，LIGO 一直观察着候选信号，但没有一个信号如第一个那样引人注目。"让我们如此忙乱的原因就是那个大家伙"，魏斯说，"但我们非常开心看到了其他更弱的事件，因为这表示它并非某种唯一、疯狂、愚蠢的效应。"[①]

更奇怪的是，2 月 12 日的《纽约时报》写道：

> 据魏斯博士所言，在于 1 月结束的第一次 LIGO 观测运行中，至少存在 4 个探测事件。

然而，这似乎是基于一种误解。

12 月中旬的一次争论

发生于 12 月中旬的争论可被视为"长叹"的一例，因为它展示了一种情况：当时没人确切地知道引力波是否被探测到了，而且不是每个人都认为那是真的信号。社群是由一大群人组成的团队，大家的想法不都是一样的，所有人不可能以同样的速度转化成新的一类人。争论的主题（这个持续了很久的争

① 请见参考文献（Twilley，2016）。——原注

论已在本书第 10 章中详细讨论过）是究竟该告诉电磁伙伴们哪些事情。所谓电磁伙伴，就是在天空中搜寻电磁辐射或者中微子爆发事件的天文学家和天体物理学家。虽然引力波事件距离此时已过去了 3 个多月，但电磁伙伴们可能存储了数据，以便他们在知道该对何物加以留心时可以进行追溯搜索。按照通常的方式，给电磁伙伴发送警报的标准要远低于探测标准。其中的逻辑是，一种弱的引力波“触发”（某种永远无法独自成为探测候选体的事物）如果与另一种强引力波源组合起来，可能会累加形成某种显著的事物。但麻烦在于，第一个事件并非弱引力波触发，如果电磁伙伴们知道它有多强，那他们采取的行动可能会与收到弱触发时不同。

每个人都赞同在召开新闻发布会前对本次事件进行保密。但这就妨碍了社群与电磁伙伴的合作，电磁伙伴的设备精良，可能会看到一些与引力波事件相关的事物。物理学家 A 建议向一位电磁伙伴发送关于候选事件的警报，而物理学家 B 强烈反对这一意见：

> 12 月 19 日
>
> 我建议在宣布探测成果的同时与［某位电磁伙伴］共享论文草稿，而不是在此之前……如果我们给了［这位电磁伙伴］一份认定 GW150914 为“可能的引力波瞬现源候选体”的论文草稿，而两三周之后，我们又给了他一份将相同数据阐释为诺贝尔奖级别的事件的草稿，那么他就会知道我们之前在用第一版草稿误导他。虽然我们有合理的理由隐瞒真相，但我认为这不是对待同事的适宜方式。

A 回复道，这只是说实话，因为在那个阶段中，本次事件只是一个候选体。A 问："如果这显然是一个真实事件，而不仅仅是候选体，那么我们现在做的分析工作有何意义？"

12 月 22 日

你主张探测流程已经完成，我们不应该再将第一个事件叫作"候选体"。这种说法不仅具有误导性和危险性，还会令很多在假日中仍努力工作以求尽快为所有人完成分析工作的同事感到困惑。

B 回复说：

12 月 23 日

显然，探测流程尚未完成，我们依然有很多工作要做。然而，发表探测成果的可能性非常高。若是对我们的［电磁伙伴］表示本次事件是一个"可能的候选体"，那么这充其量只是误导。

而 A 回答：

12 月 23 日

显然，要么（1）探测流程尚未完成，本次事件是候选体；要么（2）探测流程已完成，本次事件不是候选体。

讨论变得十分激烈，不过我们无须担心哪种做法才是正确的。然而，直到 12 月的最后一周，本次事件尚未确定是"候选体"还是货真价实的"发现"，这才是我们要担心的。12 月的最后一周，规则仍处于变化之中，人们对如何讨论和思考这个问题的态度不一。A 和 B 之间的争论表明，关于事物规则的争议具有现实的后果：某些表达和行动方式不再仅仅关乎“选择”，某些特定行动还关乎是否有损于正直的价值判断。

认知变化就是社会变化。[①] 12 月下旬，社群中的每个人都从心底认为这是一个发现。不过，这并不意味着他们立即变成了他们需要成为的与之前不同的人，随着引力波事件被确认，他们会自主地以不同的方式行动。我们看到，科学家 A 在问，如果这个发现已被确认，那所有分析工作的目的是什么——即使科学家 B 成了不同的人，科学家 A 还没有。也许科学家 A 与其志同道合的同事需要更多的过程和时间才能改变。而另一些人已经生活在了“新常态”之中——这是引自彼得 · 索尔森的词汇，他于 11 月发邮件给我：

> 11 月 10 日，12: 58
>
> 也许更重要的是，在我们将这个发现告诸于世之前，我们正见证着“新常态”的发展。当我们尝试让他人兴奋起来时，我们就会感到疲倦。;-) [比较一下] 我们所有人在前一两周内是多么疯狂，坚持正式声明本次事件并非盲注 [因为我们不敢相信这竟然是真的]。

同样地，在 1 月的第 2 周，我询问彼得 · 索尔森，既然箱子已经打开，为何我的收件箱里未充斥着庆祝节礼日事件达到 5 个标准差的邮件。他回复说：

> 至于为什么人们没有欣喜若狂：我不知道。……或许我们已经在 GW150914 中展现了科学家们所能表达的所

① 请参阅彼得 · 索尔森于 11 月 23 日发的邮件（本书第 289 页）。——原注

有喜悦，而现在已是“新常态”了？如果真是这样，那可太遗憾了。

从另一种意义上说，这远非遗憾。实际上，就应该是这样——转变后建立新常态。这将会是从第一个发现向前迈出的一大步，尽管有些扫兴。

也就是说，彼得感受到了，在节礼日事件的统计显著性跃至5个标准差之前，社群已经发生了显著的改变。12月29日，节礼日事件出现的3天后，他表示：

彼得·索尔森：我想，这就是我们一直等待的第二只靴子……我对此感觉很好，它如果是真的，就能终止许多废话。……我赌一枚硬币它能存活下来，在我们得到了想要的第二个事件后，过去与未来将会有［天壤？］之别。

哈里·科林斯：是，立场不同了，但这仅体现在你的信念方面，因为就论文的内容来说几乎没有什么变化——对吗？

彼得·索尔森：没错，要么一点儿都没有改变，要么改变的只有我们的态度。第二个星期一事件太边缘化了，很难引起人们的注意，但节礼日事件不是。这个事件达到了一定的统计显著性，你知道的，我们曾希望，**或许**，第一个事件可以这么强——没有人想到我们能得到一个［像第一个事件］这么强的信号。

当然，决定性的社会变化并不在社群之内，而是将出现在更广阔的科学世界之中——第二道涟漪与第三道涟漪。更广阔的科学世界尚未知道内部人士经历过的所有具说服力的事情。在更广阔的科学世界里，人们只能看到本次事件的概要。为了让他们相信事件的真实性，社群可能需要进行无休止的检查和讨论，这是探测流程所要求的，即便根据社群的理解，这个事件的强度足以证明无休止的检查和讨论是多余的。外部人士，由于未深入“核心”流程，对事件没有“感觉”，他们只能等每件事都被检查过上千遍之后才会放心。①在新闻发布会或者早期会议中面对批评时，表示每个细节都已被核查了上千遍的做法确实有效。只有当引力波成为每个人的新常态时，发现这个过程才会结束。借用《改变秩序》与 1975 年的论文中的比喻，引力波的直接地基观测是个“瓶中船”，我们所观看的是绳子被剪短和船上的胶水凝固的过程。很快，船会像是亘古以来就在瓶子里了，而对我们中的一些人来说，那个时刻已经来临。

这对于科学知识社会学意味着什么

在《引力之影》中，我表示科学家们是通过信任关系网络创造他们的世界的——信任他们认为理所当然的事物与他们听从的人（第 5 页）：

> 科学家们获知事物的方式与我们相同——“道听途说”。即使你是我在这几页中描述的科学家（引力波科学家）之一，你所知道的大部分知识，甚至包括引力波，也都是经由传闻获知的。这听起来很奇怪，但请回想一下！

---

① “核心群体”是指科学家的内部群体，规模通常非常小，但在当前的情况下很大。该群体积极参与新科学的进程，而不是从外部观察。请参阅《改变秩序》。——原注

> 你掌握的几乎所有的科学知识都是从论文中、阶梯教室里，或者其他科学家的讲话或行动中学到的。你通过所谓的直接见证知道的结果，也不过是漂荡在巨大信任之海上的小木寨——信任更早的实验结果、一起工作的同事、构成设备的仪表和材料，以及分析实验的电脑。

我已在上文中指出，我们从未亲眼看到引力波和黑洞。我们看到的，只是代表了一张极其敏感的“蜘蛛网”震动的几个数字（《引力之影》第14页）：

> 我们了解的关于恒星及其活动的所有知识，都依赖于社会时空中的涟漪［人们口口相传］。如果社会时空中没有涟漪，我们的宇宙中就不会存在活跃的恒星（就像那些不懂现代科学的人的宇宙中不存在活跃的恒星，而我们的宇宙中也不存在他们的神或女巫一样）。因此，有人可能会争辩说，因果顺序实则相反——不是从恒星到人类对它们的认知，而是从人类对它们的认知到恒星（好比我们大部分人信仰神、女巫与时尚前沿）。你刚刚读到的关于引力波及其影响的每一件事都是……基于信任、道听途说，以及社会化。

如今，“信任”已不再是恰当的字眼。哲学逻辑没有发生任何变化，但我们生活方式的方方面面正在改变。很快，表示我们“信任”那些告诉我们引力波的科学家这种话就不再具有意义，这就好像在说“孩子信任父母”一样。不久之前，讨论信任仍有意义，但如今，事情的本质已经改变。“信任”是我们以一种积极的方式去做的事情，但我们对父母的信任如同呼吸，更贴切的说法是，如同从空气中汲取氧气。信任是生活的一个条件，而不是我们为了生存必须要做的事情。这就是我们正在见证的科学变革的另一面——当我打开电灯时，我并没有“信任”迈克尔·法拉第（Michael Faraday）与其接班人，我只是在做类似于呼吸的事情。如果我非常努力地反思，那么我会在包含了信任的某种事物中发现一种逻辑：我必须“信任”归纳问题不具有实际后果，“信任”包裹在铜导线外作为绝缘体的塑料或橡胶材料的表现与昨日相同，“信任”开灯不会导致灯泡爆炸或整个宇宙结冰，纵使从未有决定性的证据表明此类事情不会发生。[①] 不过，要说我**相信**这些事情不会发生是不正确的，因为当我打开灯时，我从没有想过这些事情，就像绝大多数孩子没有思考过自己的父母是否值得信任一样。开灯，只是我们生活的世界的一个特征。引力波正以这种方式进入我们的世界，与黑洞和希格斯玻色子在不久前进入我们的世界一样。

在《引力之影》中，我解释道，“相对主义”是一种方法论，它对科学社会学研究至关重要，但其并非一种哲学主张。在那本书的第 756～758 页中，我描述了自己用激光笔、碎镜子和玻璃制作了一个干涉仪模型的过程，而且它可用。在制作好了这样一个东西之后，我兴奋极了——“在走廊里大呼小叫”，想要找个人来展示。于我而言，这个干涉仪模型就像“开灯”一样真实。这种真实感对于社会学家的项目来说，并不是致命的（《引力之影》第 758 页）。

在干涉仪的例子中，当现实主义的巨大影响出现时，

① 若想了解详细解释，请参阅《改变秩序》的第 1 章。——原注

> 我们没有必要躲避它。我们可以简单地采用干涉仪和干涉条纹的想法作为其他论证的支撑性框架。整体而言，关于哪里应该被相对化而哪里不用的具体选择，并不是精心设计过的，在绝大部分时间里，不需要如此。在大多数情况下，事物该被视作科学事实还是正在形成的事实，取决于故事的动态过程。通常，当方法论的相对主义原理被用在正在形成的事实中时，其只应被看作在每门科学中建立的方法论指南的某个版本——专注于解释变量。在这种情况下，它意味着科学应“维持现状”。对于正在形成的事实，科学不应该被用来解释自身，否则会造成循环论证，和/或模糊社会学上的关注点。

从现在开始，在我未来的关于引力波的写作中，引力波将成为框架的一部分，而不是主题，因此它将不需要被相对化。但它**可以**继续被相对化，就像开灯的行为或孩子对父母的信任一样——这只是事物的哲学逻辑。回到书中，我们可以找到哲学逻辑。每当计算基于判断时，哲学逻辑就会出现，而计算总是如此，例如《引力之魅与大犬事件》第 14 章中的 25 条判断。此处，复述一下那个列表中的所有哲学判断与社会学判断。在本书广泛讨论的内容中，有这样一个问题——我们使用了背景噪声来确定时间平移的统计显著性，在整个背景噪声的范围内，两台干涉仪是否完全“相同”？此外，在保证“同一性”且避免被当作事后“调整”的前提下，科学家们能对仪器进行多少操作？我们已经知道，每当科学家们认为“质疑已经够多了”，从而规避我们所谓的“检验倒退”时，哲学逻辑都在发挥作用。在社群无异议地接受 5 个标准差及特殊情况下的

5.1 个标准差这个过程中，我们找到了哲学逻辑。尽管科学家们可以发明其他的双黑洞等价物，但在判断观测到的事物是否为黑洞时，他们对反对意见缺乏兴趣。当 CERN 听众席中的一位科学家警告道，这无异于说希格斯粒子没有被发现时，我们找到了哲学逻辑。我们讨论了依赖于假设或者假说的实验的逻辑，如哲学家所言，如果一个人决心阻止事物的规则被改变，之前的假设就会受到质疑。也许，那些波是由上千名科学家强烈的渴望所形成的巨大精神力量带来的，或者整件事情实则是集体性幻觉或是由写下故事的我和科学家们一起编造的巨大阴谋。那么，是什么阻止大家考虑以上可能性的呢？我们在询问这个问题时，遵循了同样的逻辑。为了更清楚地说明这一点，我们还分析了一两位不认同关于该相信谁及何时停止质疑的主流判断的科学家。

1982 年，我与特雷弗·平奇合著了一本关于乌里·盖勒（Uri Geller）和能折弯勺子的孩子的书——《意义的框架：非凡科学的社会建构》（*Frames of Meaning: The Social Construction of Extraordinary Science*），我们展示了假设条件改变时世界是如何变化的。我们用一种巧妙的方式观察了那些声称可利用超自然手段折弯勺子的孩子——通过其身后的单向透视镜。孩子们并不知道自己被观察了——除了一个女孩。她的勺子先是直的，然后突然弯曲，但我们未发现她作弊的瞬间。我们核实了 6 次视频才想到了一个她可能用力量折弯勺子的时机。虽然我们没有亲眼看到那一幕，但我们停止了分析，并对已经解决了问题感到满意。这就是我们生活的常态。然而，正如我们在书中解释的那样，在另一种常态中，我们可能会对使用力量折弯勺子的孩子感到惊讶，而不是对那些使用“意念力”（在那个世界中，我们不能称之为“超能力”）的孩子。哎呀！我透露得太多了。我感受到了能让眉头紧皱的巨大社会力量。然而，本书的读者中没有一个人可以“肯定”引力波事件并非超能力、幻觉，或者其他的可能。以上老生常谈的内容只是旅程的开始，而现在，关于地基引力波探测的哲学讨论将要结束。[①]

戴上相对主义的眼镜，退后一步，让自己远离某件被广为接受的事物，看一看它在多大程度上是你凭借传闻就接受的。如果“确定”是指直接见证事实的话，那么我（一个扎根于引力波社群几十年的人）没有确定过任何事情。我从未直接见证某事，只是从我信任的人那里听了很多故事。重申观点，从现在开始，我会像呼吸一样轻松地相信这些故事。

引力波探测是我们对这个世界最坚实与最可靠的认知之一。不过，思考一下这种可靠性包括什么，它包括由我们的社会存在所形成的被广为接受的事实。而在另一个社会中，神和女巫的地位可能相等。通过阅读《自然》杂志的评论与雷格·卡希尔的邮件，我们瞥见了这种可能性。那张整洁的图（图 7-2）说明，人们对引力波的相信程度表现为时空中的一系列涟漪，但不像图里的那样规整。它们看起来应该类似于图 12-1，其中最后一道涟漪被分成两段：大部分涟漪趋向左侧，代表主流科学和主流社会；小部分涟漪趋向右侧，代表相信引力波完全是阴谋的人。世界并非只有一个，而是有很多个。当然，右侧更远的某处仍然存在别的世界，那里有神、女巫等事物。为了维持这种程度上的社会学隔阂，理解被分隔的世界是如何稳定下来的，最好的方法就是刻意采取相对主义。世界真的不止一个吗？当然——这是不言自明的！

---

① 这些关于相对主义的问题是在 20 世纪 70 年代提出的。——原注

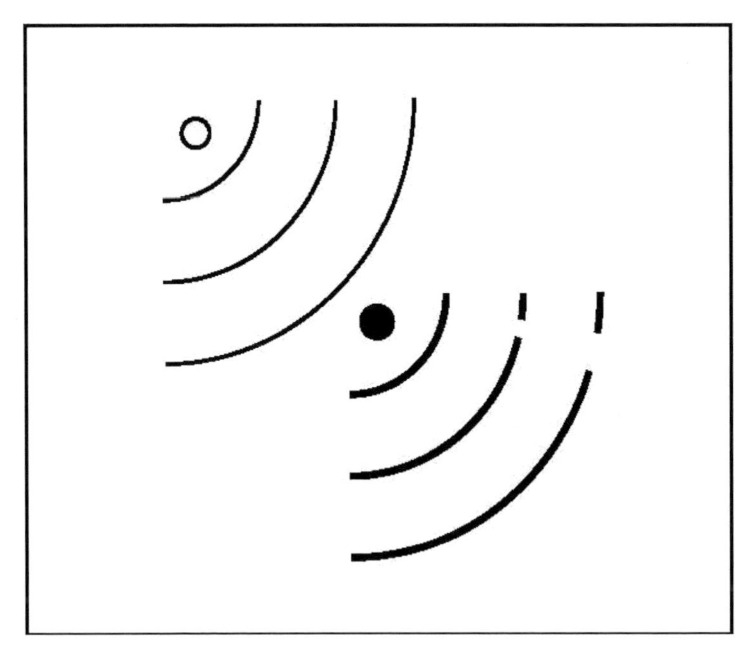

图 12-1　世界不止一个。

改变中的社会

重复一遍，我们通常认为因果关系的箭头由恒星指向我们对恒星的认知——让我们先称这种顺序为“从左到右”，就像图 7-2 和图 12-1 显示的涟漪那样。本书的大部分内容都是按照这种顺序编写的——从左到右的因果箭头。若社会学家试图将工作完成得更好，他们必须通过从右向左的因果箭头来观察和描述世界——从人们的社会互动指向恒星。请看涟漪的最右侧，要注意，这实际上可以成为箭头的方向。

然而，如果一个人占据了最左侧的部分（就像本书的大部分内容的视角），那么当彼得·索尔森询问（见上文）我将如何解释大家突然接受了引力波事件这个现象时，约瑟夫·韦伯时代与当今时代之间的巨大转变似乎为他加了一分。高新LIGO探测器是第一代有机会看到引力波的探测器，它依据的理论大约在20世纪70年代就存在。听上去，引力波科学成果似乎已经达成。但我们必须记住，这只是理论。从约瑟夫·韦伯开始，所有的实验主义者都准备了这样一套说辞："也许理论是错的，如果我们看到了似乎与理论相冲突的事物，那没办法，因为科学有时就是这样发展的。"归根结底，引力波探测被认为是对广义相对论的证明。因此，探测到更强的波**可能**是一种反证法，证明广义相对论需要修正。当然，即使不质疑强有力的广义相对论，前几代人也可以合理地声称看到了新事物，他们只需要对关于宇宙中信号源分布的观点提出异议。如果宇宙变得"波澜起伏"，同时一个离我们太阳系很近的区域内存在特别强的引力波辐射，那么一切又得到了解决（参见《引力之影》第5章）。一位物理科普杂志的记者在aLIGO即将上线时问我，如果新的设备同旧设备一样没有看到任何事件，后果将会如何。我解释说，广义相对论还没有受到威胁，而且我也不认为探测器理论真的存在风险，但要是没有探测到任何事件，我们对天体物理学的理解就必须做出调整——宇宙中存在的引力波辐射事件可能比预想的少得多。因此，即使是aLIGO最终探测到了符合理论的结果这件事，也要依赖关于理论有多强及理论是何性质的社会惯例。

如果我们允许自己采取某种马克思主义式的决定论，那就想想那些钱和付出吧！回忆一下，已经花了多少钱，多少人为此耗费了精力，那些人是多么想证明他们所做的一切都是正确的。请看我于1997年写的田野调查笔记（《引力之影》

第540页）：

> 在无声的细雨中，我独自在站点周围漫步，曾有一刻，我对这个项目产生了疏离感。……我突然发现，它是规模最大的疯狂行径！所有的钱、所有的努力、所有的钢铁、所有的混凝土——是为了什么呢？试图观察比原子核还微小的运动！
>
> 在体验到由最初的成就带来的喜悦之后，物理学家们也略感谦卑与恐惧。其中一两个人对我说过“这最好能成功”之类的话，但他们在表述的时候，脸上没有笑容。

当然，有人可能会说，iLIGO面临的压力与当前模型的压力一样大。但随着借口逐渐耗尽，当下的压力正在逐步增加。

那么，对这一发现提出质疑的人是谁呢？共振棒的支持者早已被击败（《引力之影》第三部分），若还有人认为干涉仪探测不是正确技术，那他们大概活跃于科学界的边缘。几乎每一位引力波探测专家都在发现论文的作者列表中。多年前，巴里·巴里什向我解释，大科学存在一个问题——由于吸收了该领域的所有专家，不存在外部评论者。在粒子物理学领域中，解决这个问题的办法是设立独立的内部小组来互相竞争。没人确切地知道《物理评论快报》会如何为引力波事件的论文寻找合适的审稿人，因为所有较为知名的业内人士都已成为共同作者，因此，也就不存在可信的反对派了。这解释了为何物理学家在**提交**论文时会庆祝——至少在大科学领域中，那就是所有严肃的工作都已完成的时刻，他们明白，外界没人能够发起重大的挑战。这难道不是一个社会事实吗？这难道不是解释信任和假设之间的巨大联系是如何产生的部分理由吗？[1] 依据《改变秩序》及相关著作阐明的概念，显而易见的是，只有明确的反对意见存在时，对一项科学主张的争论才有可能无休止地进行下去。但在本次事件中，边缘之外不存在反对派。

诚然，这一切都有些粗糙，特别是在这样一个事实面前——虽然环境变得如此有利于探测，但科学家们仍在付出巨大的努力，试图找出信号可能存在的问题。之所以这么做，是因为他们是非常诚实的人，而且他们不想让其他人发现并解答自己的错误。我们还剩下什么呢？那就是我们的新信仰，当我们用遥远且疏离的视角看待新信仰时，它们就是社会规则改变的结果。

改变中的规则

我们还会看到哪些社会变化？行为与观念上还存在哪些改变？在引力波领域中，有哪些相当于外科医生清洗、戴手套和穿手术服的事？此处，我们将要讨论最声名狼藉且风险极高的话题——未来学（futurology）。其涉及的诸多内容可能会被证明是错的，但出于练习的目的，这些内容都是**合理的**。

复现对符合 让我们从 189 页的图 8-3 开始。图中，特征 1 与特征 2 展示了影响汉福德站与利文斯顿站探测器的波形，并显示测得的应变与模型匹配得十分好。特征 5 则展示了测得的应变之间的高匹配度。这就是“发现”。这一发现的本质是什么？它是突出于背景的符合，还是与一台探测器的观测结果

[1] 在社会科学中，人们永远不可能用这种方法将所有人聚集在一起。事实上，截然不同的“观点”的持续存在被视为荣誉的象征。——原注

匹配的另一台探测器的观测结果？它（确实或可能）代表了一种历史性的改变。

早期阶段，共振棒探测器记录了能量脉冲。除了未知来源（恒星或噪声）的能量跃升以外，单台探测器看不到其他事物。这就无法确定一个能量跃升事件的性质。与时间平移中的符合数相比较，“那个发现”是零延迟处符合的过剩——约瑟夫·韦伯称之为“零延迟过剩”。“发现”是符合，也只是符合。当时，引力波除了我们所说的“符合性”以外，没有可识别的特征。但如同我们注意到的，在干涉仪探测时代中，这已改变，因为干涉仪是宽频仪器，可以看到脉冲的形状——当波通过探测器时，它们的振幅会发生变化。如今，引力波拥有了除“符合性”之外的可识别的特征，即可与模型对比的波形。在我看来，这种匹配波形的能力并未得到足够的重视，因为科学家们仍然认为符合是引力波探测的重要特征。阿达尔贝托·贾佐托对我表示，第一个事件非常强，“即使单台探测器也足以做出声明”。然而，这并不意味着单台探测器得到的发现会被广泛的科学界接受，但这确实意味着图 8-3 中的特征 1、特征 2 和特征 5 显示的并非符合，而是一台探测器上的信号及其在另一台探测器上的复现。我认为，这将会在“明天”成为新常态。一台探测器上的信号在另一台探测器上得到复现是更有力的声明，也的确是科学家们相信第一个事件的原因。若从统计学的角度看待这个事件，“它是每 200 000 年才能偶然看到 1 次的符合”（基于 16 日的数据）；若从相干性的角度来看，“被一台探测器识别的信号也被 3 200 千米之外的另一台探测器观测到了”。信号的相干性最先说服了每个人。统计数据主要用以说服其他人。人们的观念从符合转变为复现，并且认为有可能仅凭单台探测器就看到引力波事件，因为事件可以通过模板匹配被认证。二者都意味着规则的改变，虽然这种改变还未深入人心，但我认为人们将很快看到端倪。

将要发生的改变，是单一探测器测量会越来越容易被接受，因为在新常态下，确认引力波探测将需要越来越少的证据。探测器中的引力波信号将比噪声更为常见。我们可以用贝叶斯统计法[①]来解释这个问题（每个人的先验知识都会改变），或者用我们生活方式的改变来解释，例如，在另一个世界里，用超能力弯折勺子比用物理力更加常见！

低延迟与探测标准的放宽 新常态的一个特征是，引力波将更容易被探测到：

> 10 月 1 日，21: 26
>
> 在低延迟状态下进行搜索一直是我们的目标。这遵循了从初代 LIGO（约 1 年的延迟）到增强 LIGO（约 1 周的延迟），再到高新 LIGO（约几秒的延迟）的一般趋势。在某一时刻，探测器将持续运行，而对观测运行阶段及其周期长度的划分正变得越来越随意。我们最终想要实时生成警报 / 预告 / 其他结果……
>
> 在得到无懈可击的发现后，我认为低延迟搜索影响其他搜索的风险已减小，而且一旦出现多个引力波事件，那我希望所有的事情都能真正变得平等。（好吧……当然，具有完整的数据与更好的校准的搜索更好，但这不会受到来自低延迟搜索的负面影响。）……

① 贝叶斯统计法（Bayesian statistics）是统计学中的一种理论，它表达了对事件的相信程度，这种相信程度会随着新信息的收集而改变，其基于针对事件的先验知识或个人对事件的信念。——编注

> 从长远来看，我想我们希望在全参数空间中运行低延迟搜索。这意味着，让事情越早生效越好，因为我们知道经验将帮助大家改进搜索……
>
> 我们渴望进一步发展引力波科学，如果能够尽快将发现公之于众，这将大有帮助……
>
> 是时候停止“蒙蔽”自己了——这已经不再有效。

这封电子邮件说明了一切——随着看到信号的条件变得宽松，所有操作都将以尽可能低的延迟运行。可以实时探测信号的自动化数据处理程序将成为常态，而离线分析将成为备选项（主要用于异常微弱，但出于某种原因，特别有趣的信号）。

随之而来的是，盲注带来的压力将得到缓解：“飞机事件”之类的事件将不再引发争吵，在面对旋近等具有明确定义的波形的常规事件时，打开箱子的想法也将消失。对于这些信号，每个人都将忘记曾出现过的“小犬”，甚至忘记时间平移，因为除了非常边缘与不寻常的事件以外，波形将会取代统计分析成为信号的主要判据。

于是，那些类似第二个星期一事件的信号将成为**事件**，而不是得捂着嘴小声讨论的消息。它们足够强，科学家们可以将这些事件叠加起来计算事件率。我们看到，改变已经发生。11 月 25 日的一封邮件包含了这种观点：“许多人说，第二个星期一事件‘看起来不错’，它很可能是真的。”可以说，这类弱事件是一种迹象，代表了先验的变化或事物规则的变化。我们将在附文中看到更多关于这方面的内容。随着引力波物理学转变成引力波天文学，我们可以将正在发生的事看成“证据文化”（《引力之影》第 22 章）中的一个变化。天文学家和天体物理学家必须算出太空中各种事件的发生率，他们不能仅凭最强的事件就估算事件率，否则结果会不准确。与物理学家相比，天文学家与天体物理学家生活在一个充斥着推论的世界中。从证据文化的三个维度来看（《引力之影》第397～398页），他们对证据集体主义的容忍度更高，他们的证据阈值要低得多，而且他们愿意赋予弱数据更高等级的证据显著性。

很快，第三个事件之类的事件将不再被隐瞒，因为所有的数据都将被公开——至少在涉及双黑洞旋近这类熟悉的现象时是如此。实际上，关于这个问题已达成一个协议，即在看到四个事件后，数据将开放使用——我们已经接近这种情况了。（不过，我听说社群可能正在寻找撤回该协议的方式，如声称该协议只在探测到四次双中子星旋近事件后才生效；我还听说有人提议放宽限制，从现在开始公布所有数据。）

保密 保密行为不会完全消失，但将成为秘密的是尚未被看到的信号类型。未来第一次观测到来自脉冲星的连续引力波时，人们会热烈庆祝——不如本次事件盛大，但会比观测到另一例旋近事件要热烈得多。在撰写关于随机背景的第一篇论文时也将是这样，对引力波宇宙背景的首次观测更会是如此（还记得BICEP2引起的慌乱吗）。或许，我们会看到来自中子星星震或者宇宙弦的引力波信号。

引力波物理学的语言 引力波探测发展出了一套自己的语言，该语言包括“小犬”“前景”等专业术语。其中，“前景”代表信号，而不是噪声，在天文学其他领域中，它都表示噪声。然而，随着引力波领域面向外界开放（第二道与第三道涟漪进入关注范围），这些术语正在消失。正如我们已经知道的，“前景”这一术语在后来的论文草稿中被删除了。此外，虽然“X 犬”之类的术语出现过，但“小犬”从未出现——取而代之的，是某种更复杂且冗余的说法。在探测论文图 4 的注释中，我们发现：

> 双星并合搜索中的黑线背景的尾巴，来自一台探测器中的 GW150914 与另一台探测器中的噪声之间的随机符合。

也许，过不了几年，“小犬”这个词的意义就被遗忘了，甚至这些术语所处的整个语义网络（如“屠杀小犬”“时间平移”“盲注”）都可能会被忘得一干二净。术语的起源将只具有历史性或语言学意义——它会出现，只是因为一次“盲注”恰好发生在**大犬座**的方向上！目前，这些术语代表着一个专家社群的成员身份（社群之外的物理学家都不知道小犬的含义），但这种情况将会很快改变，因为**没有人**会记得小犬是什么！

新发现是如何被宣布的　另一件我认为迟早会发生的事情是，引力波将不再是发现或观测的对象，而仅仅是引力波天文台所使用的媒介。我们不会给论文起名为“对来自超新星的光的观测”，而是“超新星观测”，因为媒介不再值得关注。不久之后，引力波将不再是值得评论的媒介。几年后，报道引力波类似事件的论文的标题不会是“对来自双黑洞并合的引力波的观测”，而仅仅是“对双黑洞并合的观测”。从而，“LIGO”中的“O”（天文台）将会充分发挥潜力。

地位与显著性的内部变化　将要发生的，是社群内不同团队地位的重新洗牌。其中一种洗牌已在前文中暗示过了。在干涉仪领域中，地位最突出的小组曾经是探测器组，也就是寻找双星旋近事件的人们。旋近事件曾位于“十字准线”的中心（搜索的主要目标），因为其曾被预测是最先被发现的天空事件，而且其被标记在了干涉仪的测量范围（可探测到双中子星旋近事件的距离）之内。如今，我们已探测到了双星旋近事件，不过看到的是黑洞，而非中子星。即使是在现有的灵敏度水平上，我们依然能在每 30 个观测日里看到 1 次此类事件。此外，随着高新 LIGO 趋于稳定，灵敏度水平将提升 3 倍，同时探测率将提高至每天 1 次。就引力波**探测**而言，黑洞旋近将成为普通事件。以上事物将带来许多令人兴奋的科学研究（探测器还不够灵敏，尚无法探测到并合黑洞铃宕的特征），这将让我们能够宣称人类首次直接探测到了单个黑洞，而黑洞并合事件数量的持续积累与位置的多样性将帮助我们绘制可揭示宇宙演化异向性等特征的全天图。下一个激动人心的**探测**目标是旋近的双中子星，我们将会从中得到各种各样的信息。

不过，在此之后，十字准线会被移动到连续波组等小组，他们一直在舞台侧翼等待登台的时刻。我猜，他们的地位会随着十字准线的移动而改变。

地位与声誉已发生了辛酸且明显的转变。这种转变反映的情形也在其他大科学项目中发生了。科学家们建造了非凡的仪器来捕捉宇宙的新特性，然而，一旦仪器建好，数据分析专家和理论家就会占据舞台，而建造了仪器的人则会退居幕后。在天文学中，望远镜建造者的名字不会出现在论文中；在粒子物理学里，论文中不会显示加速器建造者的名字（**探测器**建造者的地位可能会保持得长一些）。[①] 在引力波直接探测时期中取

① 感谢巴里·巴里什就此事进行的谈话。请参阅“社会学与哲学注释”注释 XII，第 412 页。——原注

得的成就：是在 50 年的蔑视面前建造了如此非凡且灵敏度令人惊讶的仪器；是将引力波科学的规模变大；是形成了一个庞大的合作组织。但如今，令人兴奋的不是激光、镜子或者真空，而是黑洞——数字的意义，而不是能否生成或如何生成数字。在构思和建造这些惊人的仪器时，有些人事业失意，而有些人梦碎不已。请记住，这些仪器可以测量相当于地球直径上质子宽度的改变。然而，为建造仪器所付出的一切只是为我的一位受访者所说的"理论家们日益膨胀的野心"奠定了基础。

我们甚至在探测论文的写作过程中看到了变化，一组受访者向我抱怨，终版草稿里大大减少了描述仪器的内容。几年后，谁将被铭记？答案不是现在被记住的那些人——除非他们赢得诺贝尔奖。

我是一个相比于理论更亲近工具的人，更亲近实验主义者，而不是理论家。因此，我将这种变化视作一场不可避免的希腊式悲剧——物理学界正在摧毁自己的"父母"。不过，见证了一切的巴里·巴里什告诉我，这场悲剧不会像我所想的那么快发生。这些仪器的灵敏度距离观测到引力波事件的细节所需的灵敏度还有很长的路要走，而且目前的灵敏度远不及看到其他只能通过引力波看到的迷人事件所需的灵敏度。实际上，科学家们计划建造"爱因斯坦望远镜"（Einstein Telescope，可能是一种 40 千米长的干涉仪，长度为 LIGO 的 10 倍；或是一种 10 千米长的仪器，在深井中应用低温技术来提高仪器的灵敏度）。无论采用哪种设计，我们都可以在所有频率上实现灵敏度的提高。因此，巴里什表示，属于地基引力波探测器建造者的时代还未结束。让我们拭目以待。

筹款模式　在如今的世界里，一个人若想准确预测在引力波探测筹款的过程中会发生什么，那可是异想天开。不过，有些事情肯定会发生。如果世界局势相对稳定，那么在印度建造引力波探测器这件事，将是板上钉钉。[①] 若要精确定位引力波源，我们就需要遍布全球的灵敏的探测器，这样可以形成多信使天文学。多信使天文学能将引力波源与天空中的电磁事件或中微子事件相关联。（旋近的双黑洞不会是其他类型信号的来源，但旋近的双中子星会是。）引力波项目也许会筹集到在澳大利亚建造探测器所需的资金。那里有人才，而且一度传言要在珀斯附近建造大型设备；探测论文的作者包括许多澳大利亚科学家。或许，更多的钱会流入英国-德国的 GEO 探测器项目，但由于 Virgo 位于比萨附近，英国-德国的 GEO 探测器在位置上不占优势。不过，它可以做不同类型的研究，为更大型的仪器作补充。此外，Virgo 有可能会筹集到新的资金，如此一来，它就能在引力波搜索中扮演更重要的角色。一种看法表示，建造 LISA（计划于 2032 年发射的初代太空干涉仪探测器）的日程将被提前；另一种看法则是建议将 LISA 取消，因为除了需要超低频率才能看到的质量最大的黑洞以外，便宜得多的地基探测器能看到一切。我无法想象“爱因斯坦望远镜”项目（建造一个或多个灵敏度为 aLIGO10 倍的地基干涉仪）不会被加快考虑。若想掌握引力波源的族群与分布，以及测量刚刚并合的黑洞的铃宕，科学家们就需要更高的探测灵敏度。此外，为了看到更多种类的引力波事件，我们需要更高的灵敏度。多信使天文学同样需要更高的精确度，因为除非我们能精确定位事件源，否则它无法真正发挥作用。贾佐托提出的通过

① 印度总理于 2 月 17 日证实了建造探测器的消息，2 月 17 日是新闻发布会后的第 6 天，也是我写下这段话的几天之后。——原注

电磁辐射来确认单个引力波事件的要求，可能是不合时宜的，因为天空中存在太多的事件，而我们目前尚无准确定位引力辐射源的能力。新闻发布会前夕，传言称有人发表了一篇论文，该论文可能会把本次事件与未曾预期的伽马射线暴联系起来。然而，正如一位发件人所言（2 月 7 日）：

> 在 BBH 可能位置所在的巨大范围的一个区域中看到一个几乎同时出现的符合的伽玛暴这一事实，不是一个足以说“将是”的证据 * 必须 * 说“可能是未曾预期的电磁对应体”。……如果这是真的，那会令人兴奋。但我严重怀疑，除了两个瞬现源在时间上符合之外，我们能得到更多的结论。宇宙中每时每刻都发生着诸多事件。

我们对太空的看法　由于来自双黑洞旋近的引力波落入了人类听觉的频率范围之内，科学家们一直坚定地认为，我们现在所做的是“**聆听**”天空，而不是观测天空。这使我困惑，因为除非我们距离事件发生的地点很近，否则我们无法听到引力波的声音，如第 10 章结尾所述，我们与引力波事件之间的距离要像太阳与地球之间的距离才可行。也许科学家们正在向“耳朵”的方向努力，因为干涉仪的镜子会在引力波的影响下振动（只要未保持静止就会振动），也可能是因为这个现象落入了人类听觉的频率范围中，所以科学家们试图将信号变成声音，以便大家**能**听到它。2 个黑洞在 13 亿年前并合，而我们被要求聆听这个事件发出的声音。这是能想象到的最不起眼的声音，我认为物理学家会想忘掉它。[①] 我能想到的唯一

① 可以点击以下网页聆听黑洞并合的声音：http://www.popsci.com/listen-to-sound-gravitational-waves。——原注

可与之相比的不协调之处，来自道格拉斯·亚当斯（Douglas Adams）所著的《银河系漫游指南》（*The Hitchhiker's Guide to the Galaxy*）的第 31 章：

> 因此，两支原本对立的舰队［携手］对我们的银河系发动了一次攻击。……几千年以来，这些强大的战舰划破空旷的宇宙，尖叫着向他们遇到的第一颗行星（恰好是地球）俯冲。在地球上，由于对尺度的严重误判，整个舰队不小心被一只小狗吞掉了。

在我看来，这就是聆听引力波啁啾的声音与聆听双黑洞旋近的声音的对比。

然而，我们的耳朵与眼睛之间确实**存在**一种可用在干涉仪（非共振棒）上的区别——耳朵是多向的（聆听来自四面八方的声音），而眼睛只能是单向的。我建议将耳朵的这个特性与物理学家试图把引力波对应的波形转变成声音的期望结合起来，这对干涉仪控制室有益，因为随着设备灵敏度的提高，越来越多的信号会被探测到。这将改变人类对天空的想象。

我们建造的天空模型是“宁静又静止”的，恒星的固定性是导航的必要标准，而且其让流星、彗星和罕见的可视超新星显得如此与众不同。电磁天文学家已经知道天空是混乱无序的。目光所及之处，他们能看到爆发和其他类似事件的发生。（见上述邮件：“宇宙中每时每刻都发生着诸多事件。”）不过，普通大众并不能像电磁天文学家那样“看到”天空，人们必须使用望远镜才能看到正在发生的事情，而且每次看到的仅是天空的一小块碎片。然而，在不久的将来，我们将不可避免地听到天空中爆裂与沸腾的声音——我们生活中永恒的宁静之源将会消失。诗歌将会改写：可惜！

当然，我们现在正位于第三道涟漪的边缘，但这些事物规则的改变将会使引力波成为我们生活的常态元素。如此一来，事物的规则就会发生转变。

回顾相对主义

复述一些重要内容：本章的第一部分是想证明世界是由社会建构的，而且没有“真实”的事情发生吗？不是，本章中提及的相对主义是一种方法——专注于信念的变化方式（本次事件中为社会规则的变化方式）的方法。为了得到更完善的研究成果，分析者不能放任自己在质疑时半途而废，安于引用“理性”或“非理性”的结论或退回到科学家们所认为的“真相”。若是科学家们简单地因为第一个事件在噪声中脱颖而出就相信了它，那我可接受不了。3 月 16 日，斯蒂芬·费尔赫斯特（Stephen Fairhurst）对我说，如果最响亮的信号来自节礼日事件，说服科学界就要麻烦得多。我同意他的观点，但我必须思考为何会有人相信这些事件。我期望这种方法能够丰富人们对科学运作方式的理解。

科学家应该采用相对主义的视角吗？肯定不应该，科学家的世界最好是真实的。要不然，科学家还能在哪里找到自己工作所需的能量，以及为了质子直径的万分之一而毁掉自己社交生活的意愿呢？一方面，引力波科学家应该继续感谢他们的幸运星（字面意义上的），因为第一个事件太清晰、太强了；另一方面，如果他们像社会学家一样交替采用现实主义和相对主义的视角，那他们可能会从中找到乐趣，只要他们能坚定地在大部分时间里屏蔽相对主义的视角——与我必须屏蔽现实主义的视角一样，就算不是大多数时候，我至少要在撰写类似本章的文字时保持屏蔽状态。一个人若想以二元论的方式接近世界，只需要成为一个对事实真相持怀疑态度的哲学上的不可知论者——不要从一开始就认为相对主义（或者现实主义）的视角特别荒谬，否则就无法品尝到其中的乐趣了。

第 13 章

科学的本质

真相毕露

本书中出现的一些问题和争议，都与正在完成的事情的本质有关——物理学的本质。在这一章中，我想发掘和阐释物理学的本质，更准确地说，我认为物理学应有的样子。问题在于，物理学应当努力传达何种事实。

数学是一门学问，其中，一篇已发表的论文如同一座纸牌屋——证明中的一个简单错误将导致整个屋体坍塌。哲学中的逻辑与此类似。然而，社会学则截然不同，其更具有鲁棒性，含有奇怪错误的社会学论文并不会像纸牌屋一样坍塌，而且它不是那种能被当作证明的论证。例如，此刻我正在争论的话不像是论证，而多多少少像是劝告。在一本书中，如果我写错了一两句话，或者在许多相互独立的论述中犯了一个错误，那么这并不会让整本书的价值变低。物理学带有上述两种论证——它不仅拥有数学的精确演算的论证，而且拥有看似合理的有说服力的论证。对此，我们之前已经看到过了：一个演算角度的例子是从时间平移估计（引力波事件的）误警率；而一个合理推测角度的例子是讨论“冻结”是否合理，以及在时间平移生成或更长的一段时间内，探测器是否稳定，即探测器的状态是否保持不变。此外，另一个展示了精确演算特质的例子是估计黑洞的并合率，由 O1 观测得到的黑洞并合率为每单位体积每年 2～400 次，而不是每单位体积每年 6～400 次；而看似合理的有说服力的例子是思考以上的计算结果是否值得在引力波论文中花长篇幅来讲解，以及数字“2”和“6”之间的差别是否值得讨论。

物理学存在的一个问题是，一种论证有时会与另一种论证相混淆，这可能会对决断造成困扰。我怀疑，物理学家倾向于相信，基于定量论证的决策总是最好的——事实并不总是如此。物理学家们在某种程度上明白，他们非常善于“近似”——他们知道，当一个结果出现了过多的有效数字时，会产生误导性的虚假精度。如何得到准确的有效数字个数，是物理学中的一门艺术（注意，数学中不存在“有效数字过多”这个问题）。

有时，物理学家（或数学家）没有注意到，是时候停止计算了——依靠人类的“直觉”可能会得到更好的结果。读者可通过《引力之影》（第 561 页）了解到，罗纳德·德雷弗正是一位擅长在技术问题中运用直觉的人，即使最初的数学论证似乎显示他是错误的，最终的结果还是会证明他是正确的。在合作时，我们要学着识别那些在计算方面几乎从不犯错的人，不过他们可能并不擅长做决策；也要学着辨识那些擅长做决策，但不善于计算的人。我能够分辨这两种类型的人，并叫出他们的名字。合作之所以有效，是因为术业有专攻。当一方固执己见时，合作就会失败。

以上讨论都与适时中止检验倒退的行为密切相关，物理学家必须清楚地知道何时停止争论、评判和计算。我们之前看到过关于何时停止争论的观点，其涉及旋近的物体是否为黑洞等问题。我们可以再追溯一步，将该问题与《引力之魅与大犬事件》中（第 231 页）的“认识论语句”（epistemological sentence）相关联。在讨论大犬事件是否真实（假设它并非盲注）时，一名科学家想要在**那篇**原型发现论文的结尾补充一句话：“然而，我们不能完全排除其他可能性，期待更多待上线的灵敏探测器能够观测到……大量的引力波事件。”这句话在逻辑上无懈可击，但并不科学。科学必须时刻做好犯错的准备。[①] 对于任何物理学上的发现而言，一味地寻求更多的证据，总是留有余地，那等于是要求物理学发现都要像数学或逻辑一样是绝对可被证明的。事实上，并没有这个必要。[②]

人择原理（anthropic principle）——认为基本物理常量必须是现有的样子，若它们改变，则不会存在提出这些问题的生命——并非科学理论，因为其反映了一种相悖的本质。人择原理是对的，仅此而已。其类似于数学或者哲学所追求的真理，即**分析性**真理，而不是**综合性**真理。科学必须追求综合性真理，而综合性真理从来不会有十足的把握。时下一些关于弦理论的问题同样涉及以上区别。如果弦理论以无法观测的事物为基础，那它真的属于物理学的范畴吗？还是它仅仅是个数

---

① 请不要将之与卡尔·波普尔（Karl Popper）的可证伪性的观点相混淆，后者是一条定义严格的经验论据，而我们讨论的是科学所寻求的完善真相。见“社会学与哲学注释”注释 XIII，第 412 页。——原注

② 请参阅“社会学与哲学注释”注释 XIV，第 415 页。——原注

学理论？[①]一些宗教信仰追寻的真理（启示）可能不是分析性的，因为它们被认为是绝对的真理，如“上帝是对的”，而非“上帝几乎肯定是对的”，也不是“我们认为上帝是对的，但也许会有更多的证据表明我们错了”。[②]引力波事件来自两个黑洞的这个观点，并非“上帝是对的”之类的绝对真理，也不是“直角三角形斜边的平方等于两个直角边的平方和”这种数学诠释，它代表一种事实——“这是我们尽力而为并实事求是得出的最好的注释”。这意味着，对于该现象，这是唯一可以解释观测数据的事实，不过你可以选择**接受与否**，因为这个事实没有考虑到未知的可能性。这也意味着“我们真诚地相信，在尽最大的努力之后，世界已经改变，一种全新的规则出现了”。这便是物理学家做决策的方式：是为了避免出错而谨慎地考虑所有的可能性；还是以现有发现为基础表达观点，如本例中“我们认为我们已经看到了黑洞，但它们也有可能是某种伪装成黑洞的未被观测过的天体”。物理学家们决定**不**发表此类结论，虽然物理学时不时要为可能犯的错误负责，但其仍然要告诉我们理解现实世界的方法。非要如此表述的话，就是“真相毕露”——用物理学的标准来衡量，等于是为了绝对的正确而抛弃美感。

布拉斯·卡布雷拉的磁单极子并非糟糕的物理学发现，该

① 若想了解更多关于弦理论的内容，请参阅李·斯莫林（Lee Smolin）所著的《物理学的困惑：弦理论的兴起、科学的衰落，以及接下来会发生什么》（*The Trouble with Physics: The Rise of String Theory, the Fall of a Science, and What Comes Next*）。——原注

② 我不是在说一个人不能同时相信科学和宗教，而是在论证两者的行事方式存在不同。两者在一些根本问题上存在冲突，例如地球的年龄（因为体系得出的事实不相容）或者智能设计论（因为论证方法不相容），但一个宗教信仰者能够接纳诸多观点，并同时保持科学家的身份。——原注

研究是伟大的物理学工作。关于磁单极子的困惑已在科学家们的头顶萦绕了 33 年之久，据说卡布雷拉用一种（在我看来是错误的）方法摆脱了这种困惑。正如一位受访者所言：

> 11 月 2 日，16: 31
>
> 他行文十分谨慎，并未在论文中明确公布这一发现（这可能保住了他的事业）。

然而，卡布雷拉不应该为了保住自己的职业生涯而打掩护。人们应该认识到，物理学确实会时不时地出错。约瑟夫·韦伯也是如此，虽然他犯了令人羞愧的错误，但若没有他，我们就无法取得今日的成就。同样，在引力波探测过去的 50 余年历史中，约五六次，科学家们声称探测到了引力波。这些科学研究，都是有意义的。[①]

一位发件人曾为一条指示引力波源为双黑洞的证据辩护，其如是写道：

> 11 月 11 日，13: 54
>
> 所有发现的诞生都取决于某些关键性假设。因此，从数学语言上来看，这不是一个“证明”。
>
> 然而，这里的基本物理论证很重要，在我看来，论证 *应当* 被呈现出来。天文学、天体物理学和相对论中的发现也采用了相似的逻辑。例如，宇宙微波背景辐射的发现“证明”了宇宙曾经非常微小、温度非常高；周期性快速射电脉冲星的发现“证明”了其是尺度为数十米至上

① 我不确定这是否适用于 BICEP2，因为该项目的科研人员可能在常规的物理学标准方面“操之过急”。我尚未亲自研究过这个案例。——原注

百千米且旋转的致密星；希格斯粒子的发现“证明”了质量产生于电弱对称破缺。诸如此类。

这种讨论对物理学来说是正确的。物理学的确是一门易犯错的科学，它也应该被当作一门易犯错的科学呈现给大众。

“噢，我们在第一次学会欺骗时就编织出了一张如此错综复杂的网”：作为价值观信标的引力波探测

本节中，我将扮演“表现得高人一等的自以为是的道德主义者”——“伪君子”。这并不是因为我自认比他人优越，而是因为我希望自己所描述的科学家们比他人优越，并且我会向他们念叨这件事。巧合的是，与此同时，我还与一位伙伴合著了一本书，书的主题正是科学家的优势，它的名字是《民主为何需要科学》（*Why Democracies Need Science*）。

那本书的论点是，在当代西方社会中，人们能够信任的机构越来越少：银行业和金融体系曾经是诚信的代名词，如今两者却成了冷酷无情的代表；各式各样的商家使用低廉的交易吸引消费者，而后利用顾客的冷漠与粗心逐年加价；律师利用我们支付的高级保险产品所包含的小事故，最大程度地从保险公司那里榨取利益，而法律的对抗性制度使得胜利比真相更重要，从而富有者更易赢得胜利；避税会计师则掠夺穷人以造福富人；越来越多的体育运动，包括最近的田径项目，被证明是腐败不堪的，使用违禁药物、操纵比赛、贿赂官员和管理层已成为常态。如今，像撒切尔夫人所说，“贪婪是个好东西”——这就是反乌托邦社会。

科学界是为数不多的保留了诚信的领域。当然，不是所有的科学都以真相为主要导向，但对于我这个与引力波物理学共度 43 年的人而言，引力波物理学的确如此。我们需要保持引力波物理学和其他类似科学的纯净，使它们成为民主的信标，以便我们的后辈依然能知道民主的模样。①

我认为，在本次事件步入尾声的过程中，引力波物理学稍稍失去了平衡——不是失去了**追求**真相的平衡，而是失去了**讲述**真相的平衡。

需要谎言的领域

有人说，“战争的第一个受害者是真相”，确实如此。战争的目的是赢得胜利，于是，欺骗敌人被看作高尚的行为；通过隐瞒战败来维持百姓的士气，是另一种不会受到任何道德制裁的行为。然而，战争与和平不同。我们知道，民主价值观在战争中被抛弃，因此我们完全没有必要从战争中学习民主。

谎言和欺骗是专业舞台魔术的必需品，但没有人会为此谴责魔术师。观众们知道自己被骗了——这正是他们花钱要看的表演。② 我们可以称之为“参与式欺骗”。20 世纪 70 年代，乌里 · 盖勒使用技巧成功愚弄了一些科学家，舞台魔术师因展示把戏而被视作英雄。随后，《自然》杂志邀请了一位舞

① 若想更全面地了解当代科学的问题，请参阅《引力之魅》中《结语：21 世纪的科学》（*Envoi: Science in the Twenty-First Century*）。——原注

② 克里斯托弗 · 普里斯特（Christopher Priest）曾创作过一部有趣的小说《致命魔术》（*The Prestige*）。书中，一位魔术师雇佣特斯拉（Tesla）制作一种能把他的身体从一个地方转移到另一个地方的机器。然而，要将这种机器用于舞台表演，他必须进一步欺骗观众，让人相信这只是一个魔术，而非神通广大的隔空转移。——原注

台魔术师来揭穿顺势疗法（homeopathy）的法国拥护者——雅克·邦弗尼斯特（Jacques Benveniste）——的伪科学论断，并发表了这位魔术师的成果。经过这些插曲，人们对科学界的道德基准产生了诸多的困惑。[①] 科学不必从舞台魔术中学习道德准则。

在某些情形下，欺骗甚至是科学不可或缺的一部分。医学界所谓的“黄金准则”（双盲实验），正是一种骗术。实验员与患者都不知道他们收到的究竟是有效药物，还是安慰剂；保密与欺骗是至关重要的。不过，每个人都知道这是怎么回事，参与者自愿被骗。这种实验，再一次展现了何为参与式欺骗。

回过头来看引力波物理学中的保密和欺骗。让我们从最无伤大雅的欺骗（盲注实验）开始。对此，我们已知道两例，即秋分事件与大犬事件。从未有人认为这两次事件涉及任何道德层面上的不当，即使两者充斥着秘密——数个月内，科学家们不知道自己面对的究竟是真实的信号，还是虚假的注入（否则，他们可能不会保证所有的环节都完全准确）。这正是一种参与式欺骗。实际上，如果那些科学家调查了信号注入，发现其中存在道德的不当，那么他们将会决定浪费多少时间来分析大犬信号。除此之外，毫无疑问，那些盲注带来的挑战取得了巨大的成功，它们为即将到来的实战提供了极具价值的演习。

然而，随着时间的推移，参与的氛围和程度都发生了微妙

---

① 请参阅我与特雷弗·平奇合著的《意义的框架》一书，该书详细叙述了盖勒的表演，以及其与其他魔术师的相关互动。戴维·默明写道：“一个人发现自己过去的想法并不正确，而后艰辛地修正之前的错误，重新建立更坚实的观点取而代之，这样的过程正是科学探索的魅力所在。这种推翻自己错误观念的乐趣，如果能够在人类关注的其他领域内被广泛传播，那这个世界将变得多么美好啊。”（《是时候了》，第186页。）——原注

的变化。当 aLIGO 上线时，我已经不愿再参与这种欺骗。我不能把时间浪费在一个又一个的盲注上。而且我确信，很多物理学家的想法与我相同，若盲注制度延续，大家很可能会先调查盲注通道。所以说，欺骗建立在欺骗的基础之上。于我而言，这种情况肯定会发生——让我来解释一下。

在我已经写了关于 2 次盲注事件的几本书后，让我再花费人生中的 3～4 个月的时间面对又一个盲注挑战是不可能的。[①]在引力波事件发生的几周之前，于布达佩斯召开的一次会议上，我与 LIGO 的负责人戴夫·赖策坐下来聊天，我讲述了自己的窘境：如果我打算投入适当的精力来分析第一个引力波信号（我们渴望在接下来的 3 年内 aLIGO 运行期间看到的），那我必须知道自己是否在处理真实的信号。如果我不知道信号的真实性，直到新闻发布会召开后才分析信号，那我无法准确地完成工作。虽然他并未多言，但我知道他暗示我窘境将会得到解决。问题是，正如我们都认同的，科学家们可能正在观察我的动向，如果我很少乘坐跨大西洋航班（当时我们认为这是很必要的）就出席了会议，那么他们可能会猜想我知道一些他们不知道的内幕。因此，在匈牙利的会议上（9 月 2 日），我写信给戴夫，解释道：

> 另外，深入思考流程，我认为自己有必要向质疑的人解释：考虑到我目前的身体状况和工作压力，我不得不做出决定——我将选择性地参加会议，与会次数将少于之前身体健康时参加的会议次数。因此，我会将赌注压在最有

① 如今我可以说，2016 年 1 月末，写这本书已经让我精疲力尽。如果我早认为本次事件是假的，那我完全不想进行后续的分析。——原注

效的事件上，希望奏效，毕竟我无法顾及所有的可能性。但我也会在邮件交流中学习，以弥补其他不足。

那时，似乎任何发现（或者盲注）都会催生一系列的会议和航程，而我却在为自己设计一场骗局——研究如何才能骗过自己的好友、可靠的线人，彼得·索尔森。这将是可怕的。“噢，我们在第一次学会欺骗时就编织出了一张如此错综复杂的网。”

抛开我的这种特殊情况，在我看来，盲注的时代已经过去，它已经完成了相应的使命。如今，若考虑科学价值，盲注带来的问题比价值更大。我与每一位愿意倾听我观点的人都争论过这个话题。然而，问题在于，领导层试图通过盲注达到一些非科学性目的。他们想要保留盲注制度，如此一来，在发现被正式公布之前，他们可以声称媒体与流言散布者们听到的任何消息来自盲注事件。我认为，这成了盲注最主要的动机。换而言之，主要的动机并非科学上的收获，而是欺骗。

幸运的是，本次引力波事件出现在 ER8 期间，因此社群中的每一位成员都知道情况。在最初的偏执消散之后，大家都明白，这个信号绝非盲注。运气让我摆脱了道德窘境，也让那些试图通过查看信号注入通道作弊的科学家们不必因撒谎而深陷两难之地。不过，当时大部分人都不打算作弊，倘若引力波事件出现在数天之后，仪器已经进入了盲注阶段，那整个团队将面临一场灾难。将大犬事件的展开与本次事件的展开进行对比，我们可以看出——本次事件是一次独特而又偶然的自然实验。

大犬事件及其前辈们确实扮演了十分有效的演习角色，它们帮助社群将处理信号的时间从秋分事件所需的 18 个月锐减到大犬事件的 6 个月，再缩减到本次事件的 5 个月（曾预计为 3 个月）。绝大多数科学家曾认为大犬事件很可能是真实的，这意味着，分析它的过程充满了兴奋感和乐趣。我仍记得 2010 年 9 月 21 日在克拉科夫（Krakow）举办的会议的欢快气氛，那时社群首次公布了一个积极的信号。他们在台上宣布："这是一个发现，我们要开始撰写探测论文了。"而后，我的章节标题变成了《爆炸性消息》(*The Bombshell*)。[1] 然而，当时我并无如此强烈的感受。直到本次事件公布，一位负责起草论文摘要的人才写道——没有"哽咽"，因为感受到了"明显的历史感"。这种情感上的不同，如我们所见，被清晰地展现在了论文的行文风格上。

11 月 2 日，16: 52

> 论文标题，以及随后网上的讨论［应当］表明，本次事件是实验与技术的历史性壮举，是**首次**、**直接**、**一致**的引力波探测……经过 50 余年的努力，［本次事件］成了真正的首次探测，并且应被当作丰功伟绩而大规模宣传，因为许多学术机构的艰辛工作使这项历史性发现成为可能。

正如我已经论述过的，差异之所以存在，是因为科学家在原型论文定稿前已经相信大犬事件是一次盲注，但更是因为**所有的**科学家都认为它**可能**是一次盲注。当我们沉浸在一部电影、一本小说或者一首诗歌中时，我们或许能将怀疑搁置一两个小时，但我们无法将怀疑搁置数月不理。这意味着，如果我

① 请参阅《引力之魅与大犬事件》第 184 页。——原注

们**怀疑**自己分析与记录的信号是假的，那么强烈的情感便消散了——如果一个人意识到自己参与的工作可能只是一场游戏，那么他将无法倾注全部的热情，或者提出令人惊叹的想法。将大犬事件与本次事件进行对比，我们可以看出，盲注远不能与真正的事件相提并论，即使事实证明，当信封打开时，信号自始至终都是真实的。在很长一段时间内，面对真实信号与面对**可能不是**真实的信号的感觉是不一样的。正如引力波物理学的整个历史所显示的那样，最好的科学需要由情感承诺驱动的努力。

因此，如我所言，十多篇相关论文正处于润色阶段。其中一篇论文已经被提交。然而，在大犬事件中，社群没有写相关论文——只是因为感觉不同！正如上文所述，大犬事件的论文就像普通的科学论文——没有夹杂历史共鸣。此外，没有人试图要求《物理评论快报》为那篇特殊的论文放宽版面条件。在大犬事件中，没有人注意到，对更宽泛的读者群来说，使用“前景”等术语是非常不恰当的；也没有人想将不易读的结果图换成通俗易懂的图——无人过多地考虑外行阅读那篇论文的情况。坦白地说，对待大犬事件，科学家们并没有像对待此次真正的引力波事件一样努力地工作和思考，因为每个人的潜意识中都存在这样一种念头，即自己的努力可能会付诸东流，而且圈外的人也不会阅读论文。盲注是极具价值的演练，但不完全是我们想要的演练——军事演习是非常有价值的演练，但其并非真正的战争，因为没有伤亡。

从道德角度来看，过度使用盲注及类似操作是非常危险的。这会消耗最棒的科学，也会将道德上的腐蚀引入科学界，因为一旦大家从最初的一两次练习中汲取经验和教训，那么越来越多的科学家会为了保全家庭生活而选择作弊。他们只愿意为了真正的科学一次又一次地牺牲自己的家庭时间，本该如此。当盲注的最大动机变成欺骗外界时，代价将远远大于收益，更不用提欺骗所需的内在道德代价了。

欺骗的哲学

根据我有限的经验，科学界对欺骗太过宽容，纵使他们尽力避免“撒谎”。我最先感受到这种差别的时候是 1971 年对 TEA 激光器进行科学考察时，那也是我第一次进行田野调查。我询问科学家们，面对想要从他们那里学习如何建造设备的竞争者时，他们会说什么。有人这样告诉我（《改变秩序》，第 55 页）：

> 如果有人跑来咨询关于激光器的问题，通常的应对措施是回答他们的问题，但是……虽然在交流信息时回答他们的问题符合我们的利益，但是我们不给予自己这种自由。

以及：

> 比如，我一直在说真话，只说真话，但并不会陈述完整的事实。

或许有人会争论，说谎和行骗是不一样的，显然社群的科学家们也是这样想的。

此处存在一种探究所有可能性的说谎哲学。[1] 例如，刻意

① 请参考 http://plato.stanford.edu/entries/lying-definition/#TraDefDec。——原注

省略某些陈述或保持沉默都属于骗术。我喜欢乔尔·马克斯（Joel Marks）提出的关于说谎的观点，该观点广为流传且短小精悍。[①] 马克斯认为，欺骗是基本的道德范畴，撒谎只是其中的子集。因此，一个人可以通过讲述真相来欺骗他人："不，上周四我并没有打碎花瓶。"其实，他是在周五打碎了花瓶。在哲学上，这种行为被称作"含糊其辞"（palter）。显然，保守秘密与欺骗之间存在差异，但这种差异由语境决定。外遇就是一个典型的例子。隐瞒外遇事实的行为无疑构成了欺骗，即便外遇者只是隐瞒，并未主动撒谎或误导。当然，被骗的人可能并不是自愿参与骗局的，但的确存在一种可能：因为深爱着伴侣，或者曾在某些事情上郑重许诺，所以被骗的伴侣会选择继续被骗，而不是被迫了解真相，毁掉两人之间的关系，这便是一种参与式欺骗了。在最近几个月中，依我看来，社群在欺骗行为上越行越远，即便其还在用"从未说过确切的谎言"来为自己辩解。

向记者透露探测进展时，社群有两种欺骗性说辞。一种是，由于尚未完成数据分析，合作组织不确定是否发现了新事物；另一种是，即使数据中存在一些看起来不错的特征，事件也可能是盲注。我是这些骗局的当事人——我不得不这样做。一名记者曾联系了我两次，一次是在克劳斯最初的流言满天飞之时，另一次是在 2016 年初第二波流言出现时。我面

① 马克斯提出的关于说谎的观点可在 http://ethicsessays.blogspot.co.uk/2006/01/truth-about-lying.html 页面上找到。这是一个修订版本，原版发表于《时下哲学》（*Philosophy Now*）第 27 期（2000 年 6 月至 7 月）。感谢乔尔·马克斯就该话题与我进行了简短而有趣的交流。他本人不再相信道德，也不再相信自己论文中的分析，与我们现在所做的不一样，他不再探究谎言与保密之间的关系。——原注

对的是哲学家们所谓的“交叉道德准则”（cross-cutting moral imperatives）。一方面，我不想欺骗记者朋友；另一方面，社群在允许我进入他们的世界时也建立了保密协议，我不想打破这个协议。毋庸置疑，后者处于优先地位。因此，尽管没有说谎，我还是让记者继续认为信号可能来自盲注——我没有告诉他这是错误的。第二次联系时，记者告诉我，流言说信号出现在工程运行阶段中，其间不存在盲注。我表示“我没有听过那些流言”，这完全是事实，因为我当时确实不知道那些流言，但这种说法显然是含糊其辞。我不喜欢自己的做法。我想，社群里的大多数人也在做类似的事情。一位资深成员甚至“顺嘴”告诉记者，本次事件可能是盲注（我原以为所有人至少应该保持模棱两可的态度）。然而，经过哲学分析之后，我不再认为说谎和搪塞之间存在着科学家们认为的巨大的差别。

目前为止（2016 年 1 月末），1 000 多位科学家通过说谎、误导与含糊其辞来保守关于本次发现的秘密。正如我之前指出的，随着本次事件步入终章，一代科学家正在接受欺骗艺术的训练！这完全与科学应当做的事背道而驰，科学本应以正直的示范引领民主社会。引力波物理学最重要的成果并非引力波，而是真相本身。

那么欺骗是为了什么？在这一点上，我不确定是否真的有人知道答案。一个对流言极感兴趣的分析者或多或少能弄清楚到底发生了什么（见第 10 章）。我想知道的是，当官僚规则本身变成了目的时，保密是否也成了惯性思维；每个人都知道自己该做什么，但是没有人询问为什么或保密期是否已过去。为何我们仍要保密？在往来的邮件中，我搜集到了一些线索。

首先，存在一个关于成果所有权的问题。正如我们所看到的，一些研究组担心，一旦消息传出，他们的成果就会被其他科学家“抢先”。值得注意的是，一群可疑的科学家已经写好了论文，他们以令人惊叹的预见性预测了高新 LIGO 看到的第一个事件是什么，反之（见下文），这也产生了一个可信的流言。因此，天体物理学算是最容易被抢先发表成果的学科。1 月 17 日，当我咨询一位科学家关于保密的必要性时，他回复我：

> 麻烦在于，[随着部分真相的揭露] 质量和距离数据会流出，社群外的理论家将会于 2 月 10 日把论文发表在 arXiv [电子论文预印本服务器] 上。

我认为，为干涉仪研究组工作了几十年的天体物理学家们，着实有权利最先发表论文，纵使其他天体物理学家可以利用一些残留的信息（如信号源为双黑洞、双黑洞的质量）完成同样出色的分析。若果真如此，则需要在撰写发现论文前设置一个**可**泄露给圈外人的信息量的上限。这就是我们的立场。

我通过电话（1 月 5 日）向巴里·巴里什咨询保密的必要性，他对我说：

> 一方面，完全公开数据是不理智的——你不能这么做，你必须适度地保密；另一方面，完全保密在我看来似乎是不必要的。然而，如何在两者之间选取一个平衡点——我不知道。

关于如何寻找平衡点，我将提出一些建议。我认为，透露一点儿信息能够让引力波事件的参数被隐藏得更好，因为这样一来，你就可以说：“不过，就算事件是真的，在 2 月 11 日之前，我们不会透露任何信息。”在大多数情况下，也包含以下情况，如果你解释说自己打算在某个特定日期前保守秘密，那么就不存在道德上的含糊其辞，也不存在欺骗。比如，奖项的获得者、考试成绩的细节、荣誉的授予者、新潮流的实质、新款车等耐用消费品的设计方案——都是保密的，直到它们被“公之于众”，而所有人都知道它们是秘密。没有人认为将它们藏在面纱背后是一种欺骗行为，或会受到道德谴责。

然而，这确实违反了某种保密原则。在一些轻松的场合中，当使用邮件交流的人不断交换关于秘密和流言本质的文学名言时，该原则便得到了很好的体现（但我自负地认为，他们愉悦过头了）。英国情景喜剧《是，大臣》（*Yes Minister*）（1981 年 4 月 6 日）中，有一句与这个原则非常贴合的名言。汉弗莱·阿普尔比爵士（Sir Humphrey Appleby）是一位冷酷无情、极不道德的（以最具善意的方式介绍）高级公务员，他评论道：“想要保守秘密的人，就必须保守他有秘密要保守的秘密。”这句名言总结了社群正在努力做的事情，这件事就像汉弗莱爵士的大多数建议一样，有效但不道德。与此相反，我的建议是不该将“有秘密要保守”这件事当作秘密。我认为，在这种情况下，与汉弗莱爵士的观点相悖会让保密工作变得更加容易，因为没有人需要掩盖什么，这在道德行为方面也会好得多。

不过，我们希望科学参与“揭秘”的过程吗，就像汽车行业或时尚产业一样？从长远的视角来看，我们可能会说，这些数据是由公共资金创造出来的，与公众的知情权相比，科学家的职业结构并不重要。我在 1985 年的一篇半开玩笑的论文中提出，倘若采用这种视角，人们也许会认为，对这种不急切寻求成果的纯科学来说，奖励不应该属于最先做出发现的科学家，而是属于那些以最低成本应用发现的人。[①] 不过，先假设我们想要奖励做出发现的科学家们，接受他们“揭秘”的方式。在这种情形下，发现的公布会伴随着一系列的声明——我认为存在6个逐层递进的阶段，如表13-1所示。

表13-1 科学发现的“揭秘”步骤。

公布发现的6个阶段	
声明	推迟或落空的迹象
1 大量的工作让我们比平时更忙	信号只是误警
2 我们正在分析的数据可能会也可能不会指向有趣的结果	没有指向任何结果
3 我们正在整理日志，以备发表声明	不幸的是，我们发现了一个错误
4 已经提交论文，期刊审稿中	正在修改论文，或者已被拒稿
5 我们将于某日发表声明，除非发生变故	进一步的检查表明结果不可靠（但要留意这片天区）
6 公布发现	**推迟或落空**

正式的发布内容由特定的声明组成，这表明科学家们终于相信了他们发现的新事物，发布内容还包括首次介绍的相关细节及估计的参数——数据。依我所见，这种向公众展现科学工作的方式，能够满足科学家们在本次事件中表达的所有需求：因为引力波事件的性质及参数直到第6阶段才会公开，所以无人“抢跑”；在跨越为达到公布发现的标准而设置的所有障碍前，科学家们绝不会发表声明；科学家们会有大放异彩的那

① 请参阅《科学政策的可能性》（*The Possibilities of Science Policy*），科林斯著。——原注

天，资助机构也是一样——没有人会认为某种新潮流的发布或者某个皇室孩子的命名仪式被破坏了，因为所有人已经知道时装秀要开演或某位皇室成员怀孕了。

因此，没有必要误导任何人，即让大家相信本次事件可能是一次盲注。也不必保持高高在上的态度，拒绝回答它是否是发现的问题（事实上，这已经发生了）。

> 《自然》，2016 年 1 月 12 日：LIGO 合作组织拒绝对是否存在两台干涉仪都处于运行中但不可能发生盲注的情况发表评论。（http://www.nature.com/news/gravitational-wave-rumours- in-overdrive-1.19161.）

没有必要担心流言，因为唯一值得散布的流言便是新发现的性质与其参数——如果它们泄露了，本次事件就无法继续隐瞒了。没有必要训练 1 000 余人说谎。当某人问了一个比较敏感的问题时，社群成员应该简单地表示：“假设确实发现了什么，但在某某日公布结果之前，这是一个秘密。”这不是说谎，而是保守秘密。

对比在 1 月的最后一天出现的消息：

> 虽然我们想要在本周早些时候重新提交［发现论文］，但在论文提交完成，收到来自 *PRL* 的要求修改文章或文章被接收的信息前，我们不会放出任何消息。在 2 月 11 日的新闻发布会上，我们会让大家知道我们是否 / 何时接受媒体问询；或者，我们会在 2 月 11 日通知大家新的新闻发布会时间。这种不寻常又不得已的措施，让你们所有人都深信“合作组织不知道成果是否通过了同行评议”。

换句话说："我们把你们蒙在鼓里，因此你们就可以问心无愧地表示自己被蒙在鼓里。"对于如何保守秘密而言，这是最好的结论，但或许是时候做出更明智的判断了。

然而，这种方法不能解决电磁伙伴的问题。在公布探测结果之前，我们必须告知他们本次发现的性质，例如"信号来自黑洞并合事件"，以便他们知道要寻找什么。他们不会被告知统计显著性，但他们应该知道在这个事件中几乎不会找到任何东西，除非他们愿意承担出洋相的风险。这是一个难以解决的问题，除非扩大社群的规模，将电磁伙伴包含进来。而这似乎也是引力波领域独有的问题——科学家们有必要把一部分的早期工作成果告诉另一个领域的人。幸运的是，这个问题应该会消失，至少在引力波领域中。不久之后，我们会探测到许多的引力波事件，这类保密工作不再有意义。我有些失望，那个时刻尚未到来，社群甚至将节礼日事件隐瞒到了美国物理学会 4 月下旬的会议之后。

公众对科学的理解

每个人似乎都认为公众对科学的理解存在问题，而且我认为，处理本次事件的方式示范了事情为何会出错。科学，以宣传、公众的赞誉与随之而来的基金资助的名义，已经充分准备好接纳宗教式的图腾和相似的启示性的工业追捧。科学家们想要将真相从山顶带下来，然后展示它的光芒。问题在于，科学的真相和光芒在本质上存在缺陷。假如没有缺陷，那真相和光芒便不是科学的产物，而是某种业界的产物。正如我们前面讨论过的，科学可能是错误的，这也是其本质的一部分。之前所有的保密和欺骗工作都与具有启发性的科学模型紧密相关，而与具有完整性的作为工艺的科学模型无关。让我们用缩写将这种模型具现化——CWI（craft-work with integrity）。目前，我们拥有三种科学模型：启发性模型，已讨论，更适用于宗教和魔术；固执的职业精神模型，几乎无伤害，具有崇高的动机，其反映了存在于科学工艺中的计算和评判之间的失衡；CWI 模型，将被证明是十分重要的。

当人们认为的完美的事物（闪着光芒的真相）被证明存在缺陷时，启发性模型就会失效，如磁单极子、BICEP2，以及此前的每一例引力波探测声明。如果真相和光芒是科学的保证，那么当瑕疵暴露出来时，就会出现一种现象——“如果偶像有致命的缺点，那么我的观点就和偶像的一样好”。① 与之相比，CWI 将科学家当作有良心的工匠，而不是牧师或先知。我们不希望科学是真相毕露的。有良心的工匠正是我们能够信任的人，即便他们偶尔会失败。六个阶段的模型提供了一种将发现表示为 CWI 的思路。

回想过去，我终于明白，为何自己在引力波事件出现之后不像科学家们那样兴奋。我们都在经历一种“扫兴”的失落感；我们指引着引力波之船驶离浅滩、绕过尖锐的礁石、躲避鳄鱼、度过艰难的技术变革，突然之间，我们激动地冲过了几乎不可能跨越的瀑布，如今，我们正踏着一朵浪花奔向引力波天文学的海洋。对于引力波物理学而言，再也不会有第二个瀑布了，未来最令人激动的发现，只会是白色的浪花。也许，在

① 这是被平奇与我称作“触发器”（flip-flop）的科学模型。请参阅《勾勒姆：人人应知的科学》（*The Golem: What Everyone Should Know about Science*），科林斯与平奇著。——原注

不断变化的世界中游走多年比到达一个新的常态要有趣得多。不过，于我而言，另一件让人不安的事放大了我对抵达目的地的失望。引力波探测是科学永恒的王冠宝石之一，我们不应该怨恨科学家们摘得桂冠，我也为此感到荣耀。然而，并非所有的学科都是王冠上的宝石，几乎没有哪门学科是王冠上的宝石。引述《引力之魅》的结语（第160～161页）：

> 我怀疑，当地基引力波探测成果的最终公告被确认时，科学家们不可能拒绝回顾性地书写引力波领域的机会，他们会将本次事件描绘成史诗般的发现，并且我猜他们也不会拒绝以文化衍生的方式歌功颂德的机会。那一刻，如我之前所言，“瘸子”（即本次发现中的渐进主义者和不确定的描述）将被蜂拥的人群踩在脚下；“天堂之鼓”（*Drums of Heaven*）将会发出声响；“爱因斯坦未完成的交响曲”（*Einstein's Unfinished Symphony*）也将终止。[①]对献身于这项工程的众多物理学家来说，也许更重要的是，他们终于可以堂堂正正、充满荣耀地面对来自其他精密学科领域的质疑；引力波物理学家们会忍不住将引力波探测与同僚的科研成果相比较，并充分利用两者之间的相似点。
>
> 科学家的职责是做出最好的技术判断，而非**揭露**真相。这种职责将每一种判断呈现为一种经过计算的确定事实，这相当于废除**社会**责任。作为确定事实的制造者，往好里说，科学家把自己托付给了非典范科学——这个科学

① 首先向戴维·布莱尔（David Blair）表示歉意，第一个题目来自其写的关于引力波探测的书。然后对玛西亚·芭楚莎（Marcia Bartusiak）致歉，第二个题目来自她非常棒、非常受欢迎的介绍该领域的书。——原注

> 世界的角落，用它所宣称的一种完美的更糟糕的**可达到的**知识创造模式的范例，控制和扭曲了西方思想。过分追求确定事实，就等于废除了在西方社会中发挥主导作用的责任，而这种责任只有作为一种文化活动的科学才能承担。

我的失望在此刻加剧了。引力波物理学家们想要炫耀他们的荣誉，这也可以理解，于是他们从我认为的他们在过去半个世纪中所扮演的角色（处理不确定性的楷模）中脱身。如今，他们想要成为发现确定性的楷模，从而成为科学中某个小角落（如牛顿和爱因斯坦提出的物理学的确定性、量子力学的计算）的楷模，在充斥着天气、经济、气候变化与普遍科学评判的现实生活中，那些角落代表着几乎没有意义的事物。在过去的半个世纪里，引力波社群让我感到很舒适，因为他们展现了一个我向往的社会。可如今，我开始感到不适，因为他们开始把自己打造成仅代表自己和一些著名物理学家的角色。他们利用了科学的第四种模型——王冠宝石模型。

虽然我认为这必将发生，但目睹这个过程仍然让我感到不适。毫无疑问，这也削弱了以下观点，即科学家们有潜力在民主社会中发挥举足轻重的作用。

固执的职业精神模型与CWI模型转变成王冠宝石模型，当然，在此过程中，科学的本质并未改变。为了看清楚这一点，我们只需回想关于天空中不同天体物理学现象（很低的）事件率的争论就可以。撇开发现诞生的时刻不谈，科学仍然充满了不确定性。一点点的社会学悟性告诉我们，这完全是一个人如何呈现科学的问题——人们如何“在社会学意义上构建”科学的含义，以及科学家与社会如何看待科学。

科学在民主世界中扮演的角色

以上一本正经的讨论之所以有价值，是因为科学对民主可能是极其重要的——科学本身比发现重要得多，即使发现与本书叙述的引力波事件一样惊人和鼓舞人心。科学，比过去半个世纪中引力波项目所反映的人类的智慧、进取心和决心还要重要。科学，甚至比这项发现将引发的规则的改变（或者，更恰当地说，由其构成的改变）更具有意义。史蒂文·夏平（Steven Shapin）与西蒙·谢弗（Simon Schaffer）在《利维坦与抽气泵》（*Leviathan and the Air-Pump*）中提到了罗伯特·胡克（Robert Hooke）的抽气泵实验，该实验的结果遭到了托马斯·霍布斯（Thomas Hobbes）的强烈反对，胡克与霍布斯爆发了一场关于民主的争论。霍布斯的著名观点是，社会是一个利维坦[①]，它的头及智慧之源为国王。而胡克则认为，实验室中的个体足以创造可靠的知识，不受国王的影响。对霍布斯来说，科学预示着混乱。几个世纪以来，两种观点周而复始地博弈，甚至夏平和谢弗得出了臭名昭著的结论“霍布斯是正确的”，因为科学本身是一个集体性进程，它和其他领域一样受制于舆论、影响力和权力的一系列相关事件。当代社会学观点（如我在《改变秩序》一书中所表达的，夏平和谢弗的理论在某种程度上以该观点为基础）认为，科学是一项集体事业。因此，科学在民主中扮演的基础性角色，不应该再被视作比国王更为聪慧的称颂独立的个体，因为科学有自己的国王——它最好有自己的国王。科学在社会中的基础性作用不是

① 利维坦（Leviathan）是指圣经中提及的一种海怪。如今，它多指来自海洋的巨大怪兽，而且这种怪兽大多呈海蛇形态。——编注

赞颂个人，而是成为集体行动的价值观信标。我们迫切需要科学将民主从贪婪中拯救出来；我们需要这剂良药，胜过需要引力波天文学。

结论与回顾：我们想要什么样的物理学

引力波是有史以来最伟大的科学发现之一——这项发现能够让人们（不仅仅是我）在直面物理学的强大和美丽时饱含感情。然而，令我讶异的是，在迷恋了引力波物理学 45 年之后，我现在有点不以为意了。虽然作为社会学家的我无法完全分享这份成功，但我不觉得“不以为意”的心情仅仅来自对探测成功的嫉妒。在过去的几十年间，我享受着社群的陪伴，他们致力于一项近乎不可能完成的任务，示范着科学的 CWI 模型。但如今，我看到了一个欢呼雀跃的社群，其正在摆脱困扰着其他人的痛苦。谁会嫉妒物理学家们的这个时刻——不过，必胜的信念并不会为乌托邦提供典范。

这就是为何我不喜欢人们时时刻刻都怀有必胜信念——表达权利的秘诀、用魔术惊艳他人的渴望、决心掩盖第二只靴子落地声音的固执的职业精神，以及对思考“零延迟过剩”含义的不情愿……如今可以预料，大量的 5 个标准差的事件将会出现，因为在随后的观测中，物理学会更加注意严谨的确定性（统计显著性大于 5 个标准差这一点）。我希望科学家们在处理这些问题时，能够始终把工作的临时性放在首位，从而让自己所代表的远不止是一个怪诞的“揭秘”时刻。诚然，当物理学不主张支持经济或取代宗教时，其就会用怪诞的时刻来证明自己。而且，无人质疑，那些怪诞的时刻是物理学的一部分。

花费在大型强子对撞机上的数十亿美元被希格斯粒子证明是值得的，投资在引力波研究上的数十亿美元也被本次事件证明是有回报的。然而，这些事情对绝大多数人来说毫无意义！也许我们距离本次事件太近了，以至于这一点并不明显——毕竟，本次事件对我和很多科学家的生活产生了巨大的影响。可是，亲爱的读者，请问希格斯粒子的发现对你的生活产生了什么影响呢？

重申一下，我们想要什么样的物理学？如今，物理学家们又拥有了一颗点缀王冠的宝石。在整个科学史中，仅有为数不多的宝石发出了更耀眼的光芒。然而，将已发生的事情看作宝石，会使物理学背离其在民主社会中可能扮演的更重要的领导角色。[①]复述一遍，王冠宝石时刻，对大多数学科来说不具有代表性，甚至对物理学而言也是如此。从物理学家的角度来看，50年的崇高争论和坚持不懈的品质可能旨在获得王冠上的宝石，但与完成的工作和付出的心血相比，宝石微不足道。不论王冠多么闪耀，我们都不可能从王冠上学到什么，使科研成果成为社会榜样的是努力与正直。或许，本书的主题——贯穿了我对引力波物理学的理解（确定性与判断）——已经找到了重点。

---

① 若想了解我与史蒂文·温伯格（Steven Weinberg）之前关于该点的讨论，请参阅拉宾杰和科林斯版本的《独一文化？关于科学的对话》，特别是书中我所写的《王冠上的宝石与未经加工的钻石：科学权威性的根源》（*Crown Jewels and Rough Diamonds: The Source of Science's Authority*）一卷。如果想深入了解相关发展，请参阅科林斯与罗伯特·埃文斯（Robert Evans）所著的《民主为何需要科学》。——原注

第14章

本书、作者、科学社群与专业技能

我从1972年开始接触引力波领域，当时，关于约瑟夫·韦伯的室温共振棒装置是否探测到了引力波的争议正值高峰期。对这一争议的研究占据了我科学社会学博士项目的四分之一时间。在那些日子里，我奔走于各个实验室之间，对科学家们进行采访。1972年，我在英国和美国进行了8次访谈；1975—1976年，我又在欧洲和美国进行了14次访谈。我于1972年进行的工作催生了一篇著名的论文，这为我的职业生涯打下了坚实的基础。我将引力波研究当作核心案例，以那些年进行的4组访谈中的3组为基础，于1985年撰写了《改变秩序》。自20世纪90年代起，我与该领域进行了更深入的接触。20世纪90年代中期到21世纪前几年的时间里，我与引力波物理学家们共度的时间超过了我与其他任何一个社群共度的时间，包括我的社会学家同事们。当时，我几乎参加了由物理学家们举办的每一次会议和研讨会，经常每年飞6次以上，其中大多数是长途旅行。在那段时间中，我深入了解了引力波社群，也结识了许多朋友与熟人。最重要的是，我开始喜欢他们，喜欢他们的项目。我在与这些科学家相处时感到很舒适，也很荣幸能够接近这项非凡的事业。

与本书相关的对专业技能的分析，是我10多年来工作的核心。其中，最为关键且最成功的概念是“交互式专业技能”（interactional expertise）。[①] 在我热情投入引力波物理学研究的时期里，我对该领域的理解是这一概念的最好例证。那段时间中，每到喝咖啡、吃午餐和晚餐时，我都会与新朋友和老相识谈论有关引力波物理学的话题，而且我表现得很专业，尽管我并不是一名物理学家——既不会计算，也不能为论文做贡献，更无法帮忙制造仪器。然而，我认为，像我这样的外行人可以通过交互式专业技能，而非“贡献式专业技能”，深入理解这一领域，进而做出理性的技术判断。我指出，同行评审与项目管理者的立场并没有什么不同。这驱使我尝试了一个想法。我组织了一个“模仿游戏”，一名引力波物理学家提出技术问题（共7个），而后我和另一名引力波物理学家进行回答。对话（7个问题与7个答案）将以匿名的形式被发送给9名引力波物理学家，他们需要分辨哪些回答来自我。7人表示无法分辨，而剩余2人认为我是真正的物理学家。因此，我通过了测试！[②]

如果不能与时俱进地接触不断变化的科技领域，持续提高相关的交互式专业技能，这种能力就会衰退。由于我为引力波物理学投入的精力从2005年开始减少，我的专业技能也开始

---

① 请参阅“社会学与哲学注释”注释XV，第416页。——原注
② 请参阅“社会学与哲学注释”注释XVI，第419页。——原注

衰退。在我撰写《引力之魅》和《引力之魅与大犬事件》时，这种能力得到了几次提升，但我认为，自己在引力波方面的专业技能再也没有恢复到当初的水平。

在写完《引力之魅与大犬事件》后的三四年间，我每年最多只参加一次会议。我对这一领域的理解愈加退步，特别是在仪器操作的细节方面。好在这种能力的下降并非不可挽回。不过，如果我想再版《引力之影》，那就麻烦多了。

还好本书讨论的并非如何建造探测器，而是一旦信号在完善的探测器中出现，我们该如何确认这一发现。因此，我只需要具备这方面的知识就可以了。幸运的是，在撰写《引力之魅与大犬事件》时，我已经达到了较高的水平。

然而，这样做是不诚实的。于是，我又提出了一个模仿游戏，看它能否显示我专业技能衰退的状况。来自加的夫大学的物理学教授 B. S. 萨提亚普拉卡什（B. S. Sathyaprakash）再次帮助了我，他设计了一套新的问题，题目更贴合 2015 年的引力波研究现状。8 个问题如下：

> 问题 1：高新 LIGO 和 Virgo 的数据包含来自两个完全相同的双中子星系统并合的两个信号，并且两个双中子星系统并合的时间差只有一秒。你是否认为可通过匹配滤波来分离这两个重合的信号，请解释。
>
> 问题 2：爱因斯坦望远镜可能是未来的第三代引力波探测器。人们认为它是一种采用低温技术的地下探测器。将这一设备放置于地下并运用低温技术可削弱哪些来源的噪声？
>
> 问题 3：在某个瞬态事件发生的一天后，LIGO-Virgo

组织向天文学家发送了警报。天文学家应该使用哪类望远镜（伽马射线、X 射线、红外、光学、射电）进行后续跟踪观测？为什么？

问题 4：**单台** LIGO 探测器以较高的置信度探测到了一个持续的引力波信号。你是否认为我们有可能获得信号源的天区位置和距离的信息，请解释。

问题 5：我们认为脉冲星计时阵列（PTA）与激光干涉仪探测引力波的原理本质上相同。这一原理是什么？PTA 和激光干涉仪如何应用这一原理？

问题 6：一名实验物理学家建议使用 10 倍的激光功率来提高现有激光干涉仪的灵敏度。假设镜子可以承受功率提高后的激光，忽略镜子的热噪声，那在不同的频率下，你认为探测器的应变灵敏度将会提高到多少？

问题 7：LIGO 与 Virgo 收集了 5 年的数据，其间发生了 1 次银河系内的超新星爆发、200 次短的硬伽马射线暴和 4 次脉冲星信号骤强事件，但干涉仪未探测到任何信号。在这种情况下，未探测到信号说明什么？

问题 8：两个小组 E 和 N，分别设计了一种探测器，两种探测器能探测到的双星并合的距离范围相同。小组 E 的应变灵敏度更好，低频截止为 5 赫兹。小组 N 的应变灵敏度较差，低频截止比小组 E 低，为 1 赫兹。你是否认为这两种设计对并合双星参数的测量同样准确，请解释。

以上问题最初由我和 3 位引力波物理学家回答。但这次，我决定把测试做得更详细一些，于是我邀请了其他类型的人来回答，以便对得分进行比较。最终结果如表 14-1 所示。

表 14-1 引力波模仿游戏的最终结果。

		评分者			
		4 位 GW 物理学家	2 位懂行的社会学家	2 位社会学家	哈里·科林斯
答题者	3 位 GW 物理学家	27	27	19	23
	3 位懂行的物理学家	19	23	17	13
	2 位懂行的社会学家	17	20	19	11
	哈里·科林斯	25	27	20	28

从表中可以看出，4 组人回答了这 8 个问题：哈里·科林斯（算作 1 组）、3 名引力波物理学家、3 名与这些引力波物理学家一同工作的天文学家 / 天体物理学家（“懂行的物理学家”），以及 2 名熟悉我的课题与这种模仿游戏的社会学家（“懂行的社会学家”）。这 4 组人也为以上问题的回答评分，一共有 72 个回答，它们以问题为单位被随机排序。[①] 评分者依照每道题满分为 4 分的标准对这些回答进行评分，总分最高为 32 分：

熟悉引力波物理学：4 分

对引力波物理学有一定的了解：3 分

对引力波物理学的理解较为牵强：2 分

不了解引力波物理学：1 分

从最左侧的得分列可以看出，由引力波物理学家们打分

① 感谢路易斯·加林多（Luis Galindo）对我的帮助。请参阅“社会学与哲学注释”注释 XVI，第 419 页。——原注

时，3 位引力波物理学家的平均得分为 27 分，而我得了 25 分，表现得相当好——超出了我的预期。27 分与 25 分很接近，而懂行的物理学家们和懂行的社会学家们的得分与这两个得分之间的较大差距，能更加清楚地说明问题。然而，我认为自己在这个测试中的成绩低估了我专业技能的衰退程度。

若我们观察最右侧的得分列，这种衰退就会更为明显。最右侧的得分列是我给所有答题者打出的分数。需要额外声明一点，这次评分是在我完成答题的 4 个月后进行的，我只认出了自己的 2 个答案。我给自己的答案打了高分也是可以理解的，因为人通常会相信自己的答案是正确的。

需要注意的是，我的打分方式与引力波物理学家大致相同。可以认为，识别正确答案的能力与直接给出答案的能力都是评估理解程度的指标。因此，我给引力波物理学家打的分数与我给懂行的物理学家和懂行的社会学家打的分数之间存在较大差距，这也表明了我具备一定的专业技能。然而，我给自己打的分数与我给引力波物理学家打的分数之间的差异，暴露了我专业技能的衰退。

造成这种差异的部分原因是人会倾向于给自己的答案打高分——如果一个人不相信自己的答案，那其根本不会如此作答。比较我给自己打的分数和引力波物理学家给我打的分数，我认为我给自己打高了两三分。我仔细研究了自己给引力波物理学家们打的低分，这些分数确实表明，在几道题上，我不理解引力波物理学家们的答案，因为我与这一领域的接触减少了。其中一个答案的低分源于我的粗心，而另外两个答案的低分让我确信自己的理解程度下降了。如果近些年我与引力波物理学家们的接触，还同 20 世纪 90 年代和 21 世纪前几年那样紧密，那么我不会犯这些错误，从而打出总体偏低的分数（我们都有不同的评分倾向）。对引力波物理学家们的平均分进行四舍五入之后，我会给 25 分，而不是 23 分，多加的 1 分用以补偿我之前粗心对待的那个答案。因此，这个测试可以评估我专业技能的衰退程度。

我非常仔细地研究了问题 2 的答案，因为我认为自己的回答是正确的，而物理学家们的回答是错误的。然而，经过深入调研，我发现自己的观念（引力梯度是科学家们将探测器安置于地下的最重要的原因）其实是错误的。10 年前，在我对引力波充满热情的那段时间里，这一观点还是正确的，但我错过了 10 年来人们在认知上的变化。区别在于，我认为引力梯度主要与作用在镜子上的引力的变化有关，而这种引力的变化与风引起的空气密度的变化相关，将探测器安置于地下能够减弱这一效应。然而，随着时间的推移，人们发现这种效应其实非常微弱，更大的问题在于地球表面与地震噪声相关的微小波动。要想减弱这种效应，需要将探测器建造于地下深处，很多人并不想这么做，因为还有其他方法。我们可以从以下两篇分别于 2000 年和 2011 年发表的文献中看出这种区别：

> 在这种低频环境的影响下，尤其是与周围环境中的潮汐和天气变化相关的引力梯度，会造成远远超过目标信号强度的干扰。（Ju et al., 2000. Detection of Gravitational Waves. *Reports on Progress in Physics* 63: 1317–1427.）
>
> 地震面波是引力梯度的主要来源，其能够让干涉仪测试质量附近的地表密度发生波动。（Pitkin et al., 2011.

Gravitational Wave Detection by Interferometry. http://arxiv.org/pdf/1102.3355.pdf.）

重申一遍，我错过了这种认知上的变化，因而认为物理学家们都错了，而我是对的。这就是一个人的交互式专业技能开始衰退的标志性例证——如果一个人未持续地与社群接触，那么其交互式专业技能一定会衰退。

我还发现，除了引力梯度问题，自己对低频与啁啾质量的测定、天区之间的关系也不是很了解。回过头来看，若是我未从9月开始密切关注技术进展，那么我对时间平移的最佳时间间隔（见第4章）和冻结概念的理解也会落伍。不过，我的背景知识还是足以让自己在进行一次简短的交谈之后理解这些技术问题。

回到评分结果上面来，我们可以看到，即使由引力波物理学家们来评分，懂行的物理学家们的得分也未比懂行的社会学家们的得分高多少。此外，引力波物理学家和科林斯，懂行的物理学家和懂行的社会学家，两大组之间的差异非常明显。这个小测试揭示了科学是多么专业化——没有所谓的“穿着白大褂的科学专家”。由于懂行的物理学家真的很懂行，测试结果更加令人震惊。之后，得分最高的物理学家说道：

> 值得注意的是，我的回答基于这些年我从引力波物理学家举办的研讨会中学到的内容、作为同行评议人员和政策制定委员会成员从文献中读到的内容，以及在半通俗杂志［《科学美国人》（*Scientific American*）水平］的文章中看到的内容。而且，噪声和灵敏度的问题也与我相关，因为我的研究领域是实验（电磁）天文学。

尽管如此，在引力波物理学家们评分时，懂行的物理学家们的得分与懂行的社会学家们的得分仍然差别不大。此外，这 2 组人在 8 个问题上的平均分分别为 2.4 分和 2.1 分——都只比评分等级中的“理解较为牵强”高一点点。因此，造成这一结果的原因并不是懂行的社会学家们表现得多好，而是懂行的物理学家们表现得不好！

观察中间的两列得分，我们会发现，区分不同类型答题者的能力随着评分者专业程度的降低而下降——这正是我们所预期的。请看左数第 3 列，普通的社会学家对每个人的评分几乎相同。这说明“公众”很容易受骗，在他们看来，所有的“专家”都一样。

最后，在测试完成后的某个时候，我邀请了一所研究重点非引力波的大学里的两位物理学家进行评分。两人的专业分别是理论光学和粒子物理学。如果将他们的评分结果放入表 14-1 中，那么 4 组经过四舍五入的平均分将分别为 22 分、18 分、18 分和 18 分，这说明两人区分专家和非专家的能力最接近普通的社会学家（而非其他任何一组）。然而，两人的评分结果相差很大，其中一人的评分接近随机结果。因此，有必要将两人的评分单独呈现出来。两人给出的评分分别是 25 分、18 分、18 分、19 分，与 19 分、18 分、19 分、17 分。前者是唯一一个对科林斯和引力波物理学家打出差距明显的分数的人。这令人费解，或许语言风格的差异在其中起了作用。

回到我日渐衰退的理解力的问题上来，专业技能是多方面的，技术方面的不易发觉的衰退更难改善——它无法通过几分钟的交谈就得到提高。在《重新思考专业技能》（*Rethinking*

Expertise）中，罗伯特·埃文斯和我提出了16条关于专业技能的要素或判据。然而，我们发现，我们必须对观点进行修订。在之后的论文中，我们解释道，技术理解式专业技能、交互式专业技能和贡献式专业技能的重要组成部分需要进一步细化。这些专业技能的一个重要组成部分，是判断专家意见的可信度的能力。这一点很容易从“专业技能周期表”（The Periodic Table of Expertises）中的“元专业技能”（meta-expertise）这几行里看出来。这几行涵盖了区分不同领域的专家的能力，这些能力能够让人对一些政客和推销员的话持保留态度。例如，区分天文学家和占星术师的能力，区分（或者很不幸地未能区分）医生和散布疫苗谣言的商贩的能力，以及最有用的一种，区分受烟草行业和石油工业赞助从而发表有利于企业的科研结果的科学家和由科学价值驱动的科学家的能力。这种“元判断”也是“纯粹的”技术理解式专业技能的组成部分。

我们经常列举的一个标准化的例子，再一次，来自引力波物理学。1996年，约瑟夫·韦伯发表了一篇文章，声称找到了伽马射线暴与自己之前发现的引力波之间的联系。我在引力波物理学界里四处走访，咨询专家们对这篇文章的看法。然而，我发现自己是唯一读过这篇文章的人。专家们对此做出的“技术”判断是，韦伯的可信度已经跌到了如此之低的地步，以至于他的文章尽管看上去很体面，却“无法被称为论文”。arXiv使用计算机算法筛选提交的文件。我们于2015年发现，虽然这篇文章写于20多年前，但它非常顺利地通过了arXiv的筛选。的确，对于非引力波领域的人而言，这篇文章看上去很有可能为物理学界做出诺贝尔奖级别的贡献。[①]

在发表于 2011 年的一篇文章里，马丁·韦内尔（Martin Weinel）与我将判断是否应当忽略韦伯 1996 年论文所需的专业技能称为“特定领域识别力”（Domain-Specific Discrimination，简称 DSD），并将其定义为“技术专家用以评判同行专家的‘非技术’专业技能”。[②] 除了引力波模仿游戏显示的专业技能的衰退之外，由于疏离这一领域多年，我失去了对社群中的大多数成员做出判断的能力，这是我最强烈地**感受到**失去专业技能的地方。据我所知，技术方面的衰退可以通过几封电子邮件或几个电话会议弥补，但人们无法通过邮件和电话了解社群的能力与偏见——这需要花费数年的时间。过去几年里，许多人加入了这一领域，一些人从默默无闻的角色变成了正做出重大贡献的角色。

在撰写须认真查询邮件记录的两本书《引力之魅》和《引力之魅与大犬事件》时，我还非常了解那些邮件背后的人，清楚他们之间的政治利益与技术利益——知道他们来自哪个机构，并可据此评价他们的成就。而这一次，我不知道在 DSD 的意义上，一半的贡献意味着什么——我不知道应该多认真地看待他们所说的内容，因为我既不认识发言的人，也不知道他们**为何**这样说。因此，在 GW150914 出现后的第

① 韦伯与 B. 拉达克（B. Radak）著，《寻找伽马暴与引力辐射天线脉冲的相关性》（*Search for Correlations of Gamma-Ray Bursts with Gravitational-Radiation Antenna Pulses*），请参阅“社会学与哲学注释”注释 XVII，第 420 页。——原注

② 科林斯与韦内尔著，《被转化的专业技能：技术型非专家如何评估专家与专业技能》（*Transmuted Expertise: How Technical Non-Experts Can Assess Experts and Expertise*），请参阅“社会学与哲学注释”注释 XVII，第 421 页。——原注

一个星期一和星期二，我查看了自己保存的而不是删掉的104封电子邮件，发现45个发件人中我只认识20个。而几年前，这个数字可能会达到40。这会对一个人如何理解某个领域产生很大的影响。

下面举一个例子。我对一名科学家说：

> 我认为［A是B，因为P是Q］这个论点十分奇怪。

而我收到了这样的回复：

> 这个奇怪的论点的确来自［XXXX］，不过，考虑到这出自［XXXX］之口，也就没那么奇怪了。;-)

在其他交流中，我收到了如下回复：

> 与彼得·索尔森的对谈，9月28日：我认为，在此之前，我们需要了解这……是否可信，而且我认为考证此事会十分困难，因为［YYYY］是个非常聪明的人，而且相当自信，他一定会表示自己相信这一点。然而，其他人很尊重他，不会打击他。因此，我也不知道怎样才能弄清楚这件事。

碰巧的是，我很了解第二个回复提到的那个人，因此我理解和欣赏他所说的话。不过，我并不认识第一个回复中提及的人。总的来说，于我而言，GW150914的这类问题比大犬事件的问题更难处理——强调一下，我失去了DSD。不难看出，DSD会影响面对面的交流。在另一本书中，我讲述了熟悉感的缺失是如何导致我对正在热烈讨论某个问题的人的肢体语言产生误解的。自本次事件发生以来，我清楚地意识到，对电子邮件的解读也是如此。[①] 书面文字并非局限于书面，它的具体含义取决于之前大量的社交互动。这是非常重要的一点，因为当代年轻人的交流似乎越来越依赖社交媒体。

① 这是我正在写的书——《人工智能》(*Artifictional Intelligence*)。——原注

附文 1

引力波天文学的开端

现在已是 2016 年 5 月。接下来，我将讲述高新 LIGO 的第一个观测周期（O1）中那些与探测相关的决定性科学行为。我们带着第一道涟漪回来了！ O1 持续了 106 天——直到 2016 年 1 月 12 日。在此期间，干涉仪进入了科学观测的最佳状态，持续运行了约 1 100 小时，将近 46 天。我认为，其间的观测结果以不恰当的形式被呈现了出来。我们用第二篇发现论文描述了 GW151226（节礼日事件），并准备将这篇论文当作第一个引力波事件的进一步证认提交给《物理评论快报》。我后来了解到，这篇文章将于 2016 年 6 月 15 日发表。此外，我们还准备了一篇更长的论文（“O1 论文”），论文总结了 O1 中的所有观测结果，并将于同一日（6 月 15 日）发布于 arXiv 网站。[①]

我认为第二篇主要论文不应该被当作第一个引力波事件的

① 此时，科学家们正在撰写许多相关论文（请见 https://www.ligo.caltech.edu/page/detection-companion-papers），但我只关心发现论文。——原注

证明：第一个事件被第二个事件所确定这个事实，本应该出现在最初的发现论文中，正是由于“第二只靴子落地”，所有人才非常自信地认定第一个事件等同于 Ω 粒子事件，而非磁单极子事件。虽然精确的参数尚未得到，但这并不妨碍节礼日事件成为第一个事件的证认。报告的顺序被篡改了，因为科学家们对节礼日事件保密的意念过于强烈。发表的第二篇主要论文应该是对 O1 中的发现及相关参数的总结。正如我们即将看到的，这不仅仅是一个事件或一个确认的问题，它关乎引力波天文学的开端。因此，论文应该详细地报告**三个**引力波事件，而不是两个，剩下的那个事件为第二个星期一事件，它的社会影响力仍在增长。这三个引力波事件组成了引力波天文学的开端，正在撰写的 O1 论文展示并比较了三个事件关键的图表和数据。然而，它们本应该出现在第二篇主要论文里。

一直参与这个项目的物理学家们都知道，推动大科学向前发展的唯一途径是争论，科学家们以某种方式达成共识，然后在这些共识下工作，不论他们是否相信这些共识是最佳的（参见《引力之影》）。于是，作为局外人的我便拥有了优势——不受制于共识，仍然能够提出自己的质疑。在 1 月 19 日的伯明翰会议中，旁听电话会议时（见 234 页），我意识到事情开始出现问题了。我惊恐地发现，一种试图隐瞒节礼日事件的趋势愈发清晰，纵使节礼日事件发挥了巨大的作用，让人们对第一个事件的信心大增。

5 月初，社群就 GW151226（节礼日事件）论文中的数据展开了一场激烈的争论。部分论点印证了我在第 8 章和第 11 章中提到的那种不安（以图 11-7 为例）：社群展示了一张图，它使用时间-频率扫描展示了一个“空无一物”的结果！在论文的第 6 版草稿中，结果图被保留了下来，社群补充了一些波形图。这些图来自模板的重建，然而，它们想要表达的观点仍然非常模糊——至少对我来说如此。关于如何呈现这些图，科学家们存在较大的分歧，于是，社群最终决定投票表决。但一如往常，投票的结果不具有决定性。这个争论将持续到最后一刻——将论文提交给《物理评论快报》时。

已提交的 GW151226 论文的图 1 如图 15-1 所示。图片的文字说明很长，此处摘录如下：

> 第 1 行图：应变数据来自两台探测器，数据已经过滤波……展示的数据（黑色）是经过相同滤波后的最佳匹配模板，模板源自贝叶斯分析［20］重建的非进动自旋波形

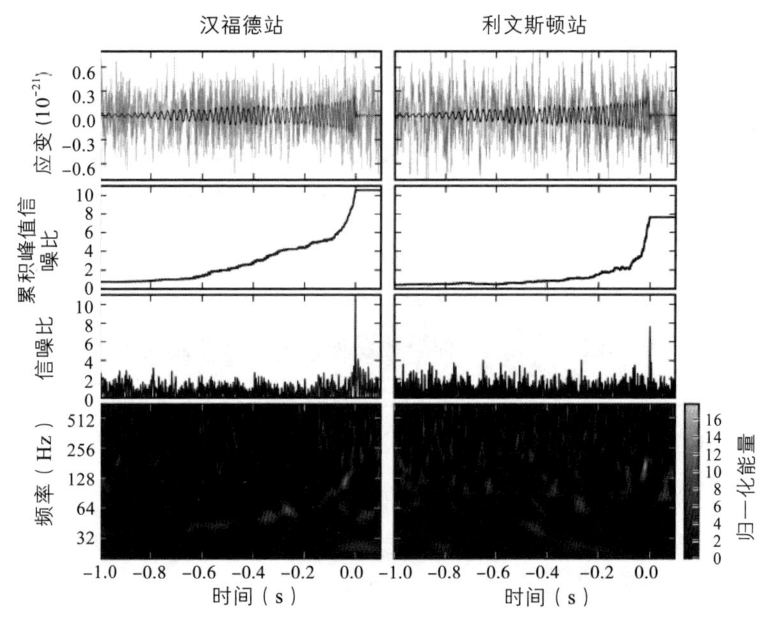

图 15-1 GW151226 论文中的图 1。

> 模型。……第 2 行图：该图展示了当模板与信号波形最优重叠时作为时间函数的累积峰值信噪比（SNRp）。累积峰值信噪比的最大值对应下一行数据的峰值。第 3 行图：对最匹配模板的波形进行时间平移，然后计算每一个时间点的累积信噪比，最后得到信噪比时间序列。当模板与信号波形最优重叠时，SNR 峰值可重现。第 4 行图：该图展示了 GW151226 发生时应变数据的时间–频率［45］。

论文告诉我们："探测器数据（第一行）的结果图表明，信号不容易被看到"。然而，事实并非如此。图中，清晰的波形实际上是模板；外围不规则的尖峰才是信号本身。第 2 行和第 3 行图表明，累积信噪比相当高，这也是统计显著性的来源。最后一行的结果图没有给出任何我能够理解的有用信息。

5 月底，我写下了最后一句话。由于我的专业技能和科学家的专业技能之间的关系是一个持续的方法论话题，在这种情况下，我的判断得到了一位审稿人的证实。6 月 4 日，审稿人的回复被大家互相传阅。我努力在 5 月末至 6 月 4 日之间的日期间切换，但直到我写完这些文字，我才知道文章的发表日被定为 6 月 15 日。我希望本节中时间和英文时态的转变[①]不会令人费解。对于论文图 1 中的第 4 行图，"审稿人 A"评论道（6 月 4 日）：

> 关于这一行，作者的目的是什么？看起来，作者想要展示这个信号有多么微弱，特别是与 GW150914 相比。图注仅用一句话简单描述了这两张图所展示的内容；论文

① 指英文原书中的时态。——编注

的正文提到，这两张图表明“信号不容易被看到”。（尤其是提到这一行时，图注还写道：“与 GW150914［4］相比，这个信号不容易被看到。”）

我认为图 1 中的这一行完全可以省去。第 1 行图已经清楚地说明这是一个较弱的信号；第 2 行和第 3 行图则清晰地表明，正确的匹配滤波能极好地将信号从噪声中提取出来。第 4 行图是深入讨论的绝佳素材，你们可以在后续的论文中用它来描述时间–频率分析能说明的（或是不能说明的）内容，但在本篇论文已于别处描述和讨论过相关内容的情况下，添加这一行图并不能增加实质性内容。

碰巧的是，在 6 月 8 日被接收的待发表的论文中[①]，第 4 行图**没有**被移除。随后，我向论文写作小组的一位成员询问原因，她回复说（6 月 10 日）：

哈里你好，合作组织中的其他人也提到了这点。然而，很多人对该图表达了支持。理由是，这张图在 GW150914 的 *PRL* 文章中很关键，而且当大家日后回顾时，它能提供一个很清晰的对比。此外，一些面向公众传播的材料会使用这份频谱图，让它出现在 *PRL* 上也不错。最后，我们试图告诉读者，如果不做匹配滤波，那我们可能不会在数据中看到信号。虽然我们不会在今后的 GW151226 之类的探测结果中使用这张图，但对于第一例引力波事件而言，我们还是应当把这张图展示出来。

① http://journals.aps.org/prl/abstract/10.1103/PhysRevLett.116.241103 及 http://arxiv.org/ abs/1606.04855. ——原注

因此，此处起决定性作用的角色不完全是科学。

当然，问题出在信号较弱的强度上。作为一幅图被呈现出来时，信号根本就不突出，甚至根本就没有出现。待发表的图片中的第一行已经说明了这一点。其中，模板与看起来只包含噪声的数据的匹配方式如下：首先，对初始数据进行滤波，去除所有非随机和已知模式的信号（如镜子支撑线的振动所造成的尖峰），并且通过滤波将数据限制在我们感兴趣的波段中。在此之后，如果其中无有效信号，那么剩下的数据应该是随机的。然而，若来自天空的某个事件产生了一个类似于模板的图样，并在数据中留下痕迹，则在数据上重叠模板，将数据与模板相乘，随后在数据 × 模板的结果中累加所有的点，能让科学家们检测到随机性上的偏离。如果有一个微弱的信号隐藏在数据中，并且其与模板匹配，那这个相乘的步骤可以让该信号为所有点的和做出一个正贡献。相较而言，对于纯粹的随机数据，所有点累加总和中的每一项通常都会抵消。接收到的信号的每个点都会参考整个模板库运行这个流程。这就是“匹配滤波”。

从不断更正的信号持续时间上，我们也能看出这个信号有多么弱。在节礼日事件的论文初稿中，信号持续时间是 5 秒，而在论文的第 8 稿中，信号持续时间变成了 1 秒！彼得 · 索尔森对我解释道：

> 回想一下，旋近态的一个关键特征是，低频时演化慢，高频时演化快。这是因为，当双星快速运动时，两者会产生较大的引力“光度”。也就是说，我们所定义的信号持续时间，非常敏感地依赖于我们开始计数的时间。

（相比之下，结束时间是毋庸置疑的，清晰明确。）

为了达到我们的目的，当信号达到噪声“足够低”的频率时，我们再开始计时。但这是一种主观判断。为了搜寻信号，在O1中，我们选取30赫兹作为感兴趣的最低频率。然而，为了进行参数估计，我们将有效频带的下限设置为20赫兹。我认为这是对额外信息的合理判断，这种信息能够从更长的模板中获得，尽管信噪比并没有提升很多。

我非常肯定，这种引用的信号持续时间的差异，取决于你谈论的是搜寻阶段，还是探测之后的参数估算阶段。

在这个长而微弱的信号中，信噪比是逐渐累积/增加起来的，科学家们基本上可以随意选取它的开始时间。时间较短的选择用以计算概率。一旦选定模板，即信号和模板匹配得足够好，我们就能从更长的时间数据中获取更多的信息，进而估计信号的特性。此时，我们能深入分析信号中的长“尾巴”——像一条长在动物身前的尾巴。

这篇论文的审稿人A是很乐意将结果图删掉的，其花了一些时间，试图弄明白文章的主题。审稿人A同意这篇文章证实了第一个引力波事件，但是我相信，他/她的评论更适用于包含整个O1的论文：

LIGO-Virgo合作组织已经证明，值得庆祝的GW150914并非侥幸事件：双黑洞并合现象发生得足够频繁、足够近，在后续的观测运行阶段中，随着设备灵敏度的进一步提升，我们可以期待更多的发现。GW150914和GW151226这两个高统计显著性事件（被低统计显著性

> 事件 LVT151012 支持）清晰地表明，探测器已经发现了一群正在并合的双黑洞。这两个（或三个）引力波事件指出，那些并合的双黑洞系统具有显著的差别。进一步的观测和搜寻工作将告诉我们更多关于那群黑洞的信息。正如我们长期以来所承诺的，引力波天文学让我们能够研究一类全新的天体，一类无法使用其他方法来研究的天体。

对于一篇明确讨论了三个引力波事件的论文而言，这难道不是合理的主题吗？

审稿人 A 还认为，这篇论文实现了另一个非常重要的目标：帮助读者理解匹配滤波分析方法。该分析是必要的，因为它可以处理微弱的引力波信号——未来观测的典型信号。

> 信号的瞬时振幅比噪声还要微弱，只有通过匹配滤波分析，使数据和波形模型交叉相关，我们才能可靠地找到信号的瞬时振幅。因此，GW151226 与引力波社群长期以来期待的事件更为相似，其为引力波天文学的未来提供了一个重要的原型。这个事件验证了此类低振幅但存在许多相干周期的事件的数据分析及表征过程。
>
> 需要注意的是，GW151226 的应变振幅不仅低于 GW150914，实际上，它低于所有频率的噪声振幅［如那张图中的第 1 行图所示］。这阐明了匹配滤波分析的必要性：这种分析必须在覆盖 55 个周期频段的条件下对信号功率进行相干积分，这样才能从噪声中找到显著的信号……这是非常重要的一点（的确，该点是这篇论文的核心驱动力），因此我建议尽量将该点放入论文摘要中。

再次说明，于我而言，上述解释最好写在描述 O1 阶段探测到的三个引力波事件的论文中。这种匹配滤波分析及相关的其他方法可应用于更微弱的信号（在数据分析方面更具有启示性），如第二个星期一事件。在我看来，现在需要讨论的是如何分析和评估各种模式和强度的信号。

5 月，社群也在激烈地讨论 GW151226 论文的标题。他们一度决定投票表决，但这并没有平息争论，甚至，在分发本应为提交版本的第 8 版草稿时，争论仍在持续。争论的焦点在于，是否应该把这篇论文当作第一个事件的进一步证认。如果这就是论文的目的，那么论文标题应包含“引力波的第二次探测”这样的措辞。但我们已经指出，节礼日事件可能不是第二次探测，而是第三次——**若果真如此**，则第二个星期一事件才是第二次探测！

如第 12 章所述，引力波探测的世界正在我们眼前不断地变化。其中一个变化便是第二个星期一事件地位的变化。如果第二个星期一事件出现在 9 月 14 日之前，那么几乎不会有人注意到它——可能认为它是噪声。然而，随着引力波变得越来越真实、越来越可探测，第二个星期一事件的地位正在稳步上升。至于数据中近似噪声的事件的地位，从受访者的回答中，我们能够清楚地看出它的变化：

> 科林斯，5 月 22 日：关于微弱信号的重要性，我的感受和大家很不一致。比如，对于第二个星期一事件，我比其他人更加激动，因为你们认为它的统计显著性太低，无法引起兴趣，而我却觉得，从引力波探测的角度来看，第一个事件使我们对信号的“先验经验”发生了改变。也就是

说，虽然第二个星期一事件不能成为一个独立的“发现”，但它仍然非常有趣。然而，大家将这种激动的情绪留给了节礼日事件。

受访者：是的，不过，关于第二个星期一事件的矛盾情绪很有趣，不是吗？虽然 GW150914 的论文几乎没有提及它，但每当我在汇报中展示研究成果图时，我们总会提到它，然后表示它 * 可能 * 是一次真实的引力波事件，即它更接近真实信号，而非噪声涨落。保守地说，我们只是不想“声明”它是一次引力波事件。但如今，在 O1 的 BBH 文章中，它几乎得到了与 GW150914 和 GW151226 一样的对待和分析。它确实对事件率的估计有影响。关于如何对引力波事件进行计数，仍然存在一些尴尬的问题，例如，新的 *PRL* 文章标题是《对来自第二次双黑洞并合的引力波的探测》（*Observation of GWs from a Second BBH Coalescence*）。你有没有跟进一个话题？他们认为，应该避免在标题中将它称为第二个事件，而是用另一种方式（如显示它的质量）赋予它一个称谓。

顺便说一下，如第 10 章中预测的，天空中双黑洞旋近事件的估计事件率（使用 $Gpc^{-3}\,yr^{-1}$ 表示的每单位体积每年之中可能发生的引力波事件的数量上限）已经发生了改变。数字不再是发现论文中引发激烈辩论的 2～400（也不是几近提交的论文中的 6～400），在 O1 论文中，引力波事件的发生率变成了每单位体积每年 9～240 个！那场声势浩大的几乎让论文提交“泡汤”的争论，仅与一个临时数字有关。而这个数字也将随着更多探测事件的出现持续地改变。

正如受访者所述，科学家们尝试了各种各样的方法来规避“第二个/第三个”这个问题。也许，最好的方法是把“第二个”从论文标题中移除，将标题改成“对来自20倍太阳质量的双黑洞旋近的引力波的探测”之类的内容。如此一来，标题仍然告诉我们，还有一个新的观测，但它未被称作第二个事件。然而，5月23日的一封邮件提出了相反的观点：

> 当我们计划GW151226论文的发表和O1中的双黑洞搜索时，我们决定发表一篇独立的*PRL*论文，因为第二个清晰的探测事件是对第一个事件的证认。正如[XXXX]在她的邮件中解释的那样，这正是标题试图强调的一点。对于大多数读者而言，我相信这个事实将比质量参数更加关键。

在于5月29日提交的GW151226论文中，标题的确规避了“第二个/第三个”这个问题，完全忽略了投票结果。标题是：

《GW151226：对来自22倍太阳质量的双黑洞并合的引力波的探测》

(*GW151226: Observation of Gravitational Waves from a 22 Solar-Mass Binary Black Hole Coalescence*)

选取这个标题说明焦点转向了质量，解释如下：

> 我们是基于大量邮件做出这一决定的……有评论提出，此标题暗示一个事实——它的确是我们的第二个探测事件。此外，“第二个”这种措辞似乎在科学发现论文

中不太常见。最后，节礼日事件是第二个探测事件这一观点贯穿了整篇论文。我们做出这个决定，并不是基于对 LVT151012 的考虑，而是我们认为它更适合作为第三个最显著的 * 探测事件 * 出现。“22”是对初始 m_1+m_2 数值进行四舍五入后得到的两位有效数字，我们对在标题中使用区间号感到反感。

回到核心论点，新的时代中将会出现许多统计显著性无法达到 5 个标准差的引力波事件。不过，随着引力波的社会存在感越来越强，这种微弱的事件将需要越来越多的关注，就像天文学中使用的微弱事件一样。正如前文所述，这种转变给 *PRL* 论文带来了诸多麻烦——在新的时代里，第二个星期一事件不会消失，将 GW151226 看作第二个事件还是第三个事件，取决于你的思维。当我们关注那场由 *PRL* 论文标题中的“第二个”引发的争论时，我们在观察物理现实（第二个星期一事件）的社会建构，这与我们观察干涉仪中镜子反馈信号强度的变化并用其代表黑洞的碰撞一样直接。

我们不知道事情在公共关系方面会如何发展，但从科学角度来看，我认为 O1 论文才代表真正令人兴奋的成果，因为它将我们带入了引力波天文学。图 15-2 展示了取自论文某版草稿的绝妙图 1［最终版本为：《引力波观测》（*Observation of Gravitational Waves*），http://arxiv.org/abs/1606.04856］。

从右图说起：该图显示了目前探测到的三个引力波事件的波形。顶部为持续时间较短的高能“引力波事件”，它从噪声中轻松地脱颖而出；中间是第二个星期一事件，它太微弱，以至于无法独立算作一个引力波事件，但它正逐步被社群认可；

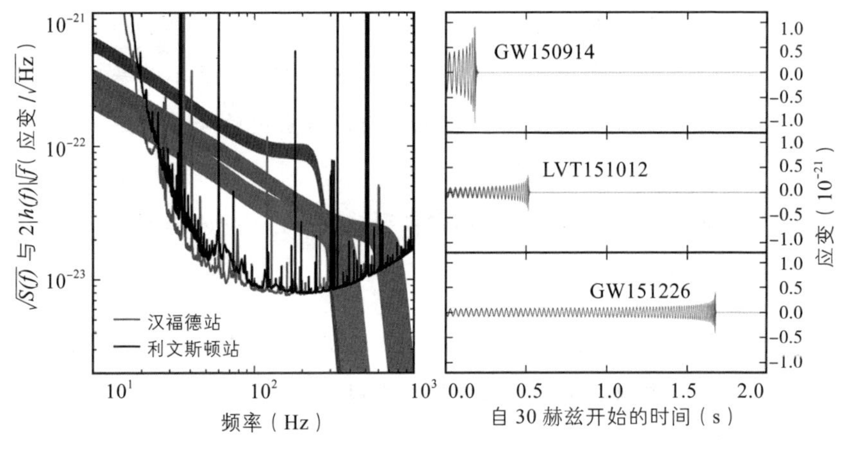

图 15-2 O1 论文中绝妙的图 1。

第三个事件是 GW151226，具有缓慢增加的信噪比，这使其具有独立的统计显著性。此类图片指示了引力波天文学的未来——我们可以在天空中找到许多不同类型的天体。虽然三个事件源均为旋近的双黑洞，但我们将看到越来越多的纷繁变化的波形，而大多数事件将像第二个星期一事件一样，它们的统计显著性会远低于发现所需的 5 个标准差。再一次强调，这恰恰展现了世界是如何变化的。顺便一提，固执的职业精神不会准许第二个星期一事件以“GW”来命名，科学家们仅称它为“LVT”——代表“LIGO-Virgo 触发事件”（LIGO-Virgo trigger）。O1 论文是这样描述它的：

> 这个事件的统计显著性太低，因此我们没有十足的把握声称它是一个引力波信号。然而，与噪声相比，它更可能是一个引力波信号，这是我们基于对引力波事件率的估计做出的判断……探测器特性研究表明，仪器或环境的人

为效应不是该候选事件的成因。

左图显示了位于汉福德站和利文斯顿站的两台探测器的灵敏度曲线及噪声尖峰，并表明三个引力波事件的频率演化（由右至左，频率从高到低）在大部分的频率范围内远高于灵敏度阈值。线的粗细代表误差棒（error bar），线和灵敏度曲线之间的面积与信噪比呈比例。当然，第二个星期一事件对应着底部的那条曲线。

摘录于 O1 论文的表 15-3 展示了 3 个引力波源的物理参数及相应的不确定度区间。可以看出，第二个星期一事件是一个大事件，它辐射出的能量与约 1.5 倍太阳质量全部转化成的能量相当。

于我而言，以上内容均应发表在第二篇论文中——第二个主要声明。

来自边缘科学界的回复

最终，6 月 15 日（在我看来推迟了 6 个月），我给 viXra 上一篇论文的作者兼资深记者雷格·卡希尔发邮件，询问他对第一个事件结果的复现有何看法。我还联系了斯蒂芬·J. 克罗瑟斯，viXra 上另一篇论文的作者，我以前从未与他联络。

克罗瑟斯很快（6 月 16 日）回复了一封长长的邮件，我截取了邮件开头的几句话：

亲爱的哈里：

在这份最新的报告中，LIGO 没有探测到爱因斯坦提出的引力波或者黑洞，与第一次报告一样。他们必须给出

表 15-3

参数 \ 事件	GW150914	GW151226	LVT151012
信噪比 ρ	23.7	13.0	9.7
误警率 $\mathrm{FAR}/(\mathrm{yr}^{-1})$	$< 6.0 \times 10^{-7}$	$< 6.0 \times 10^{-7}$	0.37
p 值	7.5×10^{-8}	7.5×10^{-8}	0.045
统计显著性	$> 5.3\sigma$	$> 5.3\sigma$	1.7σ
主星质量 $m_1^{\mathrm{source}}/M_\odot$	$36.2^{+5.2}_{-3.8}$	$14.2^{+8.3}_{-3.7}$	23^{+18}_{-6}
次星质量 $m_2^{\mathrm{source}}/M_\odot$	$29.1^{+3.7}_{-4.4}$	$7.5^{+2.3}_{-2.3}$	13^{+4}_{-5}
啁啾质量 $\mathscr{M}^{\mathrm{source}}/M_\odot$	$28.1^{+1.8}_{-1.5}$	$8.9^{+0.3}_{-0.3}$	$15.1^{+1.4}_{-1.1}$
总质量 $M^{\mathrm{source}}/M_\odot$	$65.3^{+4.1}_{-3.4}$	$21.8^{+5.9}_{-1.7}$	37^{+13}_{-4}
有效旋近自旋 χ_{eff}	$-0.06^{+0.14}_{-0.14}$	$0.21^{+0.20}_{-0.10}$	$0.0^{+0.3}_{-0.2}$
最终质量 $M_{\mathrm{f}}^{\mathrm{source}}/M_\odot$	$62.3^{+3.7}_{-3.1}$	$20.8^{+6.1}_{-1.7}$	35^{+14}_{-4}
最终自旋 a_{f}	$0.68^{+0.05}_{-0.06}$	$0.74^{+0.06}_{-0.06}$	$0.66^{+0.09}_{-0.10}$
辐射出的能量 $E_{\mathrm{rad}}/(M_\odot c^2)$	$3.0^{+0.5}_{-0.4}$	$1.0^{+0.1}_{-0.2}$	$1.5^{+0.3}_{-0.4}$
峰值光度 $\ell_{\mathrm{peak}}/(\mathrm{erg\,s^{-1}})$	$3.6^{+0.5}_{-0.4} \times 10^{56}$	$3.3^{+0.8}_{-1.6} \times 10^{56}$	$3.1^{+0.8}_{-1.8} \times 10^{56}$
光度距离 $D_{\mathrm{L}}/\mathrm{Mpc}$	420^{+150}_{-180}	440^{+180}_{-190}	1000^{+500}_{-500}
源的红移 z	$0.09^{+0.03}_{-0.04}$	$0.09^{+0.03}_{-0.04}$	$0.20^{+0.09}_{-0.09}$
空间定位 $\Delta\Omega/\mathrm{deg}^2$	230	850	1600

> 能够证明它们存在的报告。在这个投入了巨额公款却无法被独立复现的“实验”中，他们必须找到他们想要找到的事物，因此他们的行为不是受控于大脑和实验室，而是受控于由大众媒体诱发的集体歇斯底里症，他们背离了科学。

雷格·卡希尔想要知道 GW151226 发生的准确时间，以便他能搜索他提出的另一类引力波事件存在的迹象。我将全部细节发给了他，他于 6 月 17 日回复道：

> 亲爱的哈里：
>
> 我使用二极管（Quantum Gravity Detectors，量子引力探测器）查看了 GCP 数据。在 LIGO 第二个事件发生时，数据中没有出现强相关性。因此，对于本次 LIGO 声明，我无法提供有用的评论。然而，非常奇怪的是，在 LIGO 发表首次声明的一周之前，澳大利亚国防部命令我停止引力波实验。

是零延迟过剩吗

我与受访者们的后续交流表明，事件“线”尾巴附近的方块（我在本书第 283 页讨论过，它们表示“零延迟过剩”）太微弱，只能算作噪声。我希望这个特征是约瑟夫·韦伯型“零延迟过剩”，这可能是因为引力波事件的绝对数量似乎比其应有的数量高一些——至少其中一条自动化数据处理程序显示如此；其他的自动化数据处理程序未显示过剩信号。

但是，由于干涉仪是“宽频”的（它能详尽地描述每一次数据偏离的细节），科学家们有可能检查 8 个“信号”中的每一个（编号 4～11），它们会被累加到一个或多个方块之中。我应该补充一下，这件事发生在当天晚些时候，没有人对此感到很兴奋，它是在一两个人的多次督促下才发生的。科学家们期待着 O2 中出现强引力波事件，如此一来，他们就能发表明确的声明了。他们有一种强烈的倾向，即对非常边缘的引力波事件进行严密的检查似乎“浪费”了时间。然而，一位科学家将他当时的状态告诉了我（私人通信，6 月 13 日）：“我（非常不正式）的反应……基于轻松可得的信息对事件进行初步评估，如果这些事件令人感兴趣，那它们可能会被其他审查所修正。”鉴于此，当我们详细检查原始事件时，会发现 8 个中有 7 个“更可能是”噪声，因为 2 台探测器之间几乎不存在相干性，或者因为它们总是出现在仪器存在毛刺信号的时期里，尽管这并不足以让科学家们投否决票。然而，只有“事件 9”具有稍微好一些的可信度。以下是关于该偏离的修订版技术简报：

> 事件 9，1128348574.48
>
> 2 个信噪比都在 6 与 7 之间，rchisq[①] 非常接近 1，时间延迟 3 毫秒，相位差为 3.9。非常接近 pi，与信号相当一致。
>
> 触发序列看起来不是突发故障。
>
> L1 的时间–频率扫描似乎暗示着某种沿着一条啁啾尾分布的强信号的光点：https://ldas-jobs.ligo-la.caltech.edu/~tdent/wdq/ L1_1128348574.487/（H1 的时间–频率扫描

① Reduced chi square，即约化开方值，值越接近 1 表示拟合越好。——译注

> 只是蓝色的，没有可见特征）。
>
> 大致来说，这个事件过于平静，以致无法做出准确的判断（注意，采用尝试性的因子后，IFAR 是 0.016/yr～60/yr）。

随后，社群对原始事件的可能参数进行了计算，并于 6 月 10 日发表结果：

> 约翰实际上在剩下的 1 个（非常安静的）事件上运行了 PE……除了 m_1 的值域非常宽之外（相应地，chi_eff 的范围也很大），它看起来还不错……对于一个较大质量的 NSBH 事件而言。

查看相应的网站后，我们可以了解到，两个天体的质量，一个介于 20 倍太阳质量和 60 倍太阳质量之间，另一个为 1 倍或 2 倍太阳质量。其中一个天体的质量所跨的区间非常大，因为信号的强度十分微弱（假设它真的是一个信号）。

回到关于“图像与逻辑”的讨论（见第 7 章），只要统计显著性接近零，事件就不存在“逻辑”——碰巧达到该能级的噪声经常出现，因此，从字面上来讲，统计显著性“不值一提”。尽管如此，在噪声中浮现出偶然的非常微弱的真实事件，也是完全合理的。事实上，随着引力波天文学不断发展，一些十分微弱但真实的信号必定会出现——这不能证明该事件就是这种情况，但它可能是。此外，这一信号展示了一幅与其真实性相符的“图像”，该图代表中子星和黑洞旋近——非常令人期待但尚未看到的现象，因此也更有趣。不过，这是一张模糊的“图像”，更接近被火焰中的空气扭曲的图像，而不是物理学家喜欢的图像，尤其是对引力波社群而言。而且，请记住，“图像”由数字构建而成，是从其他图像的数值处理拟合结果中提取出来的——与通过火焰观察到的扭曲图像更为相似。

然而，类似的事情一定是时不时地出现的。读者们，如果你们试图从此处描述的物理学家的常规观点中汲取一些内容（也试图像“主流物理学家”一样思考），那么在讨论该花多少精力在这个事件上时，你们做出的决定几乎和物理学家们一样好。你们也可以很好地回答研究事件 4～11 的科学家们在协调 O1 论文的过程中提出的问题：

> 这种调查研究能否得出可发表在论文中或能够回答他人问题的具体声明？是否需要额外的工作来补充像第 4 页那样通用的样板论述，即“在高新 LIGO 首次观测运行阶段里，不存在其他显著的 BBH 触发源。在搜索中，其他观测到的事件均与背景噪声水平保持一致”。

可以看到，在大多数情况下，物理学家坚持使用样板论述。他们无法**知道**它不是噪声，在引力波领域中，这仍然是一种“重大过失”。最终，他们增加了一句话，表明社群对这种额外的符合进行了更多详细的搜索：

> 在高新 LIGO 首次观测运行阶段里，不存在其他显著的 BBH 触发源。在搜索中，其他观测到的事件均与背景噪声水平保持一致。对［8 个接近噪声的］符合事件的后续观测……表明它们可能是由噪声涨落或者数据质量较差造成的，而不是由较弱的引力波信号形成的。

在我看来，相比信号分析者的保留意见，上面的话有点不必要的消极。但或许，随着引力波天文学的发展，这类事情还会不断涌现，那些被认为是有趣的事物的界限会越来越深入噪声之中。其深入噪声的程度是未来关心的事情：我猜测，这将是一段漫长的旅程，因为引力波探测正从物理学转变为天文学（一门具有截然不同的举证文化的科学），也因为新常态正在确立。在新常态下，若一个事件符合且粗略地匹配同样的模板，而且呈现相干性，则它更有可能是引力波，而非其他事物（见本书第 305 页中讨论的类比）。而在之前的 50 年中，情况并非如此。至此，高新 LIGO 的首次观测运行阶段结束。

结　语

我于 6 月完成了这篇附文。本书出版时，我们将身处 O2 观测阶段，科学家们应该已经探测到了更多的旋近信号，并可能将它们报道了出来。对新的引力波天文学而言，最后几章所表达的忧虑似乎微不足道，它们也将是无足轻重的。然而，情况就是如此。

从这个顺序中我们可以看到，追溯科学史是多么容易出错。很快，没有了同时代的解释，这一事实将不会留下什么痕迹——科学家们从 GW151226 中获得了巨大的信心，从而认为第一个引力波事件等同于“Ω 粒子”，而不是“磁单极子”。这个事实将会消失，因为科学家们一定不会在公开的档案中提及此事。公开的档案将只显示第一个事件和随后的 GW151226，它们将作为两个独立的事件依次出现，殊不知，GW151226 也是认证第一个事件成功的一部分。事情这样发生的方式对物理学和社会之间的关系也很重要：如果我们想要物理学发挥领导作用，我相信这也是我们迫切需要的，那么物理学家必须做出正确的选择。只是，为社会做正确的选择，对物理学家而言，不一定是正确的。

附文 2

本书是如何完成的及帮助过我的人

我从 1972 年就开始关注引力波探测科学了。我的第一篇以该领域为主题的文章发表于 1975 年。有趣的是，除了赖纳·魏斯，我在这个领域内工作的时间比现今任何一名活跃的成员都要久。作为一名知识社会学家（sociologist of knowledge），我想探究，是什么使科学家们相信他们所相信的、怀疑他们所怀疑的，又是什么让其他人相信科学家们所相信的。半个世纪以来，科学家们一直在尝试观测引力波，他们建造了一代又一代越来越灵敏、越来越昂贵的仪器，直到 2015 年 9 月 14 日才取得一次成功。

这个发现故事的次级主题必须与方法论和个人观点有关：社会学家如何在两种角色中转换？一种角色融入科学家群体，与他们一同分享成功的瞬间，以及对引力波探测及其成果无法克制的喜悦之爱；另一种角色源自孤独的专业职责，需要保持疏离的洞察力。本书反映了这种张力。在我写作的大多数时间里，我将自己假设成一个参与者——近乎物理学家的角色，问道："为什么**我们物理学家**相信它？"只有回答了这个问题，我才能切换回社会学家疏离的观察角度，追问："为何**有人**会相信几个数字就能够代表 13 亿年前宇宙中发生的一次大质量引力波事件，这是多么荒谬的想法啊，而且它所依托的是如此庞大、理所当然、极其坚固的现实。"然而，只要你表示不相信，你就会发现自己在社会里被人划分到了哪一类！

本书的大部分内容是实时撰写的。随着本次事件逐渐展开，我又补充了一些章节。在 5 个月的时间里，我每天都写得十分顺利。不过，在第一次新闻发布会召开之后，我的写作速度有所放缓。回顾已写完的部分，如果我回溯性地写这本书，它就会是全然不同的面貌。若是在引力波发现被正式确认后再落笔，我认为自己把握不好获得成果之初的感受，也无法准确描述发生得如此之快的宇宙规则的戏剧性变化。我试图通过频繁使用现在时态来表达自己对整个事件的沉浸感。

本书依据的材料包含约 17 000 封电子邮件，其中绝大多数邮件来自引力波社群。约 450 封邮件为我与物理学家们的私下交流，其中大概有 320 封邮件是我与彼得·索尔森的互动。在所有邮件中，约 12 000 封邮件与本次发现有关，剩下的 5 000 封邮件是与后续发现相关的粗略分析。在此期间，我和物理学家们举行了 6 次小组范围的电话会议，进行了约 15 次电话交流，每次持续 1～1.5 小时。以上内容都被记录了下来。此外，我记录或获得了部分活动的记录（如新闻发布会和广播节目），还收集了相关报纸，参加了数次学术会议，并且为搜集第 14 章所需的资料进行了一些问卷调查。

在此，我需要解释一下，为何我在讲述引力波探测的故事时掺杂了许多与自身有关的内容。这种方法就是我所说的“参与式理解”。我尽可能成为引力波社群的一员，如此一来，我就可以根据作为社群成员的经历及科学家们告诉我的信息来写作。“交互式专业技能”这一相对新颖的概念让人们明白成为“业内人士”是可能的，同时该概念表明，人们可以通过长时间沉浸在专家社群的口语交流中来理解技术问题和实践问题。[①]也就是说，我可以近乎成为业内人士（如第14章详细讨论过的），这意味着在多数时间里我都在回答以下问题：“为什么那些瞬时发生的微小震荡可以被解释为如此遥远又庞大的引力波事件的结果？”依据我与科学家们同样丰富的经验：在质疑了大约50年之后，是什么让我开始相信本次事件是真实的？我对这一事件的接受程度不断增加，这是随着“这个”或“那个”科学家及每个人的沿着不同轨迹对引力波探测的置信程度的增长的整合而完成的。

此外，轨迹随着时间不断地变化——至少其呈现方式发生了变化。因此，当科学家们体验到最终发现引力波所带来的喜悦时，他们相信事件是真的；但当他们在发现的事实上欺骗记者时，他们会告诉自己，也告诉记者，现在无话可说，因为认证新发现所需的测试尚未完成，而相关论文也未经过同行评议。新发现是一个难以捉摸的事物：对一些人来说，它会不断地变换呈现方式，直到最初的事件得到多次确认；对其他人而言，即使最初的事件被多次确认，它仍会继续变化。

关键是，我需要不断地审视自己的能力在多大程度上受制于专业技能的欠缺。这就是为何我总是将自己对某些事物的看

① 请参阅“社会学与哲学注释”的注释XV，第416页。——原注

法与科学家们的看法相比较。此外，在漫长的职业生涯中，我写了大量关于专业技能的文章，其中涉及社会学家、记者等职业的技能。我更希望撰写科学报道的记者来解释他们的专业技能——我希望未来由对科学运作的无知引发的疫苗恐慌之类的事件能够避免。这意味着，我必须为自己及我与科学家们在理解上的分歧做出解释。

在本书中，随着时间与距离的推移，关于引力波发现的故事逐渐展开。时间方面，跨度达 6 个月；距离方面，故事体现了一个社会空间，该空间从引力波专家社群延伸至更广泛的科学群体，甚至延伸到了更远的领域。但在二维的框架内，话题遵循了阅读电子邮件—参与电话会议—与科学家们交流—整合分析的模式。当一个主题出现时，我会先对其进行介绍，若时机合适，我会对其进行更深入的讨论，就像科学家们对该主题进行的讨论一样。当然，有些主题，如“欺骗之网”，只是我提出的。当这些主题困扰我时，我就会深入介绍相关内容。像“发现论文的撰写流程”这个主题，在我们深入阅读本书之前是不会展开的，因为在本次引力波事件中（与大犬事件不同），科学家们直到几周后才开始思考撰写论文的事。

第 3 章和最后几章偏离了“发现”“发表”和“接受”这几个章节的模式。第 3 章介绍了引力波探测领域，以供不熟悉该领域的读者参考。如果没有第 3 章，那么对引力波领域较为陌生的读者将很难理解正在发生的事情，而本书是自成一体的。在本书的末尾，第 12 章至第 14 章，我将自己的专业角色转换成严肃的充满哲学思想的社会学家，在更深的层次下，重新审视了书中的某些主题，同时反思了本书与我的专业关注点所契合的方式。

致　谢

彼得·索尔森是马丁·A. 波梅兰茨（Martin A. Pomerantz）教授的雪城大学物理系 1937 级校友、《干涉引力波探测器的基本原理》（*Fundamentals of Interferometric Gravitational Wave Detectors*，1994 年版本，正在筹备新版）的作者、LIGO 科学合作组织之前的发言人、某任探测委员会主席、我的好友，以及本书的虚拟合著者。我曾询问他是否愿意成为正式的合著者，但他总是明智地拒绝了。我应该补充一下，对于呈现结果与获奖情况等内容的方式，我们并不总能达成一致。本书的任何缺点和不足都与他无关，但书中的任何闪光点都有他的功劳。他逐字逐句地阅读了整本书稿。

本书的完成也得益于众多其他引力波物理学家的帮助。引力波社群对我的恩情可以追溯到 43 年前。这次，从 2015 年 9 月 14 日开始，几名物理学家知道我打算写书，主动给我发送了一些十分有用的邮件，以便我更好地理解事态的发展。此外，许多人慷慨地回应了我的请求，最初的通信请求大都转变成了持续不断的交流。除了索尔森，我一共和 40 个人交换了 100 余封邮件，有人是两三封，有人是五六封。我只遇到过一次“不回复”及一次“明确拒绝回复”的情况，两者出于合理的理由，即信息过于私密。我不得不发送两个暗示，随后我很快就得到了他们的回复与歉意。除了索尔森，直接为本书提供帮助的引力波物理学家有：布鲁斯·艾伦（Bruce Allen）、斯特凡·鲍尔默、巴里·巴里什、安格斯·贝尔（Angus Bell）、戴维·布莱尔、邓肯·布朗（Duncan Brown）、萨拉·考迪尔（Sarah Caudill）、马西莫·切尔多尼奥、卡斯滕·丹茨曼（Karsten Danzman）、汤姆·登特（Tom Dent）、马尔科·德拉戈、马特·埃文斯（Matt Evans）、斯蒂芬·费尔赫斯特、彼得·弗里茨谢尔、阿达尔贝托·贾佐托、马克·汉纳姆、吉姆·霍夫（Jim Hough）、维基·卡洛耶拉（Vicky Kalogera）、迈克·兰德里、阿尔贝特·拉扎里尼（Albert Lazzarini）、肖恩·麦克威廉斯（Sean McWilliams）、克里斯托弗·梅辛杰（Christopher Messenger）、劳拉·纳托尔、布赖恩·奥赖利、圭多·皮泽拉、弗雷德·拉布（Fred Raab）、戴夫·赖策、基思·里莱斯（Keith Riles）、希拉·罗恩（Sheila Rowan）、B. S. 萨提亚普拉卡什、彼得·肖汉、戴维·休梅克（David Shoemaker）、乔希·史密斯、帕特里克·萨顿（Patrick Sutton）、戴维·坦纳（David Tanner）、赖纳·魏斯、斯坦·惠特科姆（Stan Whitcomb）、罗伊·威廉斯（Roy Williams）、格拉汉姆·沃安及迈克·朱克（Mike Zucker）。此外，向疏于提及的人致以歉意。

本书包含的长达 43 年的社会学研究得到了英国经济与社会研究委员会（Economic and Social Research Council，简称 ESRC），即原社会科学研究委员会（Social Science Research Council，简称 SSRC）的一系列慷慨资助，以及美国国家科学基金会的一项资助：

1971—1973 年，社会科学研究委员会博士奖学金（SSRC PhD Studentship），野外调查花费了大约 240 英镑；

1975 年，社会科学研究委员会，893 英镑，《科学现象社会学的深入探索》（*Further Exploration of the Sociology of Scientific Phenomena*）；

1995—1996 年，经济与社会研究委员会（R000235603），

39 927 英镑，《向死而生的科学观：引力波与网络》（*The Life after Death of Scientific Ideas: Gravity Waves and Networks*）；

1996—2001 年，经济与社会研究委员会（R000236826），140 000 英镑，《转变中的物理学》（*Physics in Transition*）；

2002—2006 年，经济与社会研究委员会（R000239414），177 718 英镑，《创立新的天文学》（*Founding a New Astronomy*）；

2007—2009 年，经济与社会研究委员会（RES-000-22-2384），48 698 英镑，《发现中的社会学》（*The Sociology of Discovery*）；

2010 年至今，《补全引力波探测的社会学史》（*To Complete the Sociological History of Gravitational Wave Detection*），由美国国家科学基金会资助（PHY-0854812），975 000 美元，从属于雪城大学，《利用增强 LIGO 与高新 LIGO 探测引力波》（*Toward Detection of Gravitational Waves with Enhanced LIGO and Advanced LIGO*），课题负责人为彼得·索尔森，开放式基金。

感谢麻省理工学院出版社（MIT Press）为本书付出的艰辛努力，其使本书的出版速度远远快于大学出版社的正常出版速度，也让本书赶上了引力波发现的一周年纪念日。感谢凯蒂·黑尔克（Katie Helke），从这个写作项目第一次被提及的那一刻起，她就充满了热情，她以惊人的速度推动并完成了决策过程。此外，感谢朱迪·费尔德曼（Judy Feldmann），其以高效且认同的态度认真完成了编辑和审校工作。

附文 3

社会学与哲学注释

这篇附文汇集了 17 个关于社会学和哲学的条目，以及 22 个推论性的注释。将它们放在一起，就能以一种不那么受约束的方式陈述相关内容。每一条“注释”既可以单独阅读，也可以根据括号内的页码返回前文，结合上下文理解。

之所以这么做，是希望它们在服务于原始目的的同时，也可作为独立的内容阅读，部分插入式内容包含一系列以社会学与科学哲学为主题的短文。兴趣集中在引力波探测故事上的读者可以安心地忽略这一节。不过，一些读者可能会对社会学家的视角感兴趣，这种视角关乎如何处理类似本次事件的当代历史课题，以及课题所包含的专业关注点。

关键的变化是于 20 世纪 70 年代初发生的一场外行人对科学的理解的革命（科学认知的革命）。在此之前，这门科学被认为是一种由出众的侍从所操控的逻辑机器；科学知识的真正内容的展开无论如何都是社会问题，这个观点听上去有些疯狂。然而，讨论科学发现中的社会层面已不再超出常理，并且这些问题受到了持续关注。[①] 这种关注始于某些哲学观点，如“归纳问题”（problem of induction）。归纳问题表明，我们无法从过去以一种逻辑完备的方式预测未来。不如说，在预测前，人们必须就如何预测和预测何物达成一致。其他重要的哲学贡献，如维特根斯坦的想法，认为规则不包含适用于自身的规则，这表明我们必须要找到某种传统方式来定义规则；再如迪昂的见解，他认为科学声明被嵌在一个包含各类声明的网络中，因此，哪些需要保留，而哪些需要舍弃，只是共识的问题。知识社会学中也萌生了类似的讨论，这种讨论源于以下观点——大多数我们称之为知识的东西，都与社会有关，社会即我们出生和成长之地。直到 20 世纪 70 年代，人们才明白，该观点也适用于科学。这些潜在的观点被表达成“实验者的倒退”，或与之等价的本书所称的“检验倒退”。检验倒退是指，如果要将某种事物算作科学发现，则科学家们必须同意在某种遵照惯例的程度上停止质疑；达到统计显著性的可靠水平的惯例性质；本书和《引力之魅与大犬事件》探讨的事实是，得出新发现的计算基于主观判断，其间伴随着计算与判断之间的紧张关系。以上论述都是对科学的描述，它们表明，科学被嵌在了社会共识中。因此，科学融入了社会生活。科学家们必须就如何继续工作达成默契的共识。

当然，正如第 11 章所示，一些科学家不认同这些社会共识，因此，同样的数据可以得出不同的结论——这完全符合我

---

① 昔日的两位对手在一篇文章中承认，这种观点的转变影响的可能不仅仅是思想狭隘的社会学家。富兰克林和科林斯（2016）在《两种案例研究及一项新协议》（*Two Kinds of Case Study and a New Agreement*）中描述了一个罕见的学术和解实例。——原注

们的预期。公众对引力波探测的接纳（连同宇宙大爆炸、黑洞、希格斯玻色子，以及斯蒂芬·霍金说的任何观点），纯粹是关于社会惯例的问题——如果你不想被当成疯子或怪人，你就必须相信这些事情。对科学的新理解让我们看到，社会和政治的力量能够对科学的内容产生更广泛的影响。虽然本书对此讨论得不多，除了最高级别的影响（例如，对引力波研究的资助及相信探测结果的强烈意愿），但是我们也可以看到，社会和政治的力量很容易在“软”科学中（如经济学或社会学）产生更直接的低级别的影响。

事实证明，目前为止，《引力之影》及后续著作介绍了最详实的引力波直接探测史。当大家需要深入了解这个主题时，我很欣喜科学家们会推荐这些书，而科学家们也发现这些书作为快速入门资料非常有用。然而，我在《引力之影》一书中写道，这些书并不符合历史学家的专业标准。这是因为，我着重陈述的历史是关于思维方式改变的——鉴于上文所解释的选择和判断的必要性，科学家们做出了他们必须做出的选择，其中的思维方式也在改变。要想理解这种变化，在每一个历史性声明中寻求书面化的证据是没必要的，这样做甚至无特别的帮助。所需的证据与人们正在思考的事物有关，而且这种证据是从交谈中获得的。举个例子，在罗比·沃格特领导 LIGO 的时期里，罗恩·德莱弗一度被关在自己办公室的门外（《引力之影》，第 575 页）。德莱弗和许多人都认为这是一种故意贬低他的行为，而另一个小组则认为换锁是例行维护而已。我本可以通过加利福尼亚理工学院维修部的资料找到答案，但我没有这么做。我只需要知道他们之间的那种关系，任何一种说法都可能是可信的——确切地说，哪种说法是正确的并不重要，只要其中一种说法是可以相信的。这正是这些书中的历史与其他种类的历史的不同之处。

以上介绍性文字涉及的许多问题，都会在接下来的注释中得到更详细的论述。

注释和评论

Ⅰ（7 页）公众对科学的理解

关于公众对科学的理解的本质存在着长期的争论。最初的研究动力在很大程度上来自科学机构，这些机构急于证明在科学研究上投入巨额的公共资金是值得的。所谓的缺失模型（deficit model）指出，公众对科学的抵制源于对科学的无知——如果公众缺少科学理解的问题能够得到解决，那么公众将会更愿意支持科学。社会科学家往往嘲笑这一观点。毕竟，科学家本身对哪些科学项目值得支持、哪些科学发现具有价值都存在分歧，而且科学家并不缺乏科学知识。因此，对公众进行中等水平的科学知识教育，似乎不太可能激发人们对科学的热情。相反，这种拓宽公众理解的行为，尽管经常被称为“科学普及”，还是应当被视作宣传或广告。毫无疑问，人们对太空探索、天文学、天体物理学有着高涨的热情，最近的引力波发现便是很好的例子。当然，这项发现也表明，一门科学在其一生的大部分时间里，可能并没有得到大多数知识渊博的科学社群的支持。

更令人担忧的是，公众在支持这类科学时，根本没有真正地理解它。想想以下两本畅销书吧，斯蒂芬·霍金的《时间简史》（*A Brief History of Time*）和布赖恩·格林（Brian Greene）的《优雅的宇宙》（*The Elegant Universe*）。这两本书的读者群很庞大，但几乎没有一个人能真正理解书的内容。实际上，人们购买并推崇这些书就像对待拉丁文版的圣经一样，其间不存在对科学的真正**理解**，只有对“圣袍”的朝拜。公众对斯蒂芬·霍金的“崇拜”也是如此。他勇敢地与绝症抗争，广受赞誉，但几乎无人了解他作为一名**科学家**所做的工作。言归正传，基普·索恩为公众举办了一场涉及黑洞与相关理论的生动讲座，展示的图片很美妙，相关的好莱坞电影也非常精彩，但这些都与日常的科学世界没有任何关系，就像这几页所描述的那样。在这些案例中，公众并未接受科学教育；公众是在享受娱乐。

当然，一方面，这对科学的未来是有好处的，因为这会让公众更喜欢它；另一方面，作为一个对科学一本正经的人（见第 13 章），我担心利用宗教图腾、娱乐产业和广告行业为科学赢得支持的行为是危险的——科学比它们重要得多（详见《引力之魅》的“结语”一节）。

然而，写这篇附文的动机却有些许的不同。社会科学家普遍认为，公众并不缺乏科学知识，因为公众对科学的理解可以与专家一样好，甚至更好。当社会科学家做出这样的论断时，他们的脑中通常只有一个狭窄的科学主题，尽管他们似乎不愿意划定界限。大约 10 年之前，我就已经听过一个论断——只要请来一些艺术家帮忙，引力波物理学就能摆脱当时的困境。然而，社会科学家脑中的科学主题通常与医学或环境相关。典型的例子是疫苗抵制，尤其是对腮腺炎、麻疹和风疹（MMR）疫苗的抵制，这源于 1998 年医学博士安德鲁·韦克菲尔德（Andrew Wakefield）提出的观点——MMR 与孤独症存在联系。尽管没有科学依据，媒体还是将该观点推上了风口浪尖，并引述了一些父母的经历，他们的孩子在注射 MMR 疫苗后不久便表现出了孤独症的症状。家长们被诱导相信，个人的经历能够与大量的流行病学研究相提并论。实际上，相应的研究指出，在新接种 MMR 疫苗的国家里，孤独症的发病率并无增长。尽管缺乏科学知识，这种"外行专业技能"的价值还是得到了某些社会科学家的支持。没有任何证据支持 MMR 和孤独症之间的联系。而且，这是一种统计学上的必然性，一些儿童接种 MMR 疫苗后不久便表现出孤独症的症状，就像一些儿童第一次吃了香蕉之后不久就表现出孤独症的症状一样，从统计学的角度而言，无可避免。没有人认为这与父母本能的外行理解相悖，也没有人认为这与父母有权要求对一种完全没有根据的可能性进行调查的行为相左。

毫无疑问，公众中的一些人能够为科学事业做出贡献。在医学领域里，这实属意料之中，因为在大多数情况下，医学科学家必须依靠病人对症状的描述来理解和治愈疾病。与此同时，对治疗效果的理解通常始于外行人（患者）对自身身体或精神状态的描述。此外，交互式专业技能的概念（见注释 XV）催生了大量的"专家型患者"，他们对自身的健康状况和治疗方法十分了解。一则著名案例是关于旧金山艾滋病治疗的［请参阅爱泼斯坦·S.（Epstein S.）等人所著的《不纯粹的科学：艾滋病、行动主义与知识政治》（*Impure Science: AIDS, Activism, and the Politics of Knowledge*）］，一位患者积累了相当丰富的专业知识，为新疗法的试验设计做出了贡献。只有在这种情况下（一小群未经科班认可的人，因为勤奋的阅读和与专家的互动而变成了某个子领域的专家），非专业人士普遍拥有高水平的专业知识，问题才会浮现。我曾在《我们现在都是科学专家了吗？》（*Are We All Scientific Experts Now?*，2014）一书中提出这个问题。

Ⅱ（12 页）首次看到光学脉冲星

哈罗德·加芬克尔、迈克尔·林奇与埃里克·利文斯顿（1981；以下使用 GLL 表示三人的名字）发表了关于光学脉冲星首次观测的报告。在这个事件中，一台录音机被偶然留了下来，其中的录音显示，事件发生时，科学家们正在检查观测数据。GLL 获得了录音并对其进行了分析。不幸的是，那篇论文并不容易读懂，因为几位作者试图建立一种新颖而深奥的学科风格。以下是论文中的一个段落：

> 探究的谈话记录体现在争辩、显而易见的困扰及互动式猜测之中，这种对某个现象的“首次探测”和未完成的正在发展的“实时”研究规程相关联，这种规程在偶然的固执的俗世中按计划实施。

磁带的内容非常有趣，许多内容被摘录到了文章中。摘录的内容也可以在 https://www.aip.org/history/exhibits/mod/pulsar/pulsar1/05.html 上获得，该网址也是以下对话的来源。

> 麦卡利斯特（McCallister）：下一个观测是第 18 号观测。
> 迪斯尼（Disney）：我们看到了一个真实的脉冲。
> 科克（Cocke）：嘿。哇，你不认为那是真的，对吗？它不可能是真的。
> 迪斯尼：它在周期的正中间，看。我的意思是，它在刻度

的正中间。目前，这里看起来确实有些东西。

科克：嗯！

迪斯尼：它还在增强！增强了一点儿！

科克：上帝，它是真的，不是吗？嗯！

迪斯尼：太棒了，上帝，你明白它看起来就像一个真实的脉冲。

[笑声] 它在增强，约翰。

麦卡利斯特：确实。

迪斯尼：看。

麦卡利斯特：是真的。嘿，你说对了。

科克：上帝，不过，我现在不愿意相信它是真的。

[笑声]好吧，我们达到了 2 000 计数。我们现在是 750 700。

[声音模糊]

迪斯尼：它真的在变强。快看哪。

科克：确实是，不是吗？太好了！

迪斯尼：现在一个也不剩了。看，快看，没有留下一个点。

科克：上帝啊，是啊，嗯。

[串话干扰]

迪斯尼：那里好像出现了第二个脉冲。

科克：好吧，我们期望看到两个脉冲——一个小脉冲和一个大脉冲，还记得吗？

迪斯尼：嗯。是的。对此，我之前不太确定，但是——这是一个真实的脉冲。

科克：它是真的，不是吗？上帝，我不敢相信。

[笑声]

迪斯尼：我不相信——在我们看到第二个类似的信号之前，我不会相信。

科克：直到我们看到第二个类似的信号，并且它移动到其他地方，我才会相信。

迪斯尼：上帝，你们都过来看看下面的情况。

[笑声]这真是一个历史性的时刻啊！

科克：我希望它是一个历史性的时刻。当我们再一次读取数据时，我们就知道了。并且，如果那个尖峰再一次出现在中间——那个尖峰真的就在中间，这让我感到害怕。

社会学家的分析（我的理解来自我与迈克尔·林奇的讨论）包含两点：第一点，首次观测时，某些特殊的事情发生了，这意味着一个新的现实正在被创造出来；第二点，科学家们正在思考的一些问题与他们对所看到的事物的潜在接受度有关。

科学社会学分析存在多种风格，在这种竞争背景下，最后一点尤为重要。于是，逐渐流行的被称为“争论型研究”（controversy studies）的风格，通过让相互竞争的独立研究小组（例如，科林斯于1981年整理的论文）交流讨论来建立一个新的科学事实。而“实验室型研究”（laboratory studies）风格认为，仅通过单一实验室中的严格工作，人们就能理解新的科学事实是如何诞生的——例如，布鲁诺·拉图尔与史蒂夫·伍尔加（Latour et al.，1979）或者卡琳·克诺尔-塞蒂纳（Knorr-Cetina，1981）。GLL的研究既不是争论型研究，也不是实验室型研究，因为它只是基于一段录音，研究者们在偶然的情况下获得了该录音的副本。林奇向我表达的观点是，对这一发现被接受的预期让其他实验室参与到了讨论之中，纵然这段录音是唯一的数据。然而，我们不得不假设，GLL 本想获得更丰富的数据（覆盖更大范围的活动），让光学脉冲星变成广为接受的科学发现。

Ⅲ（37 页）规则回归与双盲测试

科学知识社会学家了解世界的大量方式，以及大量的智慧，我们都可以从哲学家路德维希·维特根斯坦（1953）的观点中习得。其中，非常关键的一句话是："规则本身不包含适用于自身的规则。"因此，严苛地应用规则来解决问题，注定会带来失败和沮丧，毕竟不同的人对规则的应用方式有着不同的理解。愚蠢的官僚主义可能是一种结果，与其说它是对规则的严苛应用，不如说它是对规则的某种特定解释的严苛应用。"飞机事件"就是这个问题的经典例子，此外，如第 10 章中讨论过的，固执的职业精神和判断之间的紧张关系也是如此。

如果所谓的循证医学或者政策被解释为"除非得到双盲测试的支持，否则任何事情都不可信"，它就是上述问题的另一种例子。于 2005 年出版的《勾勒姆医生：如何理解医学》（*Dr. Golem: How to Think about Medicine*）的第 1 章中，我与平奇详细讨论了双盲测试，它作为一种保障机制可削弱"实验者期望效应"。在实验中，盲态是很好的缺省立场；不过，一旦走向极端，它就会变得荒谬可笑。我与平奇（2005，第 32～33 页）展示了，双盲测试在一些情形下是多么荒谬，比如用石膏来治疗断肢。此外，戈登·史密斯（Gordon Smith）

在论文《应用降落伞预防由重力剧变导致的死亡和重大伤害：随机对照试验的系统评价》（*Parachute Use to Prevent Death and Major Trauma Related to Gravitational Challenge: Systematic Review of Randomised Controlled Trials*，2003）中，通过抱怨降落伞的缺失，讽刺了这种测试的迂腐。

Ⅳ（108 页）自然科学、人文科学与科学的社会研究

尽管最近很少人讨论这一问题，C. P. 斯诺（C. P. Snow）的《两种文化》（*The Two Cultures*，1959）在科学的社会研究领域中依然至关重要。20 世纪 70 年代初，科学社会研究的革命在科学的历史与哲学中萌生，实践者认为，对相关科学的合理理解是进行批判性分析的必要基础。然而，在不到 10 年的时间里，多种分析科学的方法出现了，它们将科学当作人种志描述的一个主题，把陌生人的视角视为分析的优势。在这种方法 / 理解下，科学视角如果存在区别的话，就会被认为是一种劣势。相伴而来的，是一种本质上将科学视作文学事业的方法——毕竟，如果科学家们不创作“铭文”（科学发现的文字记录）并将它们汇编成出版物，那么谁又知道科学家们做了些什么呢？一旦科学研究被合并到现有的文学评论与符号分析的传统中，人文学者的课题就会得到巨大的扩展，几乎不受科学技术的限制。这种限制的缺失，使一些活动被指责为“时髦的胡言乱语”。类似的事件，诸如索卡尔骗局（Sokal，1994；1996；https://en.wikipedia.org/wiki/Sokal_affair），以及最近发生的一个没那么复杂的事件（http://prospect.org/article/academic-drivel-report），让这种讥讽活动家喻户晓。

我相信，文化差异可以追溯到在科学和艺术领域中被我和埃文斯（2007年）称作“合理性诠释轨迹”（The Locus of Legitimate Interpretation）的差异。在科学领域里，公认的能够评价一项科研工作价值的人，是其他科学家——在专业上越接近该科研工作的发起者，越适合做评审——这是同行评议的基石。然而，在艺术领域中，原创者对作品价值（艺术价值与经济价值）的评价不太重要，反倒是欣赏艺术品的观众的看法更加重要。艺术品的价值主要由大众或其代表来评判，例如，报纸评论家。因此，艺术品的合理地位往往更多地取决于为满足观众所做的“表演”的质量，而不是艺术家同行所评价的内在价值。对知识世界的相互矛盾的理解，将人文科学和社会科学拉向不同的方向。

举个例子，在被称作“科学战争”（science wars）的令人不快的时期里，当科学家们攻击那些批评科学的社会科学家（索卡尔是核心人物）时，就连如今扮演哲学评论家或社会学评论家角色的科学家，也陷入了合理性诠释轨迹的艺术家模式。毕竟，索卡尔骗局意在说服更广泛的观众，而不仅仅是目标群体。索卡尔以这种方式充分利用了骗局。科学战争中的绝大多数争论都是如此，不管你站在哪一边，表演的目的都是说服公众，而不是说服专家对手。由于缺少明确的责任和义务，这种行事风格在艺术和人文学科中普遍存在。如果一个人想要说服对手，或让自己接受有价值的批评，其必须将自己的工作尽可能明确地展现出来，以便每个人都能理解这些工作；而评论者必须在彻底了解对手之后提供清晰的论据，让他人无法反驳。然而，如果一个人有兴趣为观众表演，那么其可能会发表很多言论来歪曲对手的立场，这将使其在外界看来不那么令人信服，也将使这个人的工作变得难以理解。因此，人们很难对这个人的工作进行评价，或是评论将显得十分混乱。那么，科学文化和艺术文化之间差异的关键，至少有一些反映在了科学的社会分析的科学方法与人文主义方法之间的差异上。

社会科学面临的一个困境是，人们经常将科学的概念与技术的概念相混淆。通常认为，一门科学的社会科学必定是实验性的，或是调研性的，其结果必须得到复杂的统计分析的支持。社会科学家排斥社会科学与“科学”之间的联系，因为他们认为统计学方法和实验研究法很无趣。然而，科学方法并非技术问题，这仅仅意味着，研究人员愿意宣称其结果是可靠的，而且该结果能够被相同领域的其他研究人员或是对该领域有着内行理解的研究人员复现。获得适度水平的内行理解的过程可能是一个“主观”过程，但这并不代表基于该理解得出的分析结果是不客观的，或者分析结果不具备普世水平，无法适用于除调查对象之外的情形。这个观点可以在我与加里·桑德斯讨论的关于巴吞鲁日巴士的内容中看到，记于第 6 章的注释（第 108 页）。不过，并非所有的人种志学者都怀揣着创造客观理论的目标，有些人只想通过描述局部社会来发表个人见解，这对一般的社会没有什么帮助。

前文叙述的引力波探测分析，以及我在其他书中罗列的相关工作，均是在科学精神的指引下完成的。这种方法非常“主观”，然而，如果它没能使科学发现变得可靠、可复制（这通常意味着，科学发现可被视作科学家们寄予的现实的反映），即这个高水准的研究成果无法适用于其他科学领域，那么它将是一个失败的科学发现。

V（108 页）密立根油滴实验

杰拉尔德·霍尔顿（Gerald Holton）于 1978 年讲述了著名的密立根油滴实验（Millikan oil-drop experiment），该实验测量了单一电子的电荷。尽管密立根将实验结果描述为“物体所带的电荷均为电子电荷的整数倍”，但其笔记中的大量记录暗示着分数电荷的存在。他之所以选择忽略这些记录，是因为他判断它们是实验假象。然而，20 世纪 70 年代，它们看起来足够真实，这使得低温棒引力波探测器的先驱比尔·费尔班克（Bill Fairbank）宣称，他发现了与自由夸克相对应的分数电荷。《引力之影》的第 216～217 页讲述了这个故事。

Ⅵ（109 页）信仰网络与实验者的倒退

推动科学知识社会学发展的另一重要观点是，科学发现不是孤立的，它们存在于一张由信仰和声明编织成的网络之中。一项科学发现要想获得支持，必须接受许多相关的“子假说”（subhypotheses），而一个具有争议的发现总是可以通过牺牲相关的假说或信仰保留下来。这一观点是《引力之影》第 5 章的基础，该章探讨了约瑟夫·韦伯为了自己的高通量引力波理论而必须做出的牺牲。事实上，他最终还是抛弃了自己的共振棒探测器灵敏度理论，取而代之的，是一种几乎没人相信的理论。《引力之影》的第 19 章讲述了这个故事。此外，我曾在《引力之影》的第 10 章中提到，为了维护自己的理论，韦伯本可以不接受关于如何校准共振棒的普世观点，但他并未拒绝——这是他未曾充分利用过的子假说。

子假说或“辅助假说”（auxiliary hypotheses）的概念可能始于皮埃尔·迪昂的观点（Pierre Duhem，1914/1981）与

随后著名的迪昂-奎因论题（见 https://en.wikipedia.org/wiki/Duhem%E2%80%93Quine_thesis）。伊姆雷·拉卡托斯（Imre Lakatos，1970）的研究规划理论与这一概念有关，但拉卡托斯将子假说分解成了“核心”及“保护带”（或“外缘”）。依据拉卡托斯的观点，为了保留核心，保护带须做好随时牺牲的准备——放弃核心意味着抛弃整个理论。

实验者的倒退（见 295 页与《改变秩序》）被认为是迪昂-奎因论题的一个版本，若果真如此，则表明实验者的倒退是当代科学的一个日常问题，而非一个理论概念。在本书中，我们看到了所谓的“检验倒退”的基本观点，即科学家们必须在某一时刻停止质疑，这是科学界的社会惯例问题。如果惯例改变了（就像边缘科学），那么质疑停止之处也会改变。某个可信度高的发现，若是换了一个地方发表，可能会变得不再可信。

Ⅶ（150 页）科学论文的本质

这一小节主要描述了拉图尔和伍尔加（1979）所称的“模态”是如何从大量的科学工作中被剥离出来的，例如，初步的发现如何被转化为可发表的论文。模态是对实验活动细节的描述——谁进行了实验、何时进行的，等等。

随着模态被移除，描述对象从独特的事件转变为世界上随处可见的常规现象，而不再是在特定的时间和地点发生的特殊事件。不再是“一个人在某时某地看到了标志着引力波的某些电激发”，而是“引力波被探测到了”。这种文风的转变催生了夏平（1984）所称的“学术文献技巧”（literary technology）。凭借这种技巧，读者被置于实验或观测中“虚拟见证者”的位置——阅读论文仿佛能让读者身临其境。为了制造这种错觉，论文采用被动语态书写——由大自然规划的事情发生在了观察者身上，而不是观察者通过积极干预来促使事情发生。无论观察者处于何时何地，这些现象都会在类似的情形下发生，因为它们不是历史事件，而是普遍现象。我在前文中指出，引力波发现论文的风格偏离了这些惯例，因为它描述了一个历史事件：人类第一次直接探测到引力波，第一次对黑洞进行直接观测，第一次探测到了旋近的双黑洞系统。该历史事件是今后层出不穷的引力波现象的开端，我们在此庆贺这个历史性的时刻——此后，引力波现象将变得司空见惯。

Ⅷ（269 页）“啤酒杯垫知识”和其他类型的专业技能

在《重新思考专业技能》（2007）里被称作“专业技能周期表”的一节中，我与埃文斯系统讨论了各种类型的专业技能。“啤酒杯垫知识”是三种知识类别之一（这三种知识类别其实应该被称作“信息”），掌握它们只需练习“普遍存在的隐性知识”（ubiquitous tacit knowledge）——普通民众可在社会生活中获得的隐性知识。这种隐性知识包括使用母语交流与读写的能力、理解书籍等文字材料的能力，以及辨别材料可靠性与准确用法的能力。啤酒杯垫知识是这三种知识类别的最低级别。中间级别为“大众知识”，涉及技术性专业知识的问题，这种知识可以通过阅读科普书籍获得。最高级别叫作“核心来源知识”，这是普通民众通过互联网、专业图书馆或专业机构获取的知识。要想获得核心来源知识，需要经过严格的考验。然而，出于该原因，我们很容易将这种**信息**误认作高阶形式的**知识**。实际上，这种信息与高阶形式的知识之间是存在差别的。有两种高阶形式的知识——“贡献式专业技能”与“交互式专业技能”。

贡献式专业技能是专业领域内的工作人员所拥有的标准形式的知识或专业知识，而“交互式专业技能”并不是基于专业领域内的工作，而是基于专业交流。注释XV详细讨论了这个问题。这两种专业技能都依赖“专业的隐性知识”——只有长期沉浸在专家社群的交流中才能获得的隐性知识。因此，这两种专业技能都取决于专业交流，两者通过共享的实践语言或共同的交互式专业技能来执行与协调实践（Collins，2011）。

在以上三类专业信息之中，只有一类依赖普遍存在的隐性知识，而其他两类依赖专业的隐性知识，它们之间的重要区别可以用一则趣闻来表现。约瑟夫·韦伯与达拉克于1996年发表了一篇论文（可参阅注释XVII），两人声称找到了伽马射线暴与韦伯早期观测到的引力波之间的相关性。这篇论文撰写得仔细且谨慎，其声称相关性与3.6个标准差的统计置信度有关。然而，我的调查表明，没有人读过这篇论文（《引力之影》，第366页）。到目前为止，韦伯在引力波探测方面的可信度已降到如此之低，以至于他的论文——尽管具有科学论文的全部特征与精湛的学术文献技巧（见注释VII），对仅拥有普遍存在的隐性知识的读者来说，看起来非常完美——似乎缺少科学的“灵魂”。辨别这点，需要专业的隐性知识，该能力无法从论文本身中学到。我曾在其他书中（例如，Collins，2014）表示，不理解这种区别，是导致疫苗恐慌这类严重且可能致命的问题出现的原因。

Ⅸ（291 页）库恩、范式和生活形式

托马斯·库恩于 1962 年出版的知名著作《科学革命的结构》可以用不同方式来解读，请参阅平奇的见解（1997）。库恩的许多想法都曾被卢德维克·弗莱克（Fleck，1935/1979）所预见。弗莱克是一名活跃的医学博士和研究员，他通过反思自己的实践发展出了关于科学的思想。在第二次世界大战期间，他被囚禁在集中营里，在那里，他制备了伤寒疫苗。他的书《科学事实的起源与发展》（*Genesis and Development of a Scientific Fact*）直到 1979 年才被翻译成英文，这也是该书对发生于 20 世纪 70 年代我所谓的“科学认知的革命”影响不大的原因。他所提出的范式或生活形式的概念，是指以某种“思维方式”为特征的“思维群体”；他理解科学思维是如何在相互认同的科学家群体中发展出来的。虽然库恩在书的开篇中致谢了弗莱克，但为新型的基于社会的科学理解奠定基础的人是库恩，尽管细节大多由其他哲学家完善——例如，温奇和维特根斯坦。

库恩的书据说是 20 世纪最畅销的学术著作，但该书在出版后受到了狂风暴雨般的批判。在科学模型中作为具有经验的准逻辑机器工作，批评者们认为库恩表达的是，在“暴民心理”的驱动下，概念与实践发生了整体性的改变，这使得科学“范式”经历了革命。库恩似乎最终被无情的批评说服了，认为自己的范式概念过于简单。在第二个版本中，他将范式描述成两个独立的理念，一个与科学概念有关，另一个与图像化实验及其引发的实验风格有关。至此，他似乎并未将范式当作更深层次的生活形式观念的例证，依据这个观念，我们思考和定

义对象、概念的方式，恰恰是我们行动方式的另一面。在本书第 291 页，我以温奇的疾病细菌理论（1958）为例，对此进行了解释。科学家们做出判断的方式、他们停止争辩之处，以及在本章导言中提及的科学的其他社会层面，都应该被理解为科学家们生活形式不可或缺的一部分。正如我在第 12 章中试图解释的，一个重大的科学变革也是生活形式的改变。

X（293 页）借助计算机使科学自动化

考虑到人工智能（AI）的雄心壮志，将科学视作准逻辑机器的观念，注定会让人们尝试建造能够取代科学家的计算机。诚然，计算机已经取代了科学家的诸多角色，而且它的领域仍在不断扩大。例如，就我的理解而言，科学家们曾经的智力巅峰是计算复杂的函数积分，但如今，此类任务可交由计算机软件“Mathematica”执行。而且，若没有计算机的帮助，LIGO 干涉仪的稳定性连同数据收集和分析就是无法实现的。然而，人工智能的野心是取代科学家的全部创造力。“培根”（BACON）便是著名的案例。据称，在给定数据的情况下，培根计划能够推演出行星运动的开普勒定律——如果数据完美，那么它毫无疑问可以做到（Langley et al., 1987）。问题在于，这种科学观点无创造性（Collins，1991a；1991b；Simon，1991）。没有“数据”，只有数据与噪声的结合体，而科学的艺术就是将两者分离。从噪声中分离数据的难易度，取决于最小化噪声与合理性思考之间的相互影响。在注释 V 中，我们讨论了密立根油滴实验。我们看到，为了建立最小电荷单元理论，密立根并非简单地将原始数据输入计算机，那甚至不是一台足够“聪明”的计算机，如果他真的这么做了，那他可能会得到一个截然不同的结论。相反，密立根用自己的科学判断力主动放弃了一些数据，保留了支持自己假设的数据。科学的艺术，正是做出能够经得起批评的判断。也就是说，科学的艺术能预测更广泛的群体的判断，以及某些判断将如何被大众接受——这本质上是一种社会学智慧。因此，即便计算机正在接管越来越多的科学工作，但在可预见的未来，它仍然不可能完全取代科学家。

Ⅺ（293 页）建立科学知识社会学的研究

虽然我的有关约瑟夫·韦伯争议的研究（1975）可能是同类研究中的第一个，但这项研究以戴维·布卢尔（Bloor，1973）的理论工作为先导。布卢尔使用了与维特根斯坦的观点（1953）相似的出发点来论证科学知识社会学的可能性。而拉里·劳丹（Laudan，1983）等哲学家表达了反对意见，他认为，科学知识社会学唯一的工作就是，阐释为何一些所谓的科学知识未能遵循一种指向真相的正常且合理的过程。也就是说，科学知识社会学唯一的工作是一种有关失败的社会学，因为真正的科学知识是不言自明的。近年来，这种观点鲜少被提及，尽管在哲学中似乎没有什么事物会彻底地消亡。

然而，哲学是一种生活形式，就像任何一种知识的创造过程一样，成功与人们是否将自己的思考和言行付诸于实践存在紧密的联系。例如，约瑟夫·韦伯建造了引力波探测器，终结了关于原理上能否探测到引力波的争论［至少我是这么认为的，也可以参阅丹尼尔·肯尼菲克（2007）的见解］。再如，根据彼得·温奇（1958）的论述，外科医生用力冲洗自己的双手，试图去除细菌，这种行为成功构建了细菌真实存在这一观念。关于争议及终结争议的社会因素的案例研究建立了科学知识社会学。相关内容的合集可以在我的论文（Collins，1981a）中找到，这篇论文收录于《科学社会研究》（*Social Studies of Science*）的一期特刊之中，论文标题为《知识与争议：现代自然科学研究》（*Knowledge and Controversy: Studies in Modern Natural Science*）。这期特刊还收录了以下内容：科林斯（1981b）论述了韦伯的争议终结的方式；哈维·B.（Harvey，1981）研究了量子理论中非局域性的实验验证；皮克林·A.（Pickering，1981）着眼于夸克与亚原子粒子色理论之间的争辩；平奇（1981）研究了太阳中微子探测的争议；特拉维斯·G. D.（Travis，1981）记录了关于蠕虫和老鼠记忆的化学转移的争论。此外，重要的早期案例研究还包括：皮克林（1984）和平奇（1986）扩展了早期论文中对争辩的研究；夏平和谢弗（1987）对罗伯特·胡克和托马斯·霍布斯就胡克的抽气泵发生的冲突进行了历史性研究；麦肯齐·D.（MacKenzie，1990）对洲际弹道导弹精度的要求和测试进行了详细的分析。此类文献很多，我不会假装以上清单是详尽的。

正如前文所述，这种分析解释了更广泛的社会影响是如何渗透到特定的科学知识中去的。所谓的“科学与技术研究”（science and technology studies，简称 STS）越来越关注公共问题，却忽视了对知识本质的分析。从这种意义上来说，本书反映了该学科的形成阶段，而不是它的现代面貌。然而，上文所描述的这些案例似乎已经在科学史上留下了自己的印记（Franklin et al.，2016），知识研究的未来可能取决于历史学家的悟性和技能，以及社会学的问题和方法。其中包括，由同时期研究所支持的科学知识创造的社会结构，以及（或替代了）对成就的探索。虽然历史学家史蒂文·夏平和西蒙·谢弗属于帮助创建科学知识社会学的那一代人，但令人鼓舞的是，社会学悟性也为历史学家的工作提供了帮助，贡献者包括丹尼尔·肯尼菲克（2007）、戴维·凯泽（Kaiser，2009；2011）和艾伦·富兰克林（2013）。

Ⅻ（316页）粒子物理学的历史与多作者署名制

彼得·加里森撰写了粒子物理学的权威历史，《图像和逻辑》（1997）尤为经典，本书已对此进行了讨论（142页）。他还在《集体作者》（*The Collective Author*，2003）中讨论了科研论文的署名制随粒子物理学的发展而发生的变化，解释了引力波论文的作者列表是如何发展成上千人的。加里森在书中引用了许多同时代的科学家的论述，他们当时在商讨，在大型的合作团队中，如何决定谁应该被视为作者，而谁不应该，并讨论了这种制度如何随着时间的推移发生变化。正如他的文章标题所暗示的，加里森试图解决的一个问题关乎科学工作的集体性（2003，351～353页）：

> 团队之所以取代了个人，是因为个人无法（不可能）**洞悉**实验问题的方方面面……
>
> 高能物理学领域中的合作团队与一群具有相同属性的代理人团队全然不同，后者中的一人只要具有代表性，即可成为发言人。实际上，正是合作团队的异质性催生了关于署名的基本的实践悖论。每一个小组的存在都是必要的，因为团队需要各小组的专属职能……
>
> 在一个2 000余人流动协作的团队中，“我们是谁”

> 这个问题的答案必须一直变化，摇摆于期望将科学知识当作个体意识的想法与期望公正地承认任何论证所必需的知识的分布式特征之间。

之于高能物理学，我们的话不具有权威性，但鉴于我们对引力波物理学中的分工的了解，这似乎没有必要表现得那么“神秘”。在一个需要合作的活动中，关于不同人或团队的贡献所起的作用这一点总是存在冲突。例如，在撰写发现论文时，科学家们对太空中事件的总数和事件率计算的重要性产生了分歧（见本书240页）。然而，实际分工与团队中每一个人（或几乎每一个人）对整个项目的共识之间没有冲突。这是因为交互式专业技能及共享的实践语言的存在（参见注记XV）。多作者署名制不仅反映了引力波领域中复杂的分工，而且反映了大家对这项工作各个方面的共识或潜在的共识。事实上，如果没有这种可能性，人们就很难理解整个项目的分工和管理。因此，从原则上来说，虽然1 011位作者均以不同的方式为这个项目做出了贡献，但他们中的每一位都称得上是论文的完整作者。

XIII（325页）波普尔与可证伪性

波普尔的哲学观念一度很受科学家们的欢迎，他们相信这种哲学精准地刻画了他们的工作。如今，波普尔的观念依然具有影响力，尤其是可证伪性的概念。我们（Collins et al., 2017）认为，波普尔准确地描绘了科学家们的工作方式，尽管他的哲学并没有达到他想要的理想效果。我们探讨过，许多关于科学的哲学观点着实准确地描述了科学生活的种种，但这并不意味着它们是对科学的准逻辑阐释。因此，在日常的科学生活中，科学家们除了试图证实自己的发现之外，（就好的科学而言）还要试图阐明自己的发现在何种条件下可被证伪。波普尔认为，证实和证伪就像是绷紧的绳子的两端，但兼顾两者是完全合理的。在这里，我要简短地解释一下波普尔想要说明什么，以及他实现了什么。

在波普尔写作的年代里，人们认为科学哲学的工作是解释科学发现的机理，这体现在了他于 1959 年出版的一本书的标题中——《科学发现的逻辑》（*The Logic of Scientific Discovery*）。当时，所有建立科学发现的逻辑的尝试都饱受"归纳问题"的困扰。其中，最受欢迎的版本是纳尔逊·古德曼（Nelson Goodman）于 1973 年提出的"新归纳之谜"（new riddle of induction）。古德曼发明了一种新的颜色——"绿蓝色"（grue）。简而言之，它的含义是"今天是绿色，明天是蓝色"。我们所拥有的所有可以证明草是绿色的证据，同样能够证明草是"绿蓝色"的。因此，我们做过的所有关于绿草的观察，都应当让我们得出"明天的草是蓝色的"这个结论，就像"明天的草是绿色的"结论一样。老生常谈，但这足以说明一个事实，我们无法从过去预测未来。波普尔曾举了一个知名的例子，不管观察多少只白天鹅，我们都不可能断言"所有的天鹅都是白色的"。（在科学结果可复制的背景下，关于这些问题的讨论，请参阅《改变秩序》。）

波普尔认为，用可证伪性替代可证实性，他成功地解决了归纳问题。虽然对数量有限的白天鹅的观察不能以逻辑方式得出"所有的天鹅都是白色的"这一结论，但他认为，对一只黑天鹅的一次观察能够以逻辑上无懈可击的方式得出"不是所有的天鹅都是白色的"这个结论。因此，一种流行的观点认为，可靠的科学知识是通过可证伪性而非可证实性建立起来的。

埃文斯和我在《民主为何需要科学》一书中提出，整个问题都被误解了，因为科学知识在逻辑上并非无懈可击，我们需要的是最佳解法的合集，而不是某种牢不可破的公式。我们可以从本节导言中看出，为何我们应当相信这是正确的。然而，无论如何，波普尔的逻辑并没有让他收获想要的效果，因为如导言所述，一项包含观察性论述的声明，只能通过接纳由其他假说编织而成的网络建立起来。因此，如果有人看到了一只黑天鹅，那么存在以下可能性：天鹅的羽毛被油漆或煤灰覆盖；天鹅吃了某种东西导致羽毛变色；光线或人的眼睛出了问题。波普尔的核心观点是，可证实性和可证伪性之间存在“非对称性”，前者是不可靠的，而后者是可靠的。然而，“观察到黑天鹅”与“不是所有的天鹅都是白色的”之间存在太多的可能性，这使得非对称性消失了，并且就逻辑角度而言，可证伪性看起来很像可证实性（Lakatos，1970）。

解决方法很简单——别再担心科学发现的“逻辑”，因为它根本就不存在逻辑。相反，我们应着手将构成科学家们所寻求的一套实践方法的诸多观点汇总起来。这套实践方法将同时包含对证实的尝试及对证伪的尝试。我们可以说，如果一项科学发现能够得到证实，它就是有说服力的。此外，如果有人能够列举出这项发现被证伪的情形，那么按照波普尔的观点，它就更为科学。

XIV（325 页）科学的生活形式与形成意图

这个注释紧随前述的关于波普尔及其可证伪性的讨论。在上一个注释中我提到，最好放弃寻找科学发现的逻辑，而是用一种观念取而代之，即科学是由一系列被认为是最佳实践方法的事物定义的。这些实践方法不是按照一个整体逻辑严密地组合起来的，它们把科学家们融合成一个群体，就像社群或“生活形式”一样。生活形式在本书的第 291 页前后及注释Ⅸ、ⅩⅤ中均有讨论。“形成意图”是指，在不同的社会或生活形式中你能够尝试去做的事情（Collins et al., 1998）。如果你是赞德人（中非北部的一个族群），你会试图给一只鸡注射毒药来进行占卜，但你不会试图申请抵押贷款；如果你是一个英国人，你会试图申请抵押贷款，然而，除非情况非比寻常，否则你不会试图使用毒药来进行占卜。也就是说，社会的本质由成员的合理意愿组成——通过成员的“形成意图”。对根本性科学变革的研究，正是对形成意图变化方式的探索。由此，我们可以合理地认为，罗比·沃格特**可能**有意将罗纳德·德雷弗关在办公室外（见上文）——社会学工作已经完成，不论沃格特是否真的故意将德雷弗拒之门外。请注意这种可能性是多么不同寻常，以及这如何揭示了团队中的紧张局势；但也注意，不论他们之间的关系是多么剑拔弩张，都不会有人指责罗纳德·德雷弗是个巫师，因为在我们的生活形式中，这是完全无法想象的情形。《民主为何需要科学》提出的一个论点是，构成科学的形成意图与民主价值观之间存在诸多重叠。①

ⅩⅤ（209 页、350 页、385 页）交互式专业技能

交互式专业技能的概念使语言成为核心焦点。一种论点

① 在科学生活模式的形式下，人们不遵循规则办事的行为对基于科学发现逻辑的理论并不会产生致命的影响。一种合乎逻辑的论述就像一个数学证明，只需一个例外便会失效。[然而，这并非数学的普遍特征，麦肯齐在他的书《机械化证明：计算、风险和信任》（*Mechanizing Proof: Computing, Risk, and Trust*）中绝妙地阐明了这一点。] ——原注

认为，通过花费足够长的时间参与专家团队的口语交流——学习他们的“实践语言”（Collins，2011b）——一个人就可以在不参与实践的情况下了解专家们的实践世界。这种观点与长期以来强调实践对理解具有核心重要性的哲学传统背道而驰。

该论点源于人工智能领域中的一个争论。富有影响力的哲学家休伯特·德雷福斯（Hubert Dreyfus）借鉴了马丁·海德格尔（Martin Heidegger）和莫里斯·梅洛-庞蒂（Maurice Merleau-Ponty）两位哲学家的想法，他在著名的论文（1967）和随后出版的书籍（1972；1992）中提出，计算机绝不可能拥有与人类相似的智慧，除非它能够四处移动，以人类体验世界的方式来体验世界。人工智能的狂热支持者道格·莱纳特（Doug Lenat）认为这一定是错误的，因为不具有正常躯体的（残疾）人也拥有智能。他以马德琳（Madeleine）为例，虽然马德琳一出生就是严重的残疾，但她拥有出色的语言能力，这是从言语交流而非身体互动中习得的（Sacks，2011）。哲学家们（Selinger, 2003；Selinger et al., 2007）对此作出的回应是，马德琳拥有立体的身体，这使她能够进行（言语交流）活动。然而，该回应也认可，虽然我们需要某种发育不全的身体来承载智慧（这个论点似乎值得怀疑，不过让我们暂且接受它），但我们不需要动用太多的肢体来学习我们需要掌握的所有实用的知识；我们可以从对话中学习。

我曾尝试将问题一分为二来寻求解决方案（Collins，1996）。人类社会或其中的专家群体，除非具有身体，否则就不会像人类一样思考与行动。然而，个体可以从社会中学习，且无须分享身体形态。

> 维特根斯坦认为，即使一头狮子能说话，我们也无法理解它。原因是，一头会说话的狮子的世界（它的“生活形式”）与我们的世界不同……狮子的词汇库不包含椅子，因为它的膝盖不能像人类一样弯曲；狮子也不会“写作、参加会议或者发表演讲”……然而，这并不意味着每一个能够识别椅子的实体都必须具备坐在椅子上的能力。这混淆了个人能力与其所处的社群的生活形式。能够识别椅子的实体，只需要与具备“坐”的能力的人共享生活形式。我们不明白狮子对我们说的是什么，这并不是因为它有狮子的身体，而是因为它的大多数朋友和“熟人”有狮子的身体和狮子的兴趣。原则上，如果你能找到一只具备对话潜力的狮子幼崽，将它带到人类社会中，忽略它与众不同的四肢，同它像人类一样谈论椅子，小狮子就能学会人类的语言，也能学会识别椅子。这就是理解马德琳案例的方式——马德琳经历了语言社会化的过程。总而言之，社群成员的身体形态及其所处的环境决定了成员的生活形式。社群成员具有不同的身体形态，拥有不同的阅历，进而发展出了不同的生活形式。但鉴于语言社会化的能力，个体能够通过交流获得新的生活形式，而无须拥有与这种生活形式相对应的身体或者经历。[①]

举个更熟悉的例子，一个人无法学习网球语言，除非其周围有一群会打网球的人。不过，这个人可以只通过与网球运动

---

① 出自我于 1996 年发表的关于休伯特·德雷福斯的书《什么是计算机仍不能做的事》（*What Computers Still Can't Do*）的一篇综述，这篇综述发表于期刊《人工智能》（*Artificial Intelligence*）。——原注

员交谈来了解网球的规则，以及（从原理上讲）所有实践中的细微差别。当然，引力波物理学也是如此。

获得交互式专业技能并不容易（需要很长一段时间），然而，一旦获得，这种能力将远胜于“纸上谈兵”，可能“言出必行”这种形容更为恰当。它与技术项目的管理者拥有的知识存在诸多共同之处（Collins et al.，2007）。如果我们想要了解社群运作方式的特征、它们如何支持技术专家的分工，以及子群体与社会交流的方式，那么交互式专业技能似乎是必要的。在对不同类型的专业技能进行分类的背景下，科林斯和埃文斯（2007）对这个概念进行了有价值的探讨。此外，科林斯和埃文斯于 2015 年撰写了关于该概念的完整综述。

正如文中所解释的那样，正是交互式专业技能这一概念让没有物理学学位的外行人也能参与引力波项目。也正是交互式专业技能这一概念促成了模仿游戏练习，如第 14 章和注释XVI所述。

XVI（350 页、351 页）模仿游戏与图灵测试

如注释XV所述，模仿游戏（imitation game）与交互式专业技能有关。模仿游戏是图灵测试的前身。图灵测试基于一个室内游戏，在游戏中，隐藏的男女在回应法官的书面问题时伪装成对方。图灵认为，如果计算机在假装女人的方面和男人表现得一样好，人们就应该将计算机形容为“智能”机器。重申一下，根据测试的原始描述（Turing，1950），无法区分的对象应该是计算机假装成的女人与男人假装成的女人（反之亦然），而非计算机假装成的人类与人类——目前，所谓的图灵测试就是这样进行的。

我们使用模仿游戏，也就是说，对人类进行图灵测试，来检验人们是否拥有交互式专业技能。

以下为一则经典案例：在实验中，视力正常的人提问，假装视力正常的盲人与视力正常的人回答问题。问题通过相互链接的计算机来传达。与此对照的实验是，假装盲人的正常人与盲人回答问题，而提问者换成盲人。在这两组测试中，假装正常人的盲人比假装盲人的正常人表现得更为出色，因为盲人长期沉浸在视力正常的人的对话环境中，而视力正常的人却鲜少接触盲人的对话环境。因此，盲人有许多机会来获得交互式专业技能。目前，我们已经进行了各种规模和主题的模仿游戏（Collins et al., 2014）。

最初的引力波模仿游戏是通过电子邮件进行的，一位引力波物理学家设置了 7 个问题，我和另一位引力波物理学家一同回答。完整的问答记录被发送给了其他 9 位引力波物理学家，他们需要回答“哪个人是真正的引力波物理学家，而哪个人是哈里·科林斯”。其中，7 位表示自己无法分辨，还有 2 位认为我（科林斯）是真正的引力波物理学家。相关论述已被撰写成新闻发表在了《自然》杂志上（Giles，2006）。然而，有一点至关重要，与《自然》那篇文章所暗示的内容相反，这项测试并非恶作剧，它展现了交互式专业技能所表现出的真正的理解。在第 14 章中，我描述了一个更详细的模仿游戏，该测试更适用于我这种交互式专业技能稍微退化的人。毫无疑问，交互式专业技能和隐性知识的概念紧密相关——参见注释 Ⅷ 和 XV 。更多关于隐性知识的分析请见我的文章（Collins，2010）。

XVII（267 页、268 页、358 页）领域识别力、专家的专业技能和边缘科学

如前文所述（251 页、252 页），社会学家必须避免缩短融入科学信仰的社会因素的调查过程。这意味着，真理、合理性等类似的观念，不允许被当作人们为何相信某种事物的理由。于是，对社会学家而言，辨别主流科学与我们所谓的“边缘科学”变得十分困难。边缘科学是一个庞大的有组织的领域，拥有自己的期刊和年度会议（Collins et al., 2016）。众多边缘科学家排斥相对论，一些人声称该理论是一个巨大的阴谋，甚至由于爱因斯坦支持以色列，他们便认为相对论是犹太人的阴谋！不论情况如何，排斥相对论意味着拒绝引力波事件。关于这种拒绝，第 11 章展示了一些例子。

社会学家把自我否定当作“法令”，在这种情况下，分析家像“寄生虫”一样顺从科学家的意见——“科学家们认为相对论是正确的，因此不相信它的人就是荒谬的。”这使得将科学分为主流科学和边缘科学的做法变成了一个更有趣的问题。相反，人们必须设法找到社会学界定标准，这是一项艰巨得多的任务。此外，它是一项重要的任务，但并非之于科学知识的未来（数十年后，能够被称作真相的事物将显现），而是之于决策者必须做出的决定。例如，约瑟夫·韦伯在 1992 年写信给国会代表，告诉他，自己关于共振棒灵敏度的新理论表明，昂贵得多的干涉仪是在浪费钱（请参阅《引力之影》, 361 页）。这对主流社群不会产生任何影响，但外行决策者如何判断这个观点呢？唯一的答案似乎是，在民主国家中，决策者必须根据主流科学机构的意见做出决定，这就是为何界定标准比

科学家的观点更为必要。奇怪的是，arXiv 存在类似的问题，该平台收到了很多来自边缘科学的论文，纯粹的后勤操作需要自动化处理。通过与 arXiv 的创始者保罗·金斯巴格（Paul Ginsparg）的合作，我们得出，arXiv 目前使用的自动化方法尽管代表了最新的技术水平，仍然无法从韦伯和拉达克 1996 年的文章这类文字内容中辨识出不同寻常之处（Collins et al., 2016）。在这些情况下，我们需要的是所谓的“特定领域识别力”，即“领域识别力”（Collins et al.，2011，407 页）。

此前，我们建立了一系列边缘科学的特征（Collins et al., 2016）。结合托马斯·库恩（1959；1977）所称的“必要的张力”（essential tension）来说，暗示性是边缘科学与主流科学之间的区别。一方面，科学有必要保护个人提出新颖理论的权利，将学者置身于公认的理论之外；另一方面，科学如果要向前发展，则有必要接受一定程度的科学思维与行为的监管。科学总是在平衡这两种需求。我们发现，在边缘科学领域中，这种平衡明显偏向个人的一边，公认的理论被认为是愚笨的或可疑的独裁主义。平衡的这种转移甚至可以在边缘科学的会议上看到，每位与会者钟爱的理论都被给予了表达的空间，但结果表明，他们的语言普遍缺乏组织性。毋庸置疑，在本书中（第 11 章），由于主流社群普遍缺少批评，我们发现自己正在借鉴边缘科学的做法，对引力波的首次探测提出批评。在拒绝接受社会共识的过程中，正是边缘科学让我们看到，对事件的接受程度是社会共识问题。

附录 1

做出首次发现的流程

步骤 0：为新发现做好准备

为了使整个流程平稳且迅速地进行，重要的是，在观测运行阶段开始之前，必须让必要程序就位并得到落实。程序及相关责任方包括：

- 对自动化数据处理程序进行彻底审查，至少对主要的搜寻类型进行审查。此项工作将由搜索组审查委员会负责。
- 建立探测清单，目的是验证数据分析结果和仪器状态的完整性。探测清单将由搜索组和探测器特性表征组制定，并由 DC [探测委员会] 进行审查。
- 建立程序，确保在可能的事件发生时，天文台的状态和正在进行的活动能够被快速归档和记录下来，以响应可能的（瞬态的）探测事件。LIGO 天文台负责人和

Virgo 发言人各指定一人，两者共同负责制定和实施这些程序。

- 制定一项关于科学声明所需的统计显著性水平的制度。该制度由 DAC［数据分析委员会］和 DC 共同提出，并由合作组织批准。
- 建立程序，汇总并处理候选体的所有电磁跟踪观测结果，以评估事件的统计显著性。这部分程序由 EM 讨论会提出，并由合作组织批准。
- 为主要预期的首个探测源类型编写论文大纲。论文大纲应当由搜索组准备，并由搜索组审查委员会、DC 和编辑委员会共同审查。其间，应审核探测声明中可能出现的关键问题是否已在大纲中提及，并确保必要的专业知识在步骤 1 开始之前已经就位。合作组织应就发现论文的目标期刊达成共识。
- 与媒体和公众交流关于两个团队做出的发现的内容，如有必要，审查和修订相关的程序。这部分程序由 LSC 发言人、LIGO 执行董事、GEO 数据分析协调员与 Virgo 发言人共同负责。
- 根据多自动化数据处理程序制度（提供参考）的要求，利用第二条独立的自动化数据处理程序建立探测声明的交叉检查标准。DAC 与 DC 将共同审查搜索组在其搜索计划中描述的交叉检查程序。

在观测运行阶段开始前的几周内，DC 主席将会要求上述每个责任方汇报相关准备工作的进度，并将每项准备工作的状态汇报给合作组织。

步骤 1：可能的新发现所需的初始步骤

一旦某个搜索组观测到新发现的迹象，群组的联合主席就会通知 LSC 和 Virgo 数据分析协调员、DC 主席、天文台负责人、探测器特性表征组和仪器组负责人、LSC 发言人、LIGO 执行董事，以及 Virgo 发言人。

搜索组继续工作，建立整个案例，用其遵循的协议和探测清单与审查委员会进行互动。搜索组的联合主席将会提醒所有参与项目的科学家严格保守秘密。

在该阶段中：

- 搜索组和审查委员会对分析的正确性进行深入的**技术**检查。
- 在 DAC 的监督下，该搜索组与其他的搜索小组进行交叉 / 一致性检查。
- 搜索组定义是否存在案例，以及对探测来说案例的性质是什么。
- 在事件（假定为瞬态事件）发生时，天文台负责人启动捕捉天文台完整状态和活动的程序。
- 探测器特性表征组和仪器科学家们收集并提供可能的探测事件出现时仪器状态和数据质量的完整信息。
- 搜索组和探测器特性表征组以技术报告形式记录案例，并为事件建立一个网站，及时维护。
- EM 追踪观测组将寻找针对 LIGO-Virgo 发出的警报而进行的任何后续观测结果。
- DC 收到该案例的通知。DC 开始审查探测器特性表征组与仪器科学家们记录的干涉仪状态和评估的数据质量。

步骤 2：巩固案例

基于步骤 1 的结果，LIGO/Virgo 领导层决定是否推进案例。如果他们的评估结果是肯定的，那么：

- 审查委员会将完成对搜索及相应结果的审查。
- DC 将完成对数据质量和仪器状态的审查。
- 发言人将委派一个团队的两名联合主席协调探测案例的准备工作，以及探测论文的撰写工作。其中一名联合主席将担任相关搜索组的主席，另一名联合主席将担任仪器工作的负责人。两位联合主席将与发言人合作，邀请相关领域适宜的专家做出贡献，工作内容包括数据质量分析、统计显著性估计、参数估计，以及 EM 追踪观测（在适当的情况下）。发言人还应该采取措施，以确保论文具有最高水平的明晰度与风格。论文的草稿将被分享给合作组织中所有对事件感兴趣的成员，然后邀请他们发表评论并提出改进意见。
- LSC 发言人和 Virgo 发言人将可能为探测发现的事件告知合作组织，告知方式包括：

  L-V 发言人给合作组织发送电子邮件；

  召开电话会议，会议面向 LSC 和 Virgo 的所有成员开放，展示并讨论该事件的初始信息；

  及时更新网站上的信息，包括最新版本的探测论文。
- 外联委员会（outreach committee）收到通知，负责准备与公众交流的关于该发现的材料。

步骤 3：为最终决策做准备

若步骤 2 的结果可用，LSC/Virgo 领导层将召开会议，与会人员包括相关搜索组的主席、DAC 主席、探测器特性表征组 / 仪器组的主席 / 代表、论文协调组主席和 DC 主席。与会人员将根据当时的理解讨论该案例，然后决定是否推进，以及是否将该案例汇报给 DC 和合作组织。

此时，论文协调组必须提供论文草稿，草稿要描述该发现并提供支持探测真实性的详细材料。

LSC/Virgo 领导层将正式命令 DC 审查这项声明。DC 扮演了独立调查员的角色，与分析人员相比，DC 能够提出更广泛、更迥异的问题，以不同于前一阶段的全新眼光 / 洞察力审查该案例。本质上，DC 扮演着“魔鬼代言人”的角色，为更广泛的合作组织提供了形成自己观点的机会。该阶段可能存在**几分**对抗性，但这种对抗性必定会在搜索组、探测器特性表征组和仪器组之间产生多样又紧密的相互作用。

在该阶段中，搜索组及其审查小组、探测器特性表征组与仪器组、DAC、论文协调组，以及 DC **可能**展开以下行动：

- 对探测案例和探测论文草稿进行更深入和 / 或更全面的审查。
- 考虑使用比之前步骤所允许的完成时间更长的分析过程（例如，参数估计）的必要性。
- 使用不同参数进行补充分析，以评估数据分析的稳健性。
- 审核探测器硬件和 / 或软件状态，以测试配置是否已知。
- 重复探测器校准的测量和硬件注入的响应。

- 调研文献以评估关于这种类型的源的天体物理学预言。
- 如有必要，采取其他更深入的检查和行动。

我们将欢迎并考虑合作组织就探测声明和论文的任何方面提出的意见。

步骤 4：做出决策

一旦 DC 充分完成了评估，候选体的评估结果就会被传达给合作组织的管理层和整个合作组织。此处，DC 会向发言人提供对提议的发现的评估结果。发言人将向合作组织分发 DC 执行报告的总结及论文的最终版本。发言人将提醒合作组织，在这一过程中，保密性至关重要。

合作组织应在阅读和评估论文后尽早召开 L-V 合作组织会议，可以是面对面会议，也可以是电话会议。开会期间，搜索组将对该候选体进行总结，DC 也将向合作组织提出建议。在此之后，LSC 和 Virgo 合作组织的成员将对这个案例展开讨论。在讨论结束时，合作组织的成员将正式考虑**是否提交探测论文以供发表**。LSC 和 Virgo 合作组织在提交论文方面达成的强烈共识对论文的进展是必要的。如有必要，可能会举行投票，但做出声明这一决策，需要投票结果是压倒性的认同。

如果合作组织的决定是认同，那么将执行盲注检查。若此类事件中曾出现盲注信号，发言人 / 负责人将会打开“信封”。若盲注未曾出现，将交叉检查硬件注入通道，排除未记录的或蓄意的注入信号，从而确保事件真实有效。

如果事件得到证实，那么论文将被提交，发现声明也将被公布。

附录 2

关于作者名单的规定

10 月 20 日，00: 01

合作组织正迅速向关于 GW150914 的论文迈进。这篇论文需要一个精心编排的作者名单，本次消息正是关于该名单的。我们可能会撰写两篇论文，此处的程序适用于其中一篇或是起协同作用的两篇。其他的相关论文都应该使用常规的程序来编排作者名单。

LIGO-M060334 描述了 P&P 委员会将作者名单添加到一篇论文之中的过程。（参见下文［1］。）这篇论文的作者名单将是“2015 年 8 月 LSC 和 2015 年 8 月 Virgo 作者名单”（M1500255，网址：https://dcc.ligo.org/LIGO-M1500255），并添加如下内容。

EMC［会员选举与资格审查委员会（Elections and Membership Committee）］的任务是根据 LSC 的出版规定（T010168），每年编排 LSC 与 LVC 作者名单两次。［2］该文件还描述了为任意一篇论文添加作者的程序。

[3][4]在会员选举与资格审查委员会、出版与报告委员会（Publications and Presentations Committee）和发言人讨论之后，我们将采用以下程序。所有关于添加 LSC 作者的请求都应发送至 LSC 执行委员会（lscexcomm@ligo.org）。请求可以来自分析团队或者任何 LSC 小组的 PI（项目负责人）。要求添加的作者既可以是为探测论文中的成果做出显著贡献的 LSC 现有成员，也可以是为使 LIGO 探测器达到目前的状态做出了重要贡献的前成员。请详细说明提名成员所做的贡献。

所有的请求必须在 11 月 15 日星期日之前提交，我们将在 11 月 30 日之前做出决定。EMC 将在 12 月 7 日前为这篇论文制定一份特殊的作者名单（在 DCC 中）。

---

[1] 相关的表述为："作者名单的组成遵循 LSC 的出版规定（T010168，最新修订版）。……LSC 规定，准确的作者名单为 P&P 委员会首次将论文分发给合作组织时采用的名单。"

[2]"8 月（2015 年）的名单将包含 12 月 15 日（2014 年）前加入 LSC 的现有成员，以及在该日期之后为 LIGO 投入的研究精力超过 50% 的现有成员。名单还将包括获得了作者身份，但在 8 月 15 日（2014 年）之后离开了 LSC（或是投入的研究精力少于 50%）的前成员。"

[3] 对于这篇论文，最相关的段落是"为这篇特别的观测论文做出卓越贡献的个人，即使不在 LSC 的作者名单之列，也可被我们添加到论文的作者名单里。如需添加一位作者，那么分析团队需要在将论文呈交给 LSC 执行委员会进行最终审

批时，以其名字申请作者身份。须获得 LSC 执行委员会的许可。”

［4］第二段说道：“任何与作者身份有关的特殊安排或者冲突，都应当先示意相关群组中的作者联系人（通常是 PI），然后由他们将问题转达给 EMC。EMC 将向 LSC 发言人提出建议，而后 LSC 发言人将做出最终决定，并酌情与其他人协商。在 LIGO 的出版物中，任何有关作者身份的冲突，都将由发言人、LSC 执行委员会和实验室理事会（Laboratory Directorate）共同协商解决。”

戴维·坦纳

附录 3

发现论文首稿

Direct Observation of Gravitational Waves from a Binary Black Hole Merger

The LIGO Scientific Collaboration
LSC

The Virgo Collaboration
Virgo

On September 14, 2015 at 09:50:45 GMT, the two interferometers of the Laser Interferometer Gravitational-wave Observatory (LIGO) observed a strong gravitational wave signal matching the waveform expected from the coalescence of a binary black hole system. The Advanced LIGO interferometers at both the Hanford and Livingston observatories detected the signal with a time difference of 6.9 msec. It was observed chirping upwards in frequency from 30 Hz to 250 Hz with a peak gravitational wave strain of 1×10^{-21}. The signal is easily visible in whitened data, and is recovered by matched-filtering with a signal to noise ratio of 23.5 for the combined detections. Compared with backgrounds estimated empirically from the data, the false alarm rate is below 1 event per 11000 years, equivalent to a Poisson significance of 5 σ. The two interferometers were operating well, and an exhaustive investigation revealed no known or suspected instrumental cause for the signal. The signal shows no significant deviation from the best-fit waveform computed within general relativity using post-Newtonian methods for the inspiral, numerical relativity for the merger, and perturbation theory for the ringdown of the final black hole. The best-fit parameters of the binary black hole system are: chirp mass, 30.6 ± 1.4; the individual black hole masses, 42.1 ± 2.7 and 29.6 ± 3.1 (all in solar masses). The distance is estimated to be 500 ± 100 Mpc, uncertain mainly because the sky location is not well defined with only a two-detector observation. This is the first direct detection of gravitational waves and the first direct observation of the dynamics of black holes.

PACS numbers: 04.80.Nn, 04.25.dg, 95.85.Sz, 97.80.-d

This early draft results from the collection of inputs received from the various working groups based on the request in the proposed outline. The paper coordinating team did not have the chance to edit this raw material yet. This will be done in the coming days.

INTRODUCTION

One year after the final formulation of the field equations for General Relativity in 1915, Albert Einstein predicted the existence of gravitational waves. He found that the linearized weak field equations had wave solutions, showing them to be transverse waves of spatial strain that travel at the speed of light, generated by time variations of the mass quadrupole moment of the source. Also in 1916, Karl Schwarzschild published a solution for the field equations that describes a black hole. At that time Einstein understood that gravitational wave strains would be remarkably small, and expected that they would have no practical importance for physics. With the technology available in 1916 to explore the universe as then understood, this was a sound judgment.

The steady advances of astrophysics, especially the discovery of compact objects such as neutron stars and black holes, and the remarkable advances in the technology of measurement have changed the prospects. The observations by Hulse and Taylor of the energy loss to gravitational radiation by the binary pulsar system PSR 1913+16 provided the first observational demonstration of the existence of gravitational waves.

The direct detection of gravitational waves has been a long held aim, it allows new tests of general relativity, especially in the strong field regime, at the source and opens up a completely new way of exploring the universe by listening to the gravitational waves emitted by relativistic systems, many of which are electromagnetically dark. The idea of applying modern experimental methods to the direct search for gravitational waves of astrophysical origin began with Weber and his resonant mass detectors in the 1960s. In the 1970s and 1980s long-baseline broadband laser interferometric detectors were proposed with the potential for significantly better sensitivity. These latter techniques have resulted in a developing worldwide network of detectors: LIGO, consisting of two 4 km long instruments separated by 3000 km in the United States, GEO600, a 600 meter interferometer near Hannover, Germany, and VIRGO, a 3km long system in Cascina, Italy. These instruments reached an initial plateau of performance by 2005; through 2010 they carried out observations for a wide variety of signals but with no detections.

As a result of the Advanced LIGO project, the LIGO interferometers' sensitivities have been substantially increased. The interferometers are now able to make strain measurements at frequencies ranging from 10's of Hz to a few kHz at levels of strain $h \sim 10^{-22}$ and smaller, just at the levels needed to intercept the gravitational waves from compact sources, with their short dynamical times and relativistic velocities5

On September 14, 2015 at 09:50:45 GMT, the two LIGO Hanford and Livingston gravitational wave interferometers detected remarkably strong signals 6.9 msec apart. The initial detection was made with a search for coincident excitations above noise in both detectors. It was observed chirping upwards in frequency from 30 Hz to 250 Hz with a peak gravitational wave strain of 1×10^{-21}. The signal is easily visible in whitened data. The waveforms match well the signal expected from a binary black hole system with best-fit component masses of 42.1 ± 2.7 and 29.6 ± 3.1 and a chirp mass of 30.6 ± 1.4 (all in solar masses). The combined matched-filter amplitude signal to noise ratio is 23.5. With just two detectors, the sky position is not well determined, and because of this the distance estimate of 500 ± 100 Mpc has large uncertainty. After estimating the coincidence background empirically, we have concluded that an event this strong with such a good match would be expected to be caused by instrumental effects less often than once every 11,000 years. Moreover, a rigorous examination of the auxiliary data of both interferometers shows no evidence of a possible instrumental cause for the signal. The best-fit filter is a waveform built from general-relativistic computations of the inspiral, merger, and ringdown phases of the system, and the residual when this waveform is subtracted from the unfiltered time-domain data is consistent with instrumental noise. Now 100 years after the fundamental predictions of Einstein and Schwarzschild, we report the first direct detection of gravitational waves, as well as the first direct observation of an astrophysical black hole through the gravitational waves it emitted as it was being formed.

At the time of the reported event only the LIGO detectors and GEO600 were operating. GEO600 is not designed to have adequate sensitivity at the low frequencies required to detect this event. VIRGO was still being upgraded as part of the Advanced VIRGO project to be completed in 2016.

THE DETECTORS

Gravitational wave observatories were first envisioned in the early 1970 [1]. They became a reality towards the end of the millennium, when the initial LIGO [2] and VIRGO [3] observatories went online. The VIRGO observatory is located in Pisa, Italy, whereas the two LIGO observatories are located in the United States near Livingston, LA and Hanford, WA, respectively. Since then, these observatories went through a major upgrade to install Advanced LIGO [4] and Advanced VIRGO [5]. For the first observational run in the advanced detector era both LIGO observatories were operational and participated in the run.

Even in this early stage, the sensitivity of the Advanced LIGO detectors is significantly better than during the initial era. During the first observational run the horizon distance for binary neutron star inspirals was approximately 150 Mpc, or approximately four times the distance compared to initial LIGO. For binary black systems with individual masses of $30M_{\odot}$ the improvement was a factor of five to six—being visible to a distance as far as 2.5 Gpc ($z \approx 0.4$). Since the rate scales with the cube of the distance, a week at current sensitivity surpasses all previous runs combined.

The first observational period lasted from August 17, 2015 to Jan 12, 2016, with the first 4 weeks designated as an engineering run. The first week of the engineering run was used to tune the instrument, the second week was used for an extensive calibration, and weeks two and three were used to shake down the online analysis code and the hardware injections. The event GW150914 was observed during the forth week. But, it is important to recognize that the instrument was in its final configuration and running at nominal sensitivity. As a matter of fact, no changes to the detector configuration were allowed for the following 22 days to make sure that we understood the rate of background events with sufficient statistics.

Figure 1 shows a simplified layout of the experimental setup. The Advanced LIGO detector comprises of a 4 km long Michelson laser interferometer. Optical resonators are deployed in the arms to enhance its sensitivity by about a factor of 300 [6]. The antisymmetric port of the Michelson interferometer is held near a dark fringe, so that the majority of the power reflected from the arm cavities is sent back in the direction of the laser. Power recycling uses a partially transmissive mirror in the input laser path to form a third optical resonator enhancing the power incident on the beam splitter by a factor of 35–40 [7]. Ideally, the transmission of the power recycling mirror is adjusted to the losses of the interferometer, so that no light returns to the laser. Such an arrangement optimizes the optical power in the arm cavities, and hence the sensitivity to differential length changes induced by gravitational waves. During the first observational run the light stored in the arm cavities reached 100 kW. A forth optical resonator with a partially transmissive mirror at the antisymmetric port is used to optimize the extraction of the gravitational wave signal [8].

The light source is a pre-stabilized laser followed by a high power amplifier stage [9]. The maximum available power is around 200 W, but only about 20–25 W were used during this run. An electro-optics modulator is used to impose RF modulation sidebands onto the laser light. These RF modulation sidebands are used to sense the auxiliary degrees-of-freedom of the interferometer utilizing the Pound-Drever-Hall reflection locking technique [10]. A triangular optical resonator of 16 m length is placed between the laser source and the

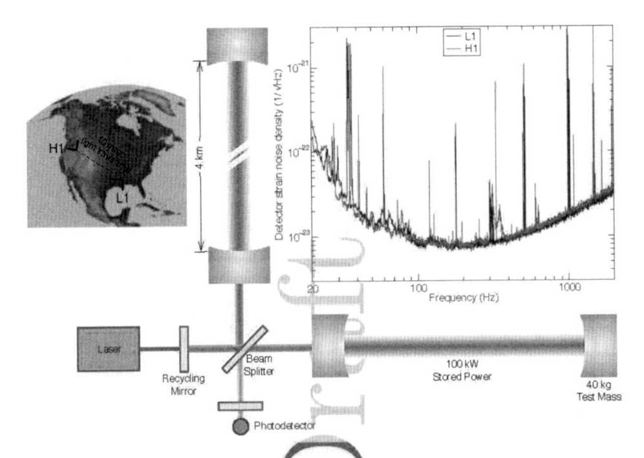

FIG. 1. Simplified setup and sensitivity of the Advanced LIGO detector. H1 and L1 are used to represent the LIGO detectors at Hanford, WA and Livingston, LA, respectively.

Michelson interferometer to clean up higher-order transverse optical modes and to further stabilize the laser frequency [11].

The LIGO test masses are high quality fused silica mirrors of 34 cm diameter and 20 cm thickness. These 40 kg optics are suspended by multi stage pendula to isolate them from ground vibrations [12]. The suspensions themselves are mounted on active seismic isolation platforms to reduce the absolute motion and provide further isolation [13, 14]. Both systems reside inside an ultra-high vacuum system to prevent acoustic couplings and to keep the Rayleigh scattering from the residual gas at a minimum. The seismic isolation system provides 3–4 orders of magnitude suppression of ground motion above 10 Hz. The suspension system provides another 6–7 orders to eliminate ground motion from affecting the test masses in the sensitivity band. A thermal compensation system consisting of ring heaters and CO_2 lasers is used to apply selective heat to the test masses [15]. This allows to simultaneously correct for intrinsic curvature mismatch, to compensate for thermal lensing by the main laser beam, and to mitigate parametric instabilities [16].

The optical resonators are locked on resonance with a servo controls system [17]. Servo controls are also required by the laser source to stabilize both intensity and frequency, by the the seismic isolation systems to lock the platform to an inertial frame, by the suspension system for local damping and external actuation, and by the auto-alignment system to control angular drifts [18]. Most of these servos are implemented in digital. The sensor signals are digitized at 64 kHz, then digitally filtered to compute the controls signal, before converted back into analog. The digital controls computers also serve as the front-end of the data acquisition system which continuously writes ~ 6 MB/s of time series data to disk. A state based automation controller provides hands-free operations during running.

The gravitational wave signal is extracted at the antisymmetric port using an output mode cleaner and DC offset locking [19]. The output mode cleaner is a small fixed spacer optical resonator used to reject unwanted light from the Michelson contrast defect and from the RF modulation sidebands. A gravitational wave will slightly offset the phase of the light in each arm and produce a differential signal which will be seen as a change of the average light level by the main photodetectors.

The strain sensitivity is shown in the inset of Figure 1. The sensitivity is limited by shot noise at higher frequencies and residual ground motion at lower frequencies [20]. Several line features are visible in the spectrum which are well understood, such as 60 Hz harmonics, the roll and bounce modes of the suspended test masses, the violin modes of the suspension fibers and their harmonics, some acoustic resonances of optics mounts, and the calibration lines. These lines do not significantly degrade the sensitivity to detect the merger of inspiral binary systems.

The interferometers are calibrated using the photon recoil of separate calibration laser beams that are directed onto the end test masses. These laser beams can be ampltiude modulated to create a known time varying force on the test mass, which translates to a precise knowledge of the arm length variation using the mass's inertia.

The calibration beam power is measured using integrating sphere detectors that are regularly calibrated against absolute references at NIST, to sub-percent levels of precision and accuracy.

When the interferometers are in observation mode, their calibration is continuously monitored with the photon calibrator beams by applying sine wave modulations to them at select frequencies. These calibration lines are visible in the noise spectra shown in Fig. [?]. The calibrator beams can also be used to inject forces that mimic the waveforms of specific gravitational wave sources. Outside of observation mode, a swept-frequency modulation of the calibrators is periodically performed to verify the interferometer calibration across a large fraction of the detector frequency band.

The calibration procedure also accounts for the action of the servo controls that hold the arm cavities on resonance. This is done using a detailed model of the servo loop, which is verified with a collection of tranfser function measurements that characterize all components of the loop. With this system model and the absolute calibration provided by the photon calibrator, the output data stream can be accurately calibrated across the full detection frequency band. The 1σ statistical calibration uncertainty is less then 10% in amplitude and 10 degrees in phase over the band of 10-2000 Hz. To check for systematic errors in the absolute calibration, we have compared the photon calibrator to two alternative displacement references; one of these is based on the laser wavelength and the other is derived from a known modulation of the laser frequency [? ?].

At each observatory, timing signals are synchronized to Global Positioning System time to better than 1 microsecond; the timing signals are distributed to all data acquisition computers via optical fiber [?]. The overall timing uncertainty at each interferometer is less than 10 microseconds.

OBSERVATIONAL RESULTS

In this Letter, we report the first direct observation of gravitational waves, detected at 2015-09-14 09:50:45 UTC in coincidence by the two Advanced LIGO detectors at the Livingston (LLO) and Hanford (LHO) observatories. Our observation period began on 12 September, 2015 00:00 UTC and concluded on 20 October, 2015 13:32 UTC. We analyzed all times when both LIGO detectors were operating, for a total of 16 days of coincident data. This time period represents data from the first observing run (O1) of Advanced LIGO, in addition to some time of high quality data before the nominal O1 start time. During our observation time we were sensitive to binary black hole mergers with total mass between 50–100 $M_{\odot}$ at a distance of $\gtrsim 400$ Mpc.

GW150914 was first discovered on September 14, 2015 09:53:51 UTC by a real-time search for unmodeled gravitational-wave transients, approximately three minutes after data was collected. The discovery was promptly confirmed by a second burst search, also operating in low latency [?]. The signal waveforms and the estimated chirp mass of 27.6 $M_{\odot}$ calculated by the unmodeled search suggested that the signal was from a compact object merger with at least one component large enough to be a black hole. The observatories were notified to freeze the state of the instruments and start the data validation process.

At the time, modeled searches for compact binary coalescence were also running in real-time. LIGO-Virgo collaborations perform a low-latency search for modeled compact binary signals aiming to send alerts to astronomical observers [21, 22]. At the time of the event, two low-latency pipelines were targeting binary systems with maximum total mass of 15 $M_{\odot}$, significantly smaller than the estimated total mass of the Event. Due to this limitation, neither pipeline detected it. On September 15, 2015 14:28:03 UTC, GW150914 was first circulated to observing partners for electromagnetic follow-up observations.

Subsequent searches of archived data around the time of the event confirmed the detection of a high amplitude signal. Two independent templated analyses searching for GW from compact binary mergers each recovered an event with a false alarm probability of $< 1.6 \times 10^{-6}$, corresponding to 4.5σ significance (see Section X.X). Offline searches for unmodeled GW transients found the signal to have a false alarm rate of less than 1 in 28,000 years, or a false alarm probability of $< 1.5 \times 10^{-6}$.

The observed signal agrees extremely well with the theoretical predictions gravitational waves radiated in the final moments of a black-hole binary merger [] forming a more massive black hole. No detectable residual remains after subtracting the best-matching GR template from the detector data. The waveforms, amplitudes, and arrival times in the two LIGO detectors are consistent with having arrived from a single astrophysical source (See Figure 2). Estimates for the parameters of the binary merger are shown in Table I, and suggest a final black hole with a total mass of $\sim 85 M_{\odot}$.

m_1	m_2	s_1	s_2	$\mathcal{M}$	ρ_H	ρ_L
$48M_{\odot}$	$37M_{\odot}$	0.96	−0.90	$36M_{\odot}$	20	13

TABLE I. Inferred parameters of GW150914. FILL IN WITH FULL PE RESULTS, GIVE RANGES AS WELL AS MAX LIKE VALUES

INSTRUMENTAL AND ENVIRONMENTAL VALIDATION

In evaluating the detection candidate, investigations were made into mechanisms that could generate spuri-

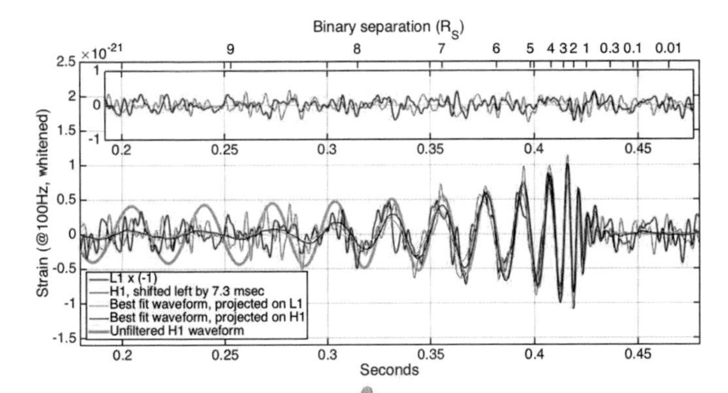

FIG. 2. Josh's updated caption, should get Stefan to upda... Observed signals (after bandpass filtering) compared with the best fit theoretical models obtained from General Relativity. Time series of the detector data are filtered with a zero-phase and a-causal band-pass filter with nearly flat magnitude response in the band from 20 to 400Hz and notches for strong lines. The time axis is Livingston arrival time, offset from September 14, 2015, 09:50:45 UTC. Hanford is shifted early by 7.3 milliseconds. The best-fit template and versions processed with the same filter and projected on to the Livingston and the Hanford detectors are also plotted. Inset: Template-subtracted time series, filtered and processed the same way. No residual signal is visible above thedetector noise. LHO in red, LLO in green. Further simplification of this figure: remove unfiltered template?

ous signatures in the interferometers. Instrumental artifacts, excitations produced in the surrounding environment, and the subsystem that injects digital excitations into the detectors were considered. We also validated site timing system performance and the integrity of the data acquisition file system.

The detectors have a baseline of stationary Gaussian noise dominated by seismic and photon shot noise. In both detectors the band between about 20 Hz and 120 Hz shows a stationary noise floor slightly exceeding the predicted noise. Typical output data also contain short transient noise events (glitches) with a higher amplitude than would be expected from Gaussian processes alone [23]. These transients arise from a number of mechanisms and thus have various morphologies. Many have well-understood causes, e.g. loud bursts from overflows of actuator control signals, 50 and 60 Hz glitches caused by motors switching on, or fluctuations in the radio frequency modulation used for control of auxiliary degrees of freedom. These transients can be identified by instrumental monitoring channels. In addition, L1 experienced transients resulting from the beat of two radio frequency signals sweeping through the measurement band. These features however can be predicted using the readback of the laser frequency control and are also witnessed more strongly by auxiliary channels than by the gravitational-wave channel, so this mechanism can be ruled out. In addition to these, both detectors experienced short transients of unknown origin consisting of a few cycles around 100Hz. While these are in the same frequency band as the candidate event, they have a very characteristic time-symmetric waveform with no clear frequency evolution. The search included an algorithmic test to reject most transients with that morphology, and any that survive are accounted for in the background estimate.

To assist in validating a candidate signal the sites are equipped with Physical Environment Monitoring (PEM) sensors: seismometers, accelerometers, microphones, magnetometers, radio receivers, and a cosmic ray detector (pem.ligo.org). Injections of magnetic, radio frequency, acoustic, and vibration signals, as well as correlation studies, indicate that the SNR is higher in these sensor channels than in the GW channel for events produced by environmental signals. These injections are used to quantify the coupling between the environment and the GW channel [24, 25]. The PEM sensors did not record anything that could account for the event. We also checked that environmental signal levels at our observatories, and at external electromagnetic weather observatories and cosmic ray detectors were typical of normal times.

This paragraph needs updating for aLIGO hardware, or should be struck: The hardware and software operating the two LIGO interferometers are nearly identical and their timing is synchronized to Global Positioning System time. This precise timing has resulted in low-amplitude combs of spectral lines (e.g. 1 and 16 Hz) that are coherent between the two sites, produced by slight cyclical corruption of the data [?]. We do not see synchronized transient data corruption events because we do not normally synchronize processes between the Hanford and Livingston sites.

As a means of validating the LIGO instrument response and calibration, actuators on the interferometer test-masses are used to apply small forces which simulate the effect of a gravitational wave. These end-to-end tests, referred to as "hardware injections", require that the digital control systems be capable of emulating gravitational waves from astrophysical sources. As such it is important to verify that the observed signal was not produced by the digital system.

After the observation of the candidate event, hardware injections of binary-black hole waveforms were performed. Digital signals were coherently added to the control stream of the two interferometers, and recovered by analysis codes, within the known calibration error (xx-yy%).

A record of all injected signals is kept, and no injection was recorded at the time of GW150914. To further rule out this possibility, the signal which entered the digital system (labeled XXX in figure YYY) was used as input to a standalone model of the interferometer response. This model contained only the known filters, gains and responses of the real detector. At all points along the signal path they were found to match (in particular at the output, labeled ZZZ in figure YYY) thereby excluding the possibility of a hardware injection.

The Advanced LIGO Timing System [26] has a hardware defined timing accuracy and overall clock synchronization precision of better than one microsecond. At each LIGO site the synchronization reference is derived from GPS satellites that ultimately ensure both relative and absolute synchronization over the entire detector and between the sites.

The timing system has self-diagnostic information implemented in hardware. Additional GPS synchronized timing witness channels are also recorded along with the aLIGO datastream, and independent atomic clock timing signals provide an additional redundant check [?]. Analysis of available timing diagnostic data indicated that the timing performance of the aLIGO detectors around GW150914, was according to specifications.

We are uncertain if this paragraph is warranted: An audit was performed of all of the control and data systems on each interferometer [?]. This audit included verification of the real-time software running on control computers; a dump of the running kernel object build information, provided by the running software itself; trace and verification of all build information back to the source code; a visual check of all user provided source code used in real-time code objects, and a recompilation of all code against traced sources in order to verify that the newly compiled code matched the running software. In addition, CRC checksum tests were performed on all frame data files. Once generated these frame files are rapidly distributed both to on-site and remote systems. No problems were found with any of the audited systems, software or data. Each system was also checked for evidence of remote login activity at the time of the event and nothing unusual was found.

DATA ANALYSIS

To search for a broad range of transient GW sources [] **[references to S5S6 papers]** we identify coincident events in the time-frequency (TF) data from the two LIGO detectors in the frequency band 48 – 1024 Hz. Figure ?? shows the TF plot of the whitened strain data around the time of the event. A "chirp" signal is clearly visible in the LHO and LLO detectors as a TF cluster of the excess power above the baseline detector noise.

The burst search coherentWaveBurst (cWB) combines the TF data[] from both detectors and selects the coincident clusters. Due to non-stationary detector noise, the initial rate of selected events is high: 10^{-2} Hz or more. To reduce the false alarm rates (FAR) the coherent events are identified. First, the likelihood analysis is performed [] to reconstruct the detector responses to a GW signal and the residual detector noise. Then, the coherent waveforms and source sky location are obtained by maximizing the likelihood statistic $c_c E_r$ over the sky, where E_r is the total energy of the reconstructed signal. The network correlation coefficient $c_c = E_c/(|E_c| + E_n)$ depends on the energy of the residual noise E_n and the coherent energy E_c, which is proportional to the cross-correlation between the reconstructed GW waveforms in LHO and LLO. For highly correlated GW signals $c_c \sim 1$ and for spurious events (glitches) $c_c << 1$. Events with $c_c < 0.7$ are excluded from the analysis. The cWB detection statistic $\rho_c = (2c_c E_c)^{1/2}$ is a biased estimator of the network signal-to-noise ratio (SNR), which approaches the true SNR value for highly correlated GW signals. The event candidate GW150914 was detected by the burst search with $\rho_c = 20.0$. The statistic ρ_c ranks events by their significance above the background due to the random coincidence of glitches in the LHO and LLO detectors. We re-run the same burst search multiple times on time-shifted data to measure the accidental background rates. Large number of independent (multiple of 1 s) time-shifts were performed to accumulate 28,000 years of the equivalent background time. The event candidate GW150914 has passed all selection cuts. It is louder than any background event expected in xxx years of the equivalent observation time.

Two additional unmodeled methods were used to estimate the significance of this event. The oLIB pipeline found GW150914 in an online search, and later evaluated it to be more significant than all background events found in XXX years of equivalent background time. A Bayesian follow-up pipeline (BayesWave Burst) processed the detection candidate and all background triggers identified by cWB with $\rho_c > 11.3$ and computed the evidence ratio (Bayes factor) between hypotheses that the candidate event is due to instrument noise or a gravitational wave signal. The evidence in favor of the hypothesis that GW150914 is a gravitational wave signal is higher than any background event from XXX years of data.

Having found this event to be highly significant in searches for unmodeled transients, any hypothesis for a non-astrophysical source would be forced to explain the "coincidence" that the most significant transient found in LIGO data so far, also displays a waveform consistent with the predictions of general relativity. This qualitative evidence strongly supports the compact object merger scenario described in this letter.

Binary systems containing two compact objects, e.g., black holes and/or neutron stars, are a canonical source of gravitational radiation. As the objects orbit one another, they lose energy [27–29] in a predictable way eventually causing the system to merge. The merger timescale and phase evolution of a compact binary system depends on the intrinsic parameters such as the mass and spin of each binary component [30–36]. The binary's physical parameters lead to a unique time evolution of the binary's decaying orbit, which in turn leads to a unique gravitational waveform, which can be precisely modeled to extract the signal from the detector data [37, 38].

Because the parameters of the binary are not known *a priori*, searches for compact binary coalescence correlate a set of waveform models with detector data in an attempt to cover the full plausible parameter space of detectable binaries with minimal loss in signal-to-noise ratio [39–45]. The dynamics of the early phase of binary coalescence, known as the *inspiral* phase, is well modeled by perturbative methods for solving the Einstein equations. However, describing the late stage dynamics involving the *merger* of the binary and eventual *ring-down* of the final black hole, requires full numerical solutions [46–51]. For systems with total mass above $\sim 10\ \mathrm{M}_\odot$, the merger occurs at low enough frequency to be visible with the LIGO detectors and therefore requires all three phases of inspiral to be accurately modeled [52].

Modeled searches for compact binary systems have been ongoing throughout initial LIGO [53–68]. Previous searches targetted various aspects of binary coalescence, but were not as complete as the search presented here. Early searches only modeled the inspiral or ringdown phases of binary coalescence separately. Searches starting with LIGO's fifth science run used waveform tempates that captured the complete inspiral, merger and ringdown of binary black hole system. With one exception, all previous LIGO and Virgo searches neglected spin effects in waveform models [64]. Advances in waveform modeling and analysis techniques [57, 69, 70] have made it possible to effectively search for binary black holes accounting for component spin.

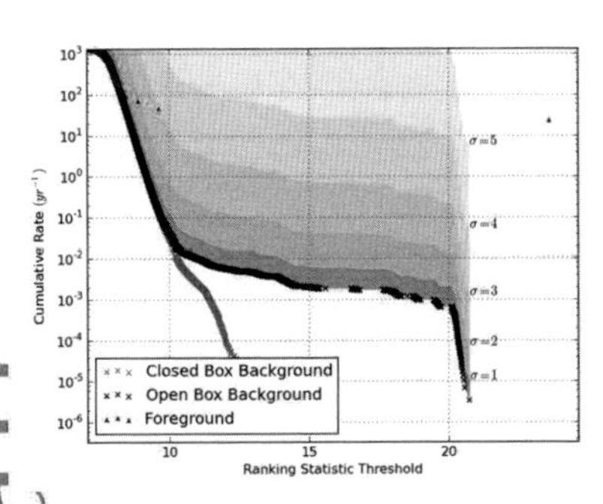

FIG. 3. Placeholder for the significance plot(s) (here showing CBC significance plot obtained by pycbc)

The search described here targeted binaries with component masses between 1 and 99 $\mathrm{M}_\odot$, with a total mass less than 100 $\mathrm{M}_\odot$. The waveform models incorporated spin for each component object along the direction of the orbital angular momentum. The magnitude of the dimensionless spin parameter varied between 0 and 0.04 for components below 2 $\mathrm{M}_\odot$, and between 0 and 0.98 for components above 2 $\mathrm{M}_\odot$. Although the waveforms did not explicitly model spins that are misaligned with the orbital angular momentum, the models used are known to effectively recover systems with misaligned spin [71].

Modeled searches for compact binary coalescence begin with matched filtering [72, 73], which correlates each waveform template with the strain data. The matched filter output gives the signal-to-noise ratio (SNR) of each waveform model as a function of time for each detector. Peaks, known as triggers, are identified every second for each template. Due to the non-stationary nature of gravitational wave detector data, a simple correlation of the data with waveform models is not sufficient to determine if a signal is present. Additionally, signal consistency checks that perform a χ^2 fit to the expected correlation are used to rule out noise transients [74]. Triggers with a high signal-to-noise-ratio and a low χ^2 value which are found to be temporally coincident in two or more detectors form the set of candidates. The candidates are ranked by the likelihood that their parameters are caused by a signal rather than noise, with signal like parameters generally having a high signal-to-noise ratio and a low χ^2 in two or more gravitational wave detectors. The probability of obtaining the candidate parameters from noise is calculated and determines the significance of each.

SOURCE DISCUSSION

The transient signal from GW150914 is consistent with the general-relativistic predictions for the late stages of the coalescence and subsequent merger of a binary black hole system with parameters given in Table II. In what follows we briefly discuss some implications resulting from the detection of this source.

GW150914, with individual masses of at least $20\,M_\odot$ and potentially as high as $45\,M_\odot$, provides the most reliable evidence to date for the existence of massive stellar black holes. Such massive stellar-mass black holes are predicted, within models of stellar evolution, to form in environments with metallicities of a tenth or less of the solar value.

GW150914 not only provides the cleanest evidence for the existence of stellar-mass black holes, but clearly demonstrates that *binary* black holes can form in nature, and in addition that they can form with physical properties that lead to their merger within a Hubble time. The formation of binary black holes has been predicted by a wide range of astrophysical models, since the discovery of binaries with two neutron stars about forty years ago (e.g., see the reviews [75, 76] and references therein. They have been predicted to form both in galactic fields [77?] need cit for Clark et al 1979 and in globular clusters [77] through different pathways and at varying rates, most recently [78, 79]. Regardless of the specific formation channel, GW150914 allows us to constrain the rate (per co-moving volume and proper time) of binary black hole coalescences to be $10^{-1.40^{+0.69}_{-2.70}}\,\mathrm{Gpc}^{-3}\,\mathrm{yr}^{-1}$ (90% CL). This assumes a population uniformly-distributed in proper time and co-moving volume, an estimated false-alarm rate threshold of $10^{-4}\,\mathrm{yr}^{-1}$ and an Advanced LIGO sensitive time-volume of $25\,\mathrm{Gpc}^3\,\mathrm{yr}$, FIXME: see RATES PAPER for further details. The measured physical properties of GW150914, see Table II and the inferred merger rate for similarly massive systems appear broadly consistent with the wide range of possibilities allowed by theoretical predictions at low metallicities, both from isolated binary evolution and from dynamical interactions of black-hole systems in dense stellar environments. Careful examination of the system properties combined with its occurrence in the relatively local universe ($z \lesssim 0.2$) will provide concrete constraints on theoretical models. These astrophysical implications are further explored in the FIXME: Collaboration-Astro-paper.

The discovery of GW150914 also has profound implications for direct studies of the strong-field dynamics described by General Relativity. It offers us a direct probe of whether Nature's black holes correspond to the objects predicted by Einstein's theory. By subtracting the best-fit waveform model from the data, we find that the residual is consistent with Gaussian noise, indicating that the observed signal is consistent with the predictions from general relativity FIXME: at what CL?. In addition, from the FIXME: ≈ 6 cycles of the inspiral portion of the coalescence that were observed in the LIGO band, we find agreement with the post-Newtonian expansion with bounds on the individual coefficients that are up to $\sim 10^8$ times more constraining than previous limits (such as those obtained through the timing of the double pulsar FIXME: ref?). These bounds directly translate into an improved limit on gravitational-wave Compton wavelength describing a non-standard dispersion relation for the propagation of gravitational radiation of $\lambda_g \gtrsim 10^{16}$ m, FIXME: need exact number and CL. Finally, within general relativity a Kerr black hole is fully described by its mass and spin. If such a black hole is the end-product of the coalescence of two Kerr black holes, there exists a specific relation between the masses and spins of the initial and final objects. We find that these relations are satisfied by GW150914 at the 68% confidence level. FIXME: See TestCG paper for full details

TABLE II. Parameters for GW150914. We report the median value as well as the range of the 90% credible interval. Masses are as measured in the detector frame unless otherwise noted. The source redshift and source-frame component masses assume standard cosmology.

Primary component mass	$38.9^{+5.4\pm z}_{-3.2\pm y}\,M_\odot$
Secondary component mass	$32.8^{+3.3\pm z}_{-5.1\pm y}\,M_\odot$
Source-frame primary component mass	$35.4^{+5.1\pm z}_{-3.1\pm y}\,M_\odot$
Source-frame secondary component mass	$29.8^{+3.2\pm z}_{-4.5\pm y}\,M_\odot$
Luminosity distance	$456^{+171\pm z}_{-176\pm y}$ Mpc
Source redshift	$0.099^{+0.03\pm z}_{-0.04\pm y}$

IMPLICATIONS/BIGGER PICTURE

Since the relative strain sensitivity of Initial LIGO to BBHs with component masses similar GW150914 is a factor of ~ 4 lower than aLIGO, this event would not have been detected had it occurred in Initial LIGO. The sensitive time-volume of the search described here for mergers with comparable masses is 150 $\mathrm{Mpc}^3\,\mathrm{Myr}$. The observation of GW150914 is consistent with the Initial LIGO 90% confidence upper limit on the merger rate of binaries with similar component masses to GW150914 of 0.1 $\mathrm{Mpc}^{-3}\,\mathrm{Myr}^{-1}$ [54].

The rate density of sources with component masses similar to GW150914 is $X\mathrm{Gpc}^{-3}\,\mathrm{yr}^{-1}$ [?].

Besides the individual detection of the loudest events at relatively close distances, the superposition of all the faint unresolved sources at high redshift create a stochastic background, that we expect to see in the near future, depending on the rate and the average chirp mass of the population. Predictions for different models are presented in the companion paper [?]. The detection of a stochastic background will complement individual detections and will have a profound impact on our understanding of the evolution of binary systems properties over the history of the universe.

the bigger picture of O1: more data, reference other searches. Responsible to gather input and provide text for this bullet point are the DAC chairs. Laura Cadonati will liason with the paper-writing coordinating team.

Over the next five years, continued commissioning of the LIGO instruments [80] and the addition of Virgo [81] and Kagra [82] will increase the accesible volume of the Universe by about an order of magnitude. Based on GW150914, the global gravitational-wave detector network will deliver tens to hundreds of similar events per year. These observations will revolutionize our understanding of stellar evolution and black hole formation [?]. The most significant events, which might have SNR as large as ~ 70, will also enable unique tests of strong-field general relativity through the measurement of quasi-normal modes, higher harmonics of the inspiral waveform, and searches for additional polarizations [?].

In the future, the global gravitational wave detector network will significantly expand its reach, as described in [83]. Advanced LIGO is expected to reach its design sensitivity in 2019, with a factor of three increase in sensitivity across a broad band and an extension of the sensitive band to 10 Hz [80]. Advanced Virgo [81] will begin observations in 2016, extending the network and significantly improving the position reconstruction of sources, and will reach design sensitivity early next decade. The KAGRA detector [82] is currently under construction and is expected to begin observations in 2017-18. A proposal to install a LIGO detector in India [84] is in the final stages of consideration by the Indian government. If approved, LIGO India will join the global network around 2022. In addition, the Einstein Telescope [85] is a proposed future detector that will be an order of magnitude more sensitive than the existing detectors and extend the sensitive band down to 1 Hz [6].

Further details about these results, including pointers to companion papers, supplementary information, and associated data releases are available at this URL: `http://losc.ligo.org/GW150914`.

CONCLUSIONS

LIGO has made a direct detection of gravitational waves from an astrophysical source. The event waveform shows the three phases of a binary black hole merger: the radiation from the inspiral before the merger, the radiation from the merger itself signaling the formation of the new more massive black hole and the final stage, the oscillation of the space-time geometry as the new event horizon forms. The waveform is consistent with the predictions of General Relativity and provides evidence for the dynamics of General Relativity in the strong field limit. The observation also indicates that black hole binaries may be more numerous and more massive than had previously been believed.

The next near term steps in the research are to improve the detector sensitivity to the Advanced LIGO design to increase the rate of these events by searching further into the universe and being able to observe lower mass systems. In the next runs it is expected that Advanced VIRGO will be operating and the gravitational network will provide better localization for the sources allowing a connection to traditional astronomy. In the longer term we expect KAGRA in Japan and (hopefully) LIGO in India to join the network. With this we truly begin the new field of gravitational wave astrophysics.

---

[1] R. Weiss, Quarterly report of the Research Laboratory for Electronics, MIT, https://dcc.ligo.org/LIGO-P720002/public (1972).

[2] The LIGO Scientific Collaboration, Reports on Progress in Physics **72**, 076901 (2009).

[3] The Virgo Collaboration, Journal of Instrumentation **7**, P03012 (2012).

[4] The LIGO Scientific Collaboration, Classical and Quantum Gravity **32**, 074001 (2015).

[5] The Virgo Collaboration, Classical and Quantum Gravity **32**, 024001 (2015).

[6] R. W. P. Drever, *The Detection of Gravitational Waves*, edited by D. G. Blair (Cambridge University Press, 1991).

[7] B. J. Meers, Phys. Rev. D **38**, 2317 (1988).

[8] J. Mizuno, K. A. Strain, P. G. Nelson, J. M. Chen, R. Schilling, A. Rdiger, W. Winkler, and K. Danzmann, Phys. Lett. A **175**, 273 (1993).

[9] P. Kwee, C. Bogan, K. Danzmann, M. Frede, H. Kim, P. King, J. Pöld, O. Puncken, R. L. Savage, F. Seifert, P. Wessels, L. Winkelmann, and B. Willke, Opt. Express **20**, 10617 (2012).

[10] A similar approach was used in initial LIGO, see P. Fritschel, R. Bork, G. González, N. Mavalvala, D. Ouimette, H. Rong, D. Sigg, and M. Zucker, Appl. Opt. **40**, 4988 (2001).

[11] C. L. Mueller, M. A. Arain, G. Ciani, R. T. DeRosa, A. Effler, D. Feldbaum, V. V. Frolov, P. Fulda, J. Gleason, M. Heintze, E. J. King, K. Kokeyama, W. Z. Korth, R. M. Martin, A. Mullavey, J. Pöld, V. Quetschke, D. H. Reitze, D. B. Tanner, L. F. Williams, and G. Mueller, to be published in Review of Scientific Instruments (2015).

[12] S. M. Aston, M. A. Barton, A. S. Bell, N. Beveridge, B. Bland, A. J. Brummitt, G. Cagnoli, C. A. Cantley, L. Carbone, A. V. Cumming, L. Cunningham, R. M. Cutler, R. J. S. Greenhalgh, G. D. Hammond, K. Haughian, T. M. Hayler, A. Heptonstall, J. Heefner, D. Hoyland, J. Hough, R. Jones, J. S. Kissel, R. Kumar, N. A. Lockerbie, D. Lodhia, I. W. Martin, P. G. Murray, J. ODell, M. V. Plissi, S. Reid, J. Romie, N. A. Robert-

参考文献

Abbott, B. P., et al. 2016a. Observation of gravitational waves from a binary black hole merger. *Physical Review Letters* 116:061102.

Abbott, B. P., et al. 2016b. GW151226: Observation of gravitational waves from a 22-solar-mass binary black hole coalescence. *Physical Review Letters* 116:241103. http://arxiv.org/ abs/1606.04855.

Abbott, B. P., et al. 2016c. Binary black hole mergers in the first advanced LIGO observing run. http://arxiv.org/abs/1606.04856.

Barnes, V. E., P. L. Connolly, D. J. Crennell, et al. 1964. Observation of a hyperon with strangeness minus three. *Physical Review Letters* 12 (8): 204–206.

Berger, P. L. 1963. *Invitation to Sociology*. Garden City, NY: Anchor Books.

Bloor, D. 1973. Wittgenstein and Mannheim on the sociology of mathematics. *Studies in the History and Philosophy of Science* 4:173–191.

Castelvecchi, D. 2016. Gravitational-wave rumours in overdrive. *Nature*, January 12, http://www.nature.com/news/gravitational-wave-rumours-in-overdrive-1.19161.

Collins, H. M. 1975. The seven sexes: A study in the sociology of a phenomenon, or The replication of experiments in physics. *Sociology* 9 (2): 205–224.

Collins, H. M., ed. 1981a. *Knowledge and Controversy: Studies in Modern Natural Science: Special Issue of Social Studies of Science* 11 (1).

Collins, H. M. 1981b. Son of seven sexes: The social destruction of a physical phenomenon. *Social Studies of Science* 11 (1): 33–62.

Collins, H. M. 1985. *Changing Order: Replication and Induction in Scientific Practice*. Beverley Hills: Sage. (2nd ed. 1992, Chicago: University of Chicago Press.)

Collins, H. M. 1991a. AI-vey! Response to Slezak. *Social Studies of Science* 21:201–203.

Collins, H. M. 1991b. Simon's Slezak. *Social Studies of Science* 21:148–149.

Collins, H. M. 1996. Embedded or embodied? A review of Hubert Dreyfus's *What Computers Still Can't Do*. *Artificial Intelligence* 80 (1): 99–117.

Collins, H. M. 2001. Crown jewels and rough diamonds: The source of science's authority. In *The One Culture? A Conversation about Science*, ed. J. Labinger and H. Collins, 255–260. Chicago: University of Chicago Press.

Collins, H. M. 2004. *Gravity's Shadow: The Search for Gravitational Waves*. Chicago: University of Chicago Press.

Collins, H. M. 2010. *Tacit and Explicit Knowledge*. Chicago: University of Chicago Press.

Collins, H. M. 2011a. *Gravity's Ghost: Scientific Discovery in the Twenty-First Century*. Chicago: University of Chicago Press.

Collins, H. M. 2011b. Language and practice. *Social Studies of Science* 41 (2): 271–300.

Collins, H. M. 2013. *Gravity's Ghost and Big Dog: Scientific Discovery and Social Analysis in the Twenty-First Century*. Chicago: University of Chicago Press.

Collins, H. M. 2014. *Are We All Scientific Experts Now?* Cambridge: Polity Press.

Collins, H. M. In preparation. *Artifictional Intelligence: Human and Computer Understanding*.

Collins, H. M., A. Bartlett, and L. Reyes-Galindo. 2016. The ecology of fringe science and its bearing on policy. http://arxiv.org/abs/1606.05786.

Collins, H. M., and R. Evans. 2007. *Rethinking Expertise*. Chicago: University of Chicago Press.

Collins, H. M., and R. Evans. 2014. Quantifying the tacit: The imitation game and social fluency. *Sociology* 48 (1): 3–19.

Collins, H. M., and R. Evans. 2015. Expertise revisited I—Interactional expertise. *Studies in History and Philosophy of Science* 54:113–123.

Collins, H. M., and R. Evans. 2017. *Why Democracies Need Science*. Cambridge: Polity Press.

Collins, H. M., P. Ginsparg, and L. Reyes-Galindo. 2016. A note concerning Primary Source Knowledge. *Journal of the Association for Information Science and Technology*. http://arxiv.org/abs/1605.07228.

Collins, H. M., and M. Kusch. 1998. *The Shape of Actions: What Humans and Machines Can Do*. Cambridge, MA: MIT Press.

Collins, H. M., and T. J. Pinch. 1982. *Frames of Meaning: The Social Construction of Extraordinary Science*, vol. 5. London: Routledge & Kegan Paul.

Collins, H. M., and T. J. Pinch. 1993. *The Golem: What Everyone Should Know about Science*. Cambridge: Cambridge University Press. (New ed., 1998, subtitled *What You Should Know about Science*, reissued as Canto Classic in 2012.)

Collins, H. M., and T. J. Pinch. 2005. *Dr. Golem: How to Think about Medicine*. Chicago: University of Chicago Press.

Collins, H. M., and G. Sanders. 2007. They give you the keys and say "drive it": Managers, referred expertise, and other expertises. In *Case Studies of Expertise and Experience: Special Issue of Studies in History and Philosophy of Science*, ed. H. M. Collins, vol. 38 (4): 621–641.

Collins, H. M., and M. Weinel. 2011. Transmuted expertise: How technical non-experts can assess experts and expertise. *Argumentation: Special Issue on Rethinking Arguments from Experts* 25 (3): 401–413.

Dreyfus, H. L. 1967. Why computers must have bodies in order to be intelligent. *Review of Metaphysics* 21 (1): 13–32.

Dreyfus, H. L. 1972. *What Computers Can't Do*. Cambridge, MA: MIT Press.

Dreyfus, H. L. 1992. *What Computers Still Can't Do*. Cambridge, MA: MIT Press.

Duhem, P. 1914/1981. The Aim and Structure of Physical Theory. Trans. P. P. Wiener. New York: Athenaeum.

Epstein, S. 1996. *Impure Science: AIDS, Activism, and the Politics of*

Knowledge. Berkeley: University of California Press.

Fleck, L. 1935/1979. *Genesis and Development of a Scientific Fact*. Chicago: University of Chicago Press. (First published in German in 1935 as *Entstehung und Entwicklung einer wissenschaftlichen Tatsache: Einführung in die Lehre vom Denkstil und Denkkollektiv*.)

Franklin, A. 2013. *Shifting Standards: Experiments in Particle Physics in the Twentieth Century*. Pittsburgh: University of Pittsburgh Press.

Franklin, A., and H. M. Collins. 2016. Two kinds of case study and a new agreement. In *The Philosophy of Historical Case Studies*, ed. T. Sauer and R. Scholl, 95–121. Boston Studies in the Philosophy of Science. Dordrecht: Springer.

Franzen, C. 2016. Listen to the sound of gravitational waves: The "chirp" would make a great ringtone. *Popular Science*, February 11, http://www.popsci.com/listen-to-sound- gravitational-waves.

Galison, P. 1997. *Image and Logic: A Material Culture of Microphysics*. Chicago: University of Chicago Press.

Galison, P. 2003. The collective author. In *Scientific Authorship: Credit and Intellectual Property in Science*, ed. M. Baglio and P. Galison, 325–355. New York: Routledge.

Garfinkel, H., M. Lynch, and E. Livingston. 1981. The work of discovering science construed with materials from the optically discovered pulsar. *Philosophy of the Social Sciences* 11:131–158.

Giles, J. 2006. Sociologist fools physics judges. *Nature* 442:8.

Goodman, N. 1973. *Fact, Fiction, and Forecast*. 3rd ed. Indianapolis: Bobbs-Merrill.

Hall, S. 2016. About the LIGO gravitational-wave rumor ... *Sky and Telescope*, January 13, http://www.skyandtelescope.com/astronomy-news/about-this-weeks-gravitational-wave-rumor.

Harvey, B. 1981. Plausibility and the evaluation of knowledge: A case study in experimental quantum mechanics. *Social Studies of Science* 1 (11): 95–130.

Holton, G. 1978. *The Scientific Imagination*. Cambridge: Cambridge University Press.

Ju, L., D. G. Blair, and C. Zhao. 2000. Detection of gravitational waves. *Reports on Progress in Physics* 63:1317–1427.

Kaiser, D. 2009. *Drawing Theories Apart: The Dispersion of Feynman Diagrams in Postwar Physics*. Chicago: University of Chicago Press.

Kaiser, D. 2011. *How the Hippies Saved Physics: Science, Counterculture, and the Quantum Revival*. New York: W. W. Norton.

Kennefick, D. 2007. *Traveling at the Speed of Thought: Einstein and the Quest for Gravitational Waves*. Princeton: Princeton University Press.

Knorr-Cetina, K. 1981. *The Manufacture of Knowledge: An Essay on the Constructivist and Contextual Nature of Science*. Oxford: Pergamon Press.

Kuhn, T. S. 1959. The essential tension: Tradition and innovation in scientific research. In *The Third University of Utah Research Conference on the Identification of Scientific Talent*, ed. C. W. Taylor. Salt Lake City: University of Utah Press.

Kuhn, T. S. 1977. *The Essential Tension: Selected Studies in Scientific Tradition and Change*. Chicago: University of Chicago Press.

Labinger, J., and H. M. Collins, eds. 2001. *The One Culture? A Conversation about Science*. Chicago: University of Chicago Press.

Lakatos, I. 1970. Falsification and the methodology of scientific research programmes. In *Criticism and the Growth of Knowledge*, ed. I. Lakatos and A. Musgrave, 91–196. Cambridge: Cambridge University Press.

Langley, P. W., G. Bradshaw, H. A. Simon, and J. M. Zytkow. 1987. *Scientific Discovery: Computational Explorations of the Creative Process*. Cambridge, MA: MIT Press.

Latour, B., and S. Woolgar. 1979. *Laboratory Life: The Social Construction of Scientific Facts*. London: Sage.

Laudan, L. 1983. *Progress and Its Problems: Towards a Theory of Scientific Growth*. Berkeley: University of California Press.

Lyons, Louis. 2013. Discovering the significance of 5 sigma. arXiv:1310.1284 [physics. data-an].

MacKenzie, D. 1990. *Inventing Accuracy: A Historical Sociology of Nuclear Missile Guidance*. Cambridge, MA: MIT Press.

MacKenzie, D. 2001. *Mechanizing Proof: Computing, Risk, and Trust*. Cambridge, MA: MIT Press.

Marks, J. 2000. The truth about lying. *Philosophy Now* 27 (June–July): 51.

Mermin, D. N. 2005. *It's about Time: Understanding Einstein's Relativity*.

Princeton, NJ: Princeton University Press.

Overbye, D. 2016. Gravitational waves detected, confirming Einstein's theory. *New York Times*, February 11, http://www.nytimes.com/2016/02/12/science/ligo-gravitational-waves-black- holes-einstein.html.

Pickering, A. 1981. Constraints on controversy: The case of the magnetic monopole. *Social Studies of Science* 1 (11): 63–93.

Pickering, A. 1984. *Constructing Quarks: A Sociological History of Particle Physics*. Edinburgh: Edinburgh University Press.

Pinch, T. J. 1981. The sun-set: The presentation of certainty in scientific life. *Social Studies of Science* 1 (11): 131–158.

Pinch, T. J. 1985. Towards an analysis of scientific observation: The externality and evidential significance of observational reports in physics. *Social Studies of Science* 15 (1): 3–36.

Pinch, T. J. 1986. *Confronting Nature: The Sociology of Solar-Neutrino Detection*. Dordrecht: Reidel.

Pinch, T. J. 1997. Kuhn—The conservative and radical interpretations: Are some Mertonians "Kuhnians" and some Kuhnians "Mertonians"? *Social Studies of Science* 27 (3): 465–482.

Pitkin, M. S. Reid, S. Rowan, and J. Hough. 2011. Gravitational wave detection by interferometry (ground and space). http://arxiv.org/pdf/1102.3355.pdf.

Popper, K. R. 1959. *The Logic of Scientific Discovery*. New York: Harper & Row.

Pretorius, F. 2005. Evolution of binary black hole spacetimes. *Physical Review Letters* 95:121101.

Sacks, O. W. 2011. *The Man Who Mistook His Wife for a Hat*. London: Picador.

Selinger, E. 2003. The necessity of embodiment: The Dreyfus–Collins debate. *Philosophy Today* 47 (3): 266–279.

Selinger, E., H. L. Dreyfus, and H. M. Collins. 2007. Embodiment and interactional expertise. *Studies in History and Philosophy of Science* 38 (4): 722–740.

Shapin, S. 1984. Pump and circumstances: Robert Boyle's literary technology. *Social Studies of Science* 14:481–520.

Shapin, S., and S. Schaffer. 1987. *Leviathan and the Air-Pump: Hobbes, Boyle, and the Experimental Life*. Princeton: Princeton University Press.

Simon, H. A. 1991. Comments on the symposium on "Computer Discovery and the Sociology of Scientific Knowledge." *Social Studies of Science* 21:143–148.

Smith, G. C. S. 2003. Parachute use to prevent death and major trauma related to gravitational challenge: Systematic review of randomised controlled trials. *British Medical Journal* 327 (1459).

Smolin, L. 2006. *The Trouble with Physics: The Rise of String Theory, the Fall of a Science, and What Comes Next*. Boston: Houghton Mifflin Harcourt.

Sokal, A. D. 1994. Transgressing the boundaries: Towards a Transformative hermeneutics of quantum gravity. *Social Text* 46–47 (spring–summer): 217–252.

Sokal, A. D. 1996. A physicist experiments with cultural studies. Lingua Franca (May).

Staley, K. 1999. Golden events and statistics: What's wrong with Galison's image/logic distinction. *Perspectives on Science* 7:196–230.

Travis, G. D. 1981. Replicating replication? Aspects of the social construction of learning in planarian worms. *Social Studies of Science* 1 (11): 11–32.

Turing, A. M. 1950. Computing machinery and intelligence. *Mind* 59 (236): 433–460.

Twilley, N. 2016. Gravitational waves exist: The inside story of how scientists finally found them. *New Yorker*, February 11.

Weber, J. and B. Radak. 1996. Search for correlations of gamma-ray bursts with gravitational-radiation antenna pulses. *Il Nuovo Cimento B Series 11* 111 (6): 687–692.

Winch, P. G. 1958. *The Idea of a Social Science*. London: Routledge and Kegan Paul.

Wittgenstein, L. 1953/1999. *Philosophical Investigations*. Trans. G. E. M. Anscombe. Upper Saddle River, NJ: Prentice Hall.

出版后记

如今，引力波、黑洞等术语已不再神秘，它们融入了大众生活，创造了科学知识的新常态。近年来，激光干涉引力波天文台（LIGO）、室女座引力波探测器（Virgo）、郭守敬望远镜（LAMOST）、“天琴一号”技术试验卫星等高新设备，为人类带来了一系列非凡的发现。我们正从地面上、从天空中，以一种前所未有的方式观测与聆听宇宙。而这种新常态的起点，便是发生于2015年9月14日的引力波探测事件。

100多年前，爱因斯坦在一篇关于广义相对论的论文中预言了引力波的存在。要证明这个预言，科学家们必须借助非常精密与灵敏的探测器。半个世纪以来，物理学家与天文学家一直试图证明引力波的存在。终于，一个“极其有趣的奇迹”显示，人类首次探测到了引力波。如今，这项发现已作为人类最伟大的科学成就之一载入史册。虽然本次事件引发的讨论热潮早已退去，但大众对该事件的了解仍停留在报道的表面。我们并不知道，这项赢得了诺贝尔奖的发现是如何排除万难，从科学界一步一步走向媒体与大众的。只有了解了其背后的故事，我们才能理解引力波对大众的意义。

作为科学社会学家，科林斯自 1972 年以来一直在研究引力波的探测过程。他认为，引力波探测是具有多种诠释的科学，科学家们对于统计结果的主观假设或许会对研究过程产生影响。这种科学与大众的日常生活相关，更适合进行社会学分析，挖掘“发现”本身的价值。本书中，科林斯采用了一个崭新的视角，向读者展现了科学在大型合作中实践的过程。全书围绕“三道涟漪”展开，从事件发生后的第一封电子邮件到最后发表的学术论文，全面还原了信号分析，以及发现被科学界、媒体及大众接纳的过程。科林斯用大量的内部资料，辅以“做出首次发现的流程”“论文作者名单规定”等独家信息，让这个故事变得严谨又立体。此外，科林斯通过物理学家与天文学家之间的较量、利益内斗等逸事，展现了科学家们的人情味，透露了科学界与媒体试图隐藏的内幕。科林斯的文字并未局限于引力波物理学领域，他从科学社会学家的角度探讨了引力波研究中的社会学现象、科学家的工作目的，以及科学对人类的意义。

本书并非按时间顺序讲述的历史著作，而是对 21 世纪引力波天文学的探索。它向读者展示了几项事实：引力波探测原本是“不被看好”的研究，是科学家们的毅力与领导力让它“反败为胜”；引力波研究是一种非凡的科学实践形式，在高度发达的全球化环境中运作；引力波天文学与边缘科学、大众传媒密不可分，其依赖于全球网络中的数据、思维、经济，以及文化的传播；引力波研究遵从范式，却有些“独特”，它是 21 世纪科学研究的典范。

物理学家与天文学家对宇宙的兴趣不仅着眼于宇宙本身，

而且聚焦于人类与太空的接触。科学家们利用各种探测技术研究宇宙中的信号，以期为人类的未来提供更多的可能性。在探索宇宙的全新时代中，引力波与黑洞已成为必读的科学主题。本书集科学纪实、方法介绍、社会学思考于一体，或将成为划时代之作。我们希望借由本书，让更多的读者了解引力波探测背后的故事，以及前沿实验物理学家的日常工作和研究方法，与读者一同探讨当代科学的本质。为此，我们邀请了来自天文教育公益组织“青年天文教师连线”的几位专业人士担任译者。其中，胡一鸣、张渊皞曾参与第一起引力波事件的探测过程，并与1 000多名LIGO科学合作组织成员共同荣获2017年“基础物理学突破奖”。

如今，探索宇宙的新纪元已然来临，不妨随科林斯进入“以太”，体验别具魅力的引力波科学世界。

服务热线：133-6631-2326　188-1142-1266

服务信箱：reader@hinabook.com

后浪出版公司

2020年4月

图书在版编目（CIP）数据

引力之吻 / (英) 哈里・科林斯著；青年天文教师连线译. -- 北京：北京联合出版公司, 2020.7

ISBN 978-7-5596-4165-6

Ⅰ. ①引… Ⅱ. ①哈… ②青… Ⅲ. ①天文学—普及读物 Ⅳ. ①P1-49

中国版本图书馆CIP数据核字(2020)第057377号

引力之吻

著　　者：［英］哈里・科林斯
译　　者：青年天文教师连线
选题策划：后浪出版公司
出版统筹：吴兴元
编辑统筹：费艳夏
责任编辑：杨　青　高霁月
特约编辑：张晨晨
营销推广：ONEBOOK
装帧制造：墨白空间・张静涵

北京联合出版公司出版
（北京市西城区德外大街83号楼9层　100088）
后浪出版咨询（北京）有限责任公司发行
北京盛通印刷股份有限公司　新华书店经销
字数324千字　889毫米×1194毫米　1/32　14.5印张　插页8
2020年7月第1版　2020年7月第1次印刷
ISBN 978-7-5596-4165-6
定价：82.00 元

后浪出版咨询(北京)有限责任公司常年法律顾问：北京大成律师事务所
周天晖 copyright@hinabook.com